准噶尔盆地油气勘探开发系列丛书

注蒸汽后低饱和度油藏火驱开发理论与实践

霍 进 孙新革 杨 智 杨凤祥 等著

石 油 工 业 出 版 社

内 容 提 要

本书以新疆红浅稠油油藏火驱实践为例，详尽地介绍了浅层稠油油藏注蒸汽后火驱开发的可行性、驱油理论、岩矿转化机理和火驱开发特征机理实验、开发方案设计和现场实施管理等内容，系统、全面地论述了红浅火驱提高采收率的技术和实践。本书侧重于理论和实践相结合，目的在于使读者在火驱全过程中对其进行系统性认识、分析并掌控火驱项目。

本书可供从事火驱热采技术研究的科研工作者、现场工作人员及高等院校相关专业师生参考。

图书在版编目（CIP）数据

注蒸汽后低饱和度油藏火驱开发理论与实践／霍进等著．— 北京：石油工业出版社，2020.6
（准噶尔盆地油气勘探开发系列丛书）
ISBN 978-7-5183-4011-8

Ⅰ．①注… Ⅱ．①霍… Ⅲ．①浅层开采-稠油开采-火烧油层-热力采油-研究-新疆 Ⅳ．①TE357.44

中国版本图书馆 CIP 数据核字（2020）第 077448 号

出版发行：石油工业出版社
（北京安定门外安华里 2 区 1 号　100011）
网　　址：www.petropub.com
编辑部：（010）64523708
图书营销中心：（010）64523633
经　　销：全国新华书店
印　　刷：北京中石油彩色印刷有限责任公司

2020 年 6 月第 1 版　2020 年 6 月第 1 次印刷
787×1092 毫米　开本：1/16　印张：13.25
字数：320 千字

定价：130.00 元
（如出现印装质量问题，我社图书营销中心负责调换）
版权所有，翻印必究

《注蒸汽后低饱和度油藏火驱开发理论与实践》编写人员

霍　进　孙新革　杨　智　杨凤祥

木合塔尔　施小荣　席长丰　师耀利

喻克全　黄继红　王如燕　高成国

吕世瑶　蒋雪峰　李海波　李永会

陈　凤

序

准噶尔盆地位于中国西部，行政区划属新疆维吾尔自治区。盆地西北为准噶尔界山，东北为阿尔泰山，南部为北天山，是一个略呈三角形的封闭式内陆盆地，东西长700千米，南北宽370千米，面积13万平方千米。盆地腹部为古尔班通古特沙漠，面积占盆地总面积的36.9%。

1955年10月29日，克拉玛依黑油山1号井喷出高产油气流，宣告了克拉玛依油田的诞生，从此揭开了新疆石油工业发展的序幕。1958年7月25日，世界上唯一一座以石油命名的城市——克拉玛依市诞生。1960年，克拉玛依油田原油产量达到166万吨，占当年全国原油产量的40%，成为新中国成立后发现的第一个大油田。2002年原油年产量突破1000万吨，成为中国西部第一个千万吨级大油田。

准噶尔盆地蕴藏着丰富的油气资源。油气总资源量107亿吨，是我国陆上油气资源当量超过100亿吨的四大含油气盆地之一。虽然经过半个多世纪的勘探开发，但截至2012年底石油探明程度仅为26.26%，天然气探明程度仅为8.51%，均处于含油气盆地油气勘探阶段的早中期，预示着巨大的油气资源和勘探开发潜力。

准噶尔盆地是一个具有复合叠加特征的大型含油气盆地。盆地自晚古生代至第四纪经历了海西、印支、燕山、喜马拉雅等构造运动。其中，晚海西期是盆地坳隆构造格局形成、演化的时期，印支—燕山运动进一步叠加和改造，喜马拉雅运动重点作用于盆地南缘。多旋回的构造发展在盆地中造成多期活动、类型多样的构造组合。

准噶尔盆地沉积总厚度可达15000米。石炭系—二叠系被认为是由海相到陆相的过渡地层，中、新生界则属于纯陆相沉积。盆地发育了石炭系、二叠系、三叠系、侏罗系、白垩系、古近系六套烃源岩，分布于盆地不同的凹陷，它们为准噶尔盆地奠定了丰富的油气源物质基础。

纵观准噶尔盆地整个勘探历程，储量增长的高峰大致可分为西北缘深化勘探阶段(20世纪70—80年代)、准东快速发现阶段(20世纪80—90年代)、腹部高效勘探阶段(20世纪90年代—21世纪初期)、西北缘滚动勘探阶段(21世纪初期至今)。不难看出，勘探方向和目标的转移反映了地质认识的不断深化和勘探技术的日臻成熟。

正是由于几代石油地质工作者的不懈努力和执著追求，使准噶尔盆地在经历了半个多世纪的勘探开发后，仍显示出勃勃生机，油气储量和产量连续29年稳中有升，为我国石油工业发展做出了积极贡献。

在充分肯定和乐观评价准噶尔盆地油气资源和勘探开发前景的同时，必须清醒地看到，由由于准噶尔盆地石油地质条件的复杂性和特殊性，随着勘探程度的不断提高，勘探目标多呈"低、深、隐、难"的特点，勘探难度不断加大，勘探效益逐年下降。巨大的剩余油气资源分布和赋存于何处，是目前盆地油气勘探研究的热点和焦点。

由新疆油田公司组织编写的《准噶尔盆地油气勘探开发系列丛书》历经近两年时间的努力，今天终于面世了。这是第一部由油田自己的科技人员编写出版的专著丛书，这充分表明我们不仅在半个多世纪的勘探开发实践中取得了一系列重大的成果、积累了丰富的经验，而且在准噶尔盆地油气勘探开发理论和技术总结方面有了长足的进步，理论和实践的结合必将更好地推动准噶尔盆地勘探开发事业的进步。

系列专著的出版汇集了几代石油勘探开发科技工作者的成果和智慧，也彰显了当代年轻地质工作者的厚积薄发和聪明才智。希望今后能有更多高水平的、反映准噶尔盆地特色地质理论的专著出版。

"路漫漫其修远兮，吾将上下而求索"。希望从事准噶尔盆地油气勘探开发的科技工作者勤于耕耘，勇于创新，精于钻研，甘于奉献，为"十二五"新疆油田的加快发展和"新疆大庆"的战略实施做出新的更大的贡献。

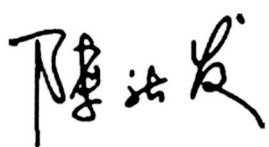

新疆油田公司总经理
2012.11.8

前 言

新疆浅层稠油储量资源极为丰富，多采用注蒸汽开发方式，然而浅层稠油油藏注蒸汽后如何进一步提高采收率是油田可持续发展面临的首要问题。稠油油藏注蒸汽开发后表现出地下存水多、汽窜通道复杂的特点，面临着采出程度低、动用程度低、整体开发效益差的状况。稠油油藏注蒸汽后的接替开发方式有多种，与其他开发方式相比，火驱注入剂——空气来源广泛，不受地域和空间的限制，成本低廉，对于缺乏水资源的新疆油田适应性更强，是具有明显技术优势和潜力的稠油热力开采接替方式。

新疆油区红山嘴油田浅层（以下简称红浅）火驱试验区位于准噶尔盆地西北缘东端，前后经历了蒸汽吞吐和蒸汽驱开发，采出程度28.9%，1999—2009年油藏处于停产状态（待报废），是一个浅层稠油油藏。2008年11月，启动了"新疆红山嘴油田红浅1井区火驱重大试验项目"；2009年5月，火驱先导性试验方案通过中国石油天然气股份公司审批，并列为中国石油天然气股份公司重大试验项目。火驱试验开展以来，受到中国石油天然气集团有限公司、中国石油天然气股份公司的高度重视和大力支持，新疆油田公司调集优秀技术力量，经过8年多的开发试验和攻关研究，已基本形成了浅层稠油注蒸汽后火驱开发技术和配套工艺，包括适合开发部署的精细地质建模技术、物理模拟技术、适合火驱开发的跟踪数值模拟技术、火驱燃烧带监测及调整技术、火驱举升工艺技术、注气/点火工艺技术、火驱产出物监测及分析技术、火驱生产动态分析技术、火驱废水/气收集及回用技术、地面工程配套技术等10项主体技术。

火驱开发技术为浅层稠油注蒸汽后接替开发提供了有效的途径，现场试验取得了良好的社会效益和经济效益，已经确定下一步将进行工业化推广实施。本书是针对红浅火驱试验区开发技术多年探索与攻关的系统总结，着重分析浅层稠油油藏在注蒸汽后的油藏地质和剩余油特点及火驱实施方法，全书共分九章。第一章主要介绍稠油基本特征和新疆浅层稠油开发现状及开发过程中存在的问题；第二章主要介绍火驱技术的原理和国内外应用现状，全面总结火驱技术的潜力；第三章主要介绍红浅1试验区油藏地质和火驱适应性；第四章中主要研究火驱室内实验论证，分别从室内火驱实验、氧化动力学实验和岩矿变化等方面介绍火驱机理及区块可行性；第五章至第七章沿着火驱设计、火驱开发特征和火驱调控这一技术思路全面介绍新疆红浅1火驱开发的全貌；第八章中建立了火驱效果评价体系并对火驱效果进行了系统评价；最后在第九章中对红浅火驱开发的经验总结及浅层稠油注蒸汽后火驱工业开发的潜力进行展望。

火驱技术经过了半个多世纪的发展，在稠油油藏乃至稀油油藏二次开发中已经极具潜力，这与点火、压缩机等关键技术和设备进步是密不可分的，解决了上述问题之后应该关注油藏适应性和调控等开发方面的问题，特别是火线的监控和调控。本书也着重阐述了红浅火驱试验区针对注蒸汽后油藏的地质和开发的特点，重点关注了火线、油墙推进机理等关键问题，深入研究了原油氧化动力学特征及火驱过程中的物理化学变化过程。相信通过发扬石油人锲而不舍的钻研精神，不断加强理论和实践的结合，最终能使火驱成为稠油注蒸汽后开发的主体接替技术。

本书由新疆油田公司勘探开发研究院进行全书整理和撰写，撰写过程中得到了中国石油勘探开发研究院、中国石油工程技术研究院、新疆油田公司采油一厂的大力支持和帮助，在此一并表示感谢！

鉴于笔者水平所限，书中难免会出现不足之处，敬请广大读者不吝赐教。

CONTENTS 目 录

第一章　新疆浅层稠油油藏开发概况 ⋯⋯⋯⋯⋯⋯⋯⋯⋯⋯⋯⋯⋯⋯⋯⋯⋯⋯⋯⋯ 1
　第一节　稠油基本特征 ⋯⋯⋯⋯⋯⋯⋯⋯⋯⋯⋯⋯⋯⋯⋯⋯⋯⋯⋯⋯⋯⋯⋯⋯ 1
　第二节　稠油开采技术 ⋯⋯⋯⋯⋯⋯⋯⋯⋯⋯⋯⋯⋯⋯⋯⋯⋯⋯⋯⋯⋯⋯⋯⋯ 3
　第三节　稠油开发现状 ⋯⋯⋯⋯⋯⋯⋯⋯⋯⋯⋯⋯⋯⋯⋯⋯⋯⋯⋯⋯⋯⋯⋯⋯ 7

第二章　火烧油层技术原理及应用概述 ⋯⋯⋯⋯⋯⋯⋯⋯⋯⋯⋯⋯⋯⋯⋯⋯⋯⋯ 13
　第一节　火烧油层技术原理 ⋯⋯⋯⋯⋯⋯⋯⋯⋯⋯⋯⋯⋯⋯⋯⋯⋯⋯⋯⋯⋯⋯ 13
　第二节　火烧油层技术的复杂性和适用范围 ⋯⋯⋯⋯⋯⋯⋯⋯⋯⋯⋯⋯⋯⋯⋯⋯ 17
　第三节　火烧油层技术的应用及发展趋势 ⋯⋯⋯⋯⋯⋯⋯⋯⋯⋯⋯⋯⋯⋯⋯⋯⋯ 20

第三章　火驱油藏筛选及区块适应性评价 ⋯⋯⋯⋯⋯⋯⋯⋯⋯⋯⋯⋯⋯⋯⋯⋯⋯ 26
　第一节　火驱油藏筛选方法 ⋯⋯⋯⋯⋯⋯⋯⋯⋯⋯⋯⋯⋯⋯⋯⋯⋯⋯⋯⋯⋯⋯ 26
　第二节　红浅1井区地质特征 ⋯⋯⋯⋯⋯⋯⋯⋯⋯⋯⋯⋯⋯⋯⋯⋯⋯⋯⋯⋯⋯⋯ 28
　第三节　红浅1井区注蒸汽后储层潜力评价 ⋯⋯⋯⋯⋯⋯⋯⋯⋯⋯⋯⋯⋯⋯⋯⋯ 37

第四章　稠油注蒸汽后火驱开发机理研究 ⋯⋯⋯⋯⋯⋯⋯⋯⋯⋯⋯⋯⋯⋯⋯⋯⋯ 43
　第一节　火烧油层室内研究方法概述 ⋯⋯⋯⋯⋯⋯⋯⋯⋯⋯⋯⋯⋯⋯⋯⋯⋯⋯ 43
　第二节　原油氧化反应动力学研究 ⋯⋯⋯⋯⋯⋯⋯⋯⋯⋯⋯⋯⋯⋯⋯⋯⋯⋯⋯ 46
　第三节　火驱过程物理化学变化规律研究 ⋯⋯⋯⋯⋯⋯⋯⋯⋯⋯⋯⋯⋯⋯⋯⋯ 52
　第四节　注蒸汽后高温燃烧机理 ⋯⋯⋯⋯⋯⋯⋯⋯⋯⋯⋯⋯⋯⋯⋯⋯⋯⋯⋯⋯ 65

第五章　火驱油藏工程设计 ⋯⋯⋯⋯⋯⋯⋯⋯⋯⋯⋯⋯⋯⋯⋯⋯⋯⋯⋯⋯⋯⋯⋯ 78
　第一节　火驱数值模拟技术 ⋯⋯⋯⋯⋯⋯⋯⋯⋯⋯⋯⋯⋯⋯⋯⋯⋯⋯⋯⋯⋯⋯ 78
　第二节　红浅1井区火驱模型的建立与评价 ⋯⋯⋯⋯⋯⋯⋯⋯⋯⋯⋯⋯⋯⋯⋯⋯ 87
　第三节　火驱井网优化设计方法 ⋯⋯⋯⋯⋯⋯⋯⋯⋯⋯⋯⋯⋯⋯⋯⋯⋯⋯⋯⋯ 93
　第四节　注气参数优化设计 ⋯⋯⋯⋯⋯⋯⋯⋯⋯⋯⋯⋯⋯⋯⋯⋯⋯⋯⋯⋯⋯⋯ 100
　第五节　射孔优化与单井产能分析 ⋯⋯⋯⋯⋯⋯⋯⋯⋯⋯⋯⋯⋯⋯⋯⋯⋯⋯⋯ 105
　第六节　红浅火驱油藏工程设计概要 ⋯⋯⋯⋯⋯⋯⋯⋯⋯⋯⋯⋯⋯⋯⋯⋯⋯⋯ 107

第六章　火驱燃烧和驱油特征分析 ⋯⋯⋯⋯⋯⋯⋯⋯⋯⋯⋯⋯⋯⋯⋯⋯⋯⋯⋯⋯ 110
　第一节　火驱生产特征与规律 ⋯⋯⋯⋯⋯⋯⋯⋯⋯⋯⋯⋯⋯⋯⋯⋯⋯⋯⋯⋯⋯ 110
　第二节　火驱燃烧和驱油特征及相互关系 ⋯⋯⋯⋯⋯⋯⋯⋯⋯⋯⋯⋯⋯⋯⋯⋯ 116
　第三节　火线推进规律及影响因素 ⋯⋯⋯⋯⋯⋯⋯⋯⋯⋯⋯⋯⋯⋯⋯⋯⋯⋯⋯ 136

第七章　火驱前缘的监测与调控 ⋯⋯⋯⋯⋯⋯⋯⋯⋯⋯⋯⋯⋯⋯⋯⋯⋯⋯⋯⋯⋯ 147
　第一节　火驱前缘监测方法 ⋯⋯⋯⋯⋯⋯⋯⋯⋯⋯⋯⋯⋯⋯⋯⋯⋯⋯⋯⋯⋯⋯ 147
　第二节　火驱前缘调控技术 ⋯⋯⋯⋯⋯⋯⋯⋯⋯⋯⋯⋯⋯⋯⋯⋯⋯⋯⋯⋯⋯⋯ 154

第八章　火驱效果分析及综合评价方法 … 168
  第一节　火驱燃烧效果分析方法 … 168
  第二节　火驱生产效果分析方法 … 170
  第三节　火驱效果的综合评价方法 … 175

第九章　火驱开发面临的挑战与攻关方向 … 195
  第一节　浅层稠油火驱面临的挑战 … 195
  第二节　未来需要攻关的方向 … 196

参考文献 … 198

第一章　新疆浅层稠油油藏开发概况

目前，世界剩余石油资源中约有70%为稠油。中国稠油资源量约为$198.7×10^8t$，其中最终可探明的地质资源量约为$80×10^8t$，约占石油资源总量的20%，开发潜力巨大。但是由于原油黏度高、油层渗流阻力过大，使得原油不能通过降压自发从地层流入井筒；即使原油在受热等作用下能够流到井底，在从井底向井口的流动过程中，由于降压脱气和散热降温使原油黏度进一步增加，开采难度大。

中国稠油开采技术经过近20年的迅速发展，已形成了胜利、辽河、新疆、河南等稠油生产基地，产油量逐年提高，目前已成为稠油生产的主要国家之一。新疆稠油资源丰富，是中国最主要的稠油产地之一。2018年底，稠油动用石油地质储量达$4.0×10^8t$，年产油量$428.8×10^4t$，占新疆油田公司的37.4%。本章重点介绍稠油基本特征、开采技术、稠油开发现状三部分内容。

第一节　稠油基本特征

一、稠油的概念和分类标准

稠油是指黏度高、相对密度大的原油。根据国际稠油分类标准，中国稠油分三类（表1-1），即将黏度为100~10000mPa·s且相对密度大于0.92的原油称为普通稠油；将黏度为10000~50000mPa·s且相对密度大于0.95的原油称为特稠油；将黏度大于50000mPa·s且相对密度大于0.98的原油称为超稠油。

表1-1　中国石油行业稠油分类试行标准

稠油分类		主要指标	辅助指标	开采方式
名称	类别	黏度（mPa·s）	20℃下相对密度	
普通稠油	Ⅰ	50*（或100）~10000	>0.9200	
	亚类 Ⅰ₁	50*~150*	>0.9200	可以先注水
	Ⅰ₂	150*~10000	>0.9200	热采
特稠油	Ⅱ	10000~50000	>0.9500	热采
超稠油（天然沥青）	Ⅲ	50000	>0.9800	热采

注：1987年石油工业部试行标准，表中*表示油层温度下脱气原油黏度。

浅层是相对中层、深层、超深层而言的，按照《油藏分类》（SY/T 6169—1995），以1500m为深度下限。在新一轮油气资源评价中采用2000m为深度下限。而根据中国石油企业标准《浅层稠油油藏分类规范》（QSYXJ 0302—2015）中规定，埋深在100~600m的稠油油藏都属于浅层稠油油藏。根据浅层稠油的特点对其进行了细致分类（表1-2）。

表 1-2　浅层稠油分类

分类	原油黏度（mPa·s）	
	20℃	50℃
普通稠油	<10000	<700
特稠油	10000~50000	700~2000
超稠油	>50000	>2000

二、稠油的热特性

1. 黏度对温度的敏感性

稠油的黏度随温度变化十分敏感，温度升高，黏度急剧下降。这是稠油热采最主要的原理——加热降黏机理，也是决定是否进行热力开采的基础。

2. 热膨胀性

在热力采油过程中，随着油层温度的升高，地下原油、水及岩石都将产生不同程度的膨胀，为驱动提供能量。实际上，原油的热膨胀系数最大，其次是水，岩石最小。当温度由常温升高到200℃时，原油体积将增加20%。可见稠油的热膨胀性在热采中的作用。

3. 热裂解性

当温度升高到一定值时，稠油中的重质组分将会裂解成焦炭和轻质组分（轻质油和气体）、热裂解生成的轻质组分对改善地下稠油的驱油效果作用很大。

4. 蒸馏性

随着温度上升，原油中开始出现汽化时的温度叫作原油的初馏点（又称泡点温度）。当温度大于或等于初馏点时原油中的轻质组分逐渐增多。馏出量的多少除取决于蒸馏温度外，还与原油特性及压力有关。在蒸汽驱过程中，蒸汽对原油的蒸馏过程有重要影响，即有蒸汽存在时，相同温度下的馏出量将大幅增加，这是蒸汽驱提高稠油采收率的重要机理之一。

三、中国稠油的一般性质

中国发现的稠油油藏分布广、类型多，埋藏深度变化很大，一般在10~2000m之间，主要储层岩性为砂岩、砂砾岩。稠油具有以下特点：

（1）稠油中轻质馏分很少，而胶质沥青质含量很多，而且随着胶质沥青质含量增加，原油的相对密度及同温度下的黏度随之增高。常规油（即稀油）中沥青质含量一般不超过5%，但稠油中沥青质含量可达10%~30%，个别特稠油、超稠油可达50%或更高。

（2）稠油黏度随着密度增加而增高，但线性关系较差。原油密度的大小与其金属元素含量的多少有关，而原油黏度的高低主要取决于其胶质含量的多少。中国稠油油藏属于陆相沉积，原油中金属元素含量较少，而胶质含量变化大，与其他国家相比，中国稠油的胶质含量一般超过20%。因此，原油密度较小，但原油黏度较高。

（3）稠油中烃类组分低。稠油与稀油的重要区别是其烃类组分上的差异，中国陆相稀油中，烃类的组分（饱和烃+芳香烃）一般大于60%，最高可达95%，而稠油中烃类的组分一般小于60%，最低的在20%以下，稠油中随着非烃类和沥青含量的增加，其密度呈规律性增大。

（4）稠油中含硫量低。在中国已发现的大量稠油油藏中，含硫量都比较低，一般小于8%。

（5）稠油中含蜡量低。中国的大多数稠油油藏原油中含蜡量在4.5%左右。

（6）稠油中的金属含量较低。中国陆相稠油与国外海相稠油相比，稠油中镍、钒、铁及铜等金属元素含量很低。这是中国稠油黏度较高而密度较小的重要原因之一。

（7）稠油凝固点较低。大多数稠油油藏属于次生油藏，由于石蜡的大量脱损及浅部氧化作用强烈，因此，稠油性质表现为胶质沥青质含量高、含蜡量及凝固点低的特点。

第二节 稠油开采技术

因为稠油具有明显的热特性，所以稠油常用的开采方法是热力方法，主要有蒸汽吞吐、蒸汽驱、蒸汽辅助重力泄油、火烧油层等技术。

一、蒸汽吞吐技术

蒸汽吞吐技术的开采机理相对简单，主要利用注蒸汽加热近井地带原油，使之黏度降低，当生产井井底压力下降时，原油可以比较容易地流入井中（图1-1）。

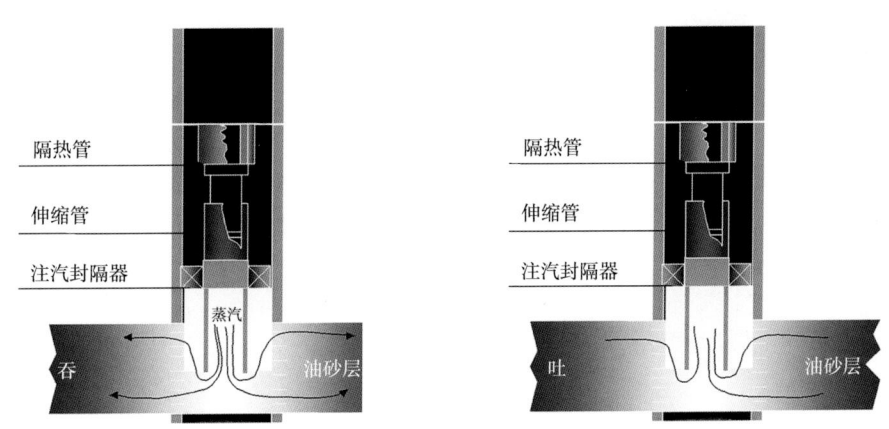

图1-1 蒸汽吞吐技术示意图

蒸汽吞吐在同一口井中注蒸汽和采油，所以又叫作单井吞吐采油，在单井吞吐采油的每一个吞吐周期中可分为注汽、焖井和生产三个阶段。

1. 注汽阶段

由锅炉产生的高温高压蒸汽，经地面管线由井口沿井筒注入油层。在这一阶段主要控制注汽量、注汽速度、注汽压力和注蒸汽干度四个参数。注汽量按照当量水核算，注入时间一般在几天到十几天。

2. 焖井阶段

焖井是指注蒸汽后停注关井，使蒸汽与油层岩石和流体进行热交换的过程。为了提高蒸汽的加热效率，必须进行焖井。焖井时间的长短也是影响蒸汽吞吐效果的一个重要因素。若焖井时间过长，则热能传递到非目的层或向油层深部传热过多，井底附近油层温度下降太快，原油的黏度又会回升；焖井时间过短，则热量没有得到充分的交换，使得蒸汽热能作用半径小，影响吞吐周期的产量。

合理的焖井时间由现场实际来确定，一般为1~14天。对于注汽量不大、蒸汽扩散快、注入压力相对低的油井，焖井时间可适当缩短；对于注汽量大、注入压力高的低渗透油层，焖井时间可适当延长。

3. 生产阶段

焖井结束后，开井进行生产。生产方式多种多样，采用何种方式主要以最大限度地利用热能和提高吞吐周期的产油量为目标。

蒸汽吞吐油井在生产阶段不再向油层提供热能，所以一般在开井初期产量较高，随着生产时间的持续，油层温度逐渐降低，原油黏度回升，油井产量也随之下降；另外，同一口油井在不同的吞吐周期内产量也不一样。一般在前两个周期产量较高，这是因为此时油藏中含油饱和度和油层压力都高的缘故，随着吞吐周期次数的增加，产量逐渐递减，且每一周期的有效生产时间也相应缩短。

蒸汽吞吐技术投资少、见效快，适应性强，尤其对于油层厚度较大、边（底）水体积较小的稠油油藏，蒸汽吞吐可获得较好的开发效果，也是现阶段中国稠油开发的主力开采方式，其采油速度可达2%~8%。蒸汽吞吐产量占稠油总产量的85%左右，但它的采收率相对较低，一般不超过30%。

二、蒸汽驱技术

蒸汽驱是指由注入井连续向油层注入高温蒸汽，在注入井周围形成蒸汽带，注入的蒸汽将地下原油加热并驱到周围生产井后产出，是注热流体中广泛使用的一种方法。蒸汽驱技术是稠油开发中已实现工业化应用的成熟技术，也是三次采油技术中一项重要技术，注蒸汽项目数及其产量在EOR（提高原油采收率）中占有很大比例，油田实施蒸汽驱开发的成功实例也较多，美国的克恩河（Ken River）油田、印度尼西亚的杜里（Duri）油田、委内瑞拉的贝尔（Bare）油田等几个采用大型蒸汽驱开采的油田采收率可达60%以上，在中国辽河油田、克拉玛依油田的应用也非常成功。

蒸汽驱需要按一定的注采井网，从注汽井注入蒸汽将原油驱替到生产井（图1-2）。与蒸汽吞吐相比，蒸汽驱需要经过一段较长的时间才能见到效果，费用回收期较长。

在蒸汽驱生产过程中，从注蒸汽到蒸汽突破油井，最后淹没油井，一般要经历三个阶段。

1. 注汽初始阶段

油层注入蒸汽后，注入井井底附近的油层吸收了大量的蒸汽热能，油层温度逐步提高，油层压力稳定回升。由于热能还没有传递到生产井附近，生产井周围的油流阻力仍然很大，油井产油量低。

2. 注汽见效阶段

随着累计注入汽量的增加，油层能量和热量得到了很好的补充，大量蒸汽热能已传递到生产井周围，使原油的流动能力得以提高，原油产量上升，注汽见效，生产井进入高产阶段。在此阶段，如果是均质油层，则应增大生产压差以提高产油量和蒸汽驱效益；对于非均质程度严重的油藏,当产油量突然很快上升时,意味着蒸汽将突破油井,应予以高度重视,以防蒸汽过早进入油井造成汽窜。

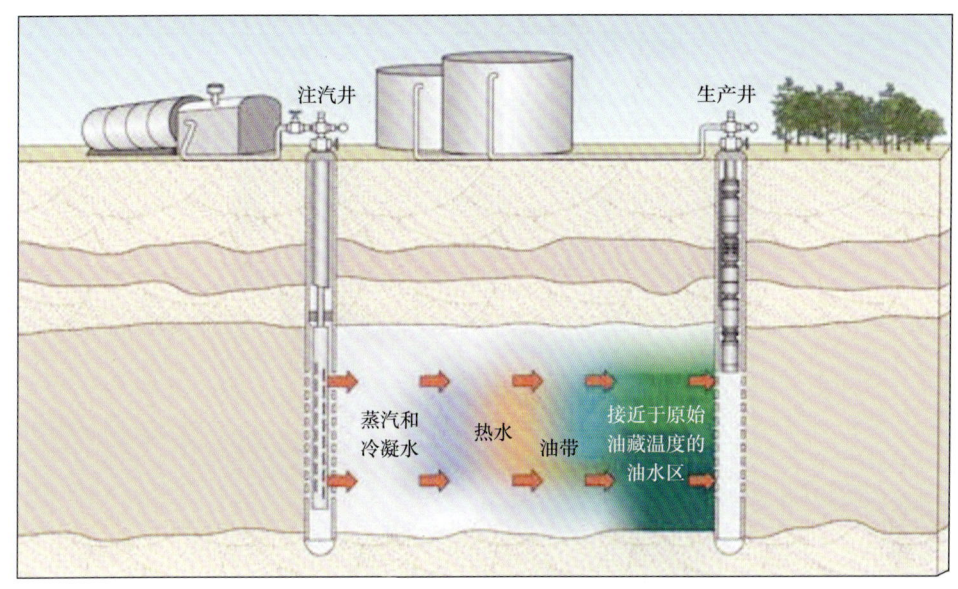

图 1-2 蒸汽驱技术示意图

3. 蒸汽突破阶段（汽窜阶段）

随着开采时间的延长,油层中的原油逐步被驱替出来,蒸汽和热水在油层中向生产井推进,到一定时间,蒸汽驱前缘突破油井,蒸汽和热水进入油井随原油一起被采出来。在此阶段,由于蒸汽突破油井后,油汽流动阻力迅速下降,蒸汽注入压力急剧下降,且蒸汽的流动能力远超过原油,使得产油量下降,油汽比降低,含水率迅速升高。

从世界范围看该技术目前已成为开采稠油的最主要技术之一,国外采用蒸汽驱大规模开发的两个主要稠油油田是美国的克恩河油田和印度尼西亚的杜里油田:克恩河油田蒸汽驱平均油汽比达 0.32,采收率达到 62.4%;杜里油田预测最终采收率可达 55%,这说明蒸汽驱技术已趋于成熟,并比较广泛地应用于稠油开发。而中国稠油开采主要依靠蒸汽吞吐,蒸汽驱产量仅占 5% 左右,除新疆油田九区稠油油藏开展规模性汽驱获得较好效果外,中深层稠油油藏的蒸汽驱开采仍处于室内研究和现场试验阶段,这与中国油藏多为陆相沉积环境、断块多、储层非均质性严重有关。

三、蒸汽辅助重力泄油技术

SAGD（Steam Assisted Gravity Drainage）概念首先是由布莱特（Bulter）于 1978 年提出的。SAGD 基本原理是以蒸汽作为加热介质,在流体热对流及热传导作用来下加热油层,依靠重力作用来开采稠油（图 1-3）。

SAGD 有不同的布井方式:一种是平行水平井方式,即在靠近油藏的底部钻一对上下平行的水平井,上面注汽,下面采油;另一种是水平井与直井组合方式,即在油藏底部钻一口水平井,在其上方钻一口或几口垂直井,垂直井注汽,水平井采油;第三种单管水平井 SAGD,即在同一水平井内下入注汽管柱和抽油管柱，通过注汽管柱向水平井最顶端注汽，使蒸汽腔沿水平井逆向扩展。通常SAGD技术可以获得超过50%的采收率和0.25~0.4的油汽比。

图1-3 SAGD技术示意图

四、火烧油层技术

火烧油层是最早的提高采收率方法之一，是一种注空气采油的方法（图1-4）。把空气注入油藏时，同时发生驱油和油的氧化两种现象。根据驱替效率和氧化强度可以把注空气采油法分为4种类型：（1）高温氧化非混相空气驱（HTO-IAF）；（2）低温氧化非混相空气驱（LTO-IAF）；（3）高温氧化混相空气驱（HTO-MAF）；（4）低温氧化混相空气驱（LTO-MAF）。高温氧化非混相空气驱（第一种类型）就是通常所说的火烧油层（In-Situ Combustion，ISC）法。注蒸汽热力采油技术由外部热源向油层提供热量，而火烧油层则是在油层中燃烧部分原油而产生热量，这一特点决定了该技术的适用范围大于注蒸汽热力采油方法。

火烧油层的燃烧过程中部分重质油焦化作为燃料被消耗，是具有热驱、凝析蒸汽驱、混相驱和气体驱动等多种机理联合作用的一种复杂的驱油过程，理论上讲其驱油效率很高。但是，在现场实际中由于油层非均质性和注入气与油层的原油之间的宏观流度比仍然很大，气和油的重力分离现象严重，因而难以使燃烧前缘波及油层的各个部分，影响了波及体积，导致总采收率达不到理论值和室内实验值。根据委内瑞拉东部米加（Miga）稠油油田未进行完的火烧油层数据，波及系数为15.7%，而采出程度仅为13.3%，除去燃烧掉的原油，二者极为接近，可见火烧油层的驱油效率很高。

以上各项稠油开采技术中，火烧油层与注蒸汽驱是开采稠油的两种竞争力强的工艺方法。国外专家按经济性优劣研究两者之间应如何选择，得出的结论是：在较深的油层、较大的加热距离、较薄的油层厚度、较高的压力、较大的注气速率、较小的油层燃料含量和较高的燃料价格时，用火烧油层比较有利。

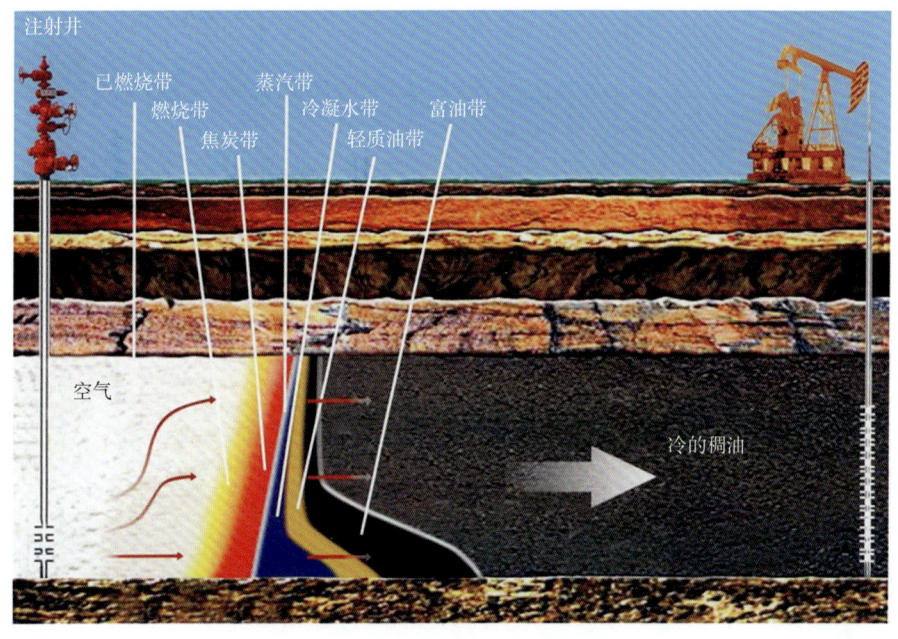

图1-4 火烧油层技术示意图

在下列条件下建议采用火烧油层,即不采用注蒸汽方法:
(1)油层压力较高(如大于14MPa);
(2)井深超过1291m,注蒸汽会有过高的井筒热损失;
(3)淡水供应匮乏或水处理价格高,致使蒸汽生产成本太高;
(4)蒸汽凝结会产生严重的黏土膨胀效应的油藏;
(5)蒸汽发生器所需燃料价格高或限制使用蒸汽发生器的地方(如严格的环境保护)。

火烧油层技术可用于开采油层厚度小于10m的薄层稠油油藏,可以在薄油层、大井距的条件下使用,也可用于开采埋深超过1500m的稠油油藏。对于注蒸汽开采过的油层,只要油层中还含有足够的燃料,就可考虑采用火烧油层方法继续采油。对于底水油藏,几乎没有很好的开采方法,但火烧油层技术却可用于底水油藏。火烧油层技术还具有环境污染小的特点,由于它的热效率高、耗费的燃料少,且大量废气滞留在油层中,向大气中排放的废气比注蒸汽方法少;采出后的废气即烟道气可以重新注入稀油油藏中,进行烟道气提高采收率的矿场开发。

第三节 稠油开发现状

新疆油田稠油开发始于1983年,历经了从普通稠油、特稠油到超稠油,从直井到水平井,从蒸汽吞吐到蒸汽驱,从开发到滚动勘探开发等实践过程。在新疆稠油开发过程中,面对油藏类型多、地质条件复杂的情况,石油科技工作者始终坚持实践—认识—再实践—再认识,运用现代技术手段搞清油藏情况,根据油藏的不同地质特点,采取不同的技术对策,创造出了一系列开发经验和工艺技术,积累了宝贵的经验,年生产能力已形成较大规模。

截至2018年底新疆油田稠油动用石油地质储量4.0×10^8t，年产油量428.8×10^4t（图1-5），占新疆油田公司的37.4%。采出程度23.4%，可采采出程度77.2%，综合含水率86.2%。

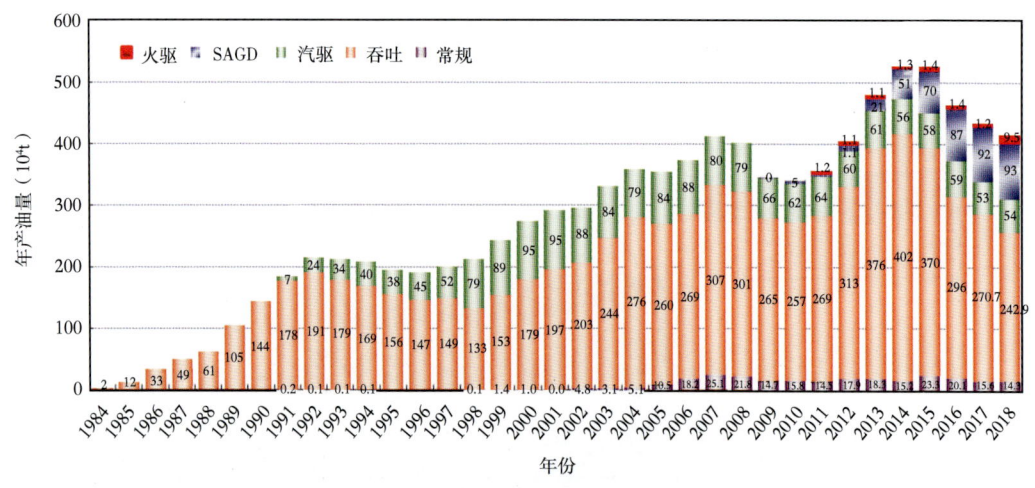

图1-5 新疆油田历年稠油产量规模图

新疆油区的稠油资源主要分布在准噶尔盆地西北缘和准噶尔盆地东部两大油区五个油田。除三台油田外其余四个油田都分布在准噶尔盆地西北缘，这四个油田的稠油储量占整个新疆油区稠油总储量的97.0%，且都属于浅层稠油油藏。

在准噶尔盆地西北缘稠油油藏开发早期，由于稠油油藏类型单一，油藏类型主要根据原油性质和油层厚度来进行划分，近年来随着百重7井区、六东区、四$_2$区、克浅10井区、检230井区等油藏的开发，发现有些区块油层厚度虽小但原油黏度低、物性好也能获得较好的开发效果，如J230井区；而有些区块油层厚度虽大但原油物性较差，开发效果却很差，如百重7区、六东区。因此，对准噶尔盆地西北缘已开发的25个层块的地质条件与生产效果进行了统计分析研究，认为影响稠油生产效果的主要因素依次为原油黏度、油层孔隙度和油层厚度。

一、基本地质特征

根据准噶尔盆地西北缘地质构造模式，以及已发现的稠油油藏的分布表明，逆掩断裂带推覆体主部及其上覆尖灭带是次生稠油油藏的富集带，特征为：

（1）分布广，埋藏浅，构造简单。

准噶尔盆地西北缘从红山嘴到夏子街，东西绵延150km的范围内，发现的稠油油藏埋深一般为160~600m，除夏子街油田八道湾组（J_1b）油藏埋深为1100~1400m外，其余均小于600m，顶部、底部构造形态简单，多为向东南缓倾的单斜构造，地层倾角4°~9°。

（2）油层分布受构造及岩性控制，油层分布较稳定。

在平面分布上，油层受构造和岩性控制。储层主要含油岩性为中细砂岩、砂砾岩和含砾不等粒砂岩，无活跃边（底）水。油藏内油层分布稳定，平均沉积厚度80~150m，油层厚度5~25m，油层系数0.6左右。

（3）剖面上含油层系多、储层物性好，但非均质性较强。

已发现的稠油油藏主要分布于石炭系顶部、中三叠统克拉玛依组、下侏罗统八道湾组、

【第一章】 新疆浅层稠油油藏开发概况

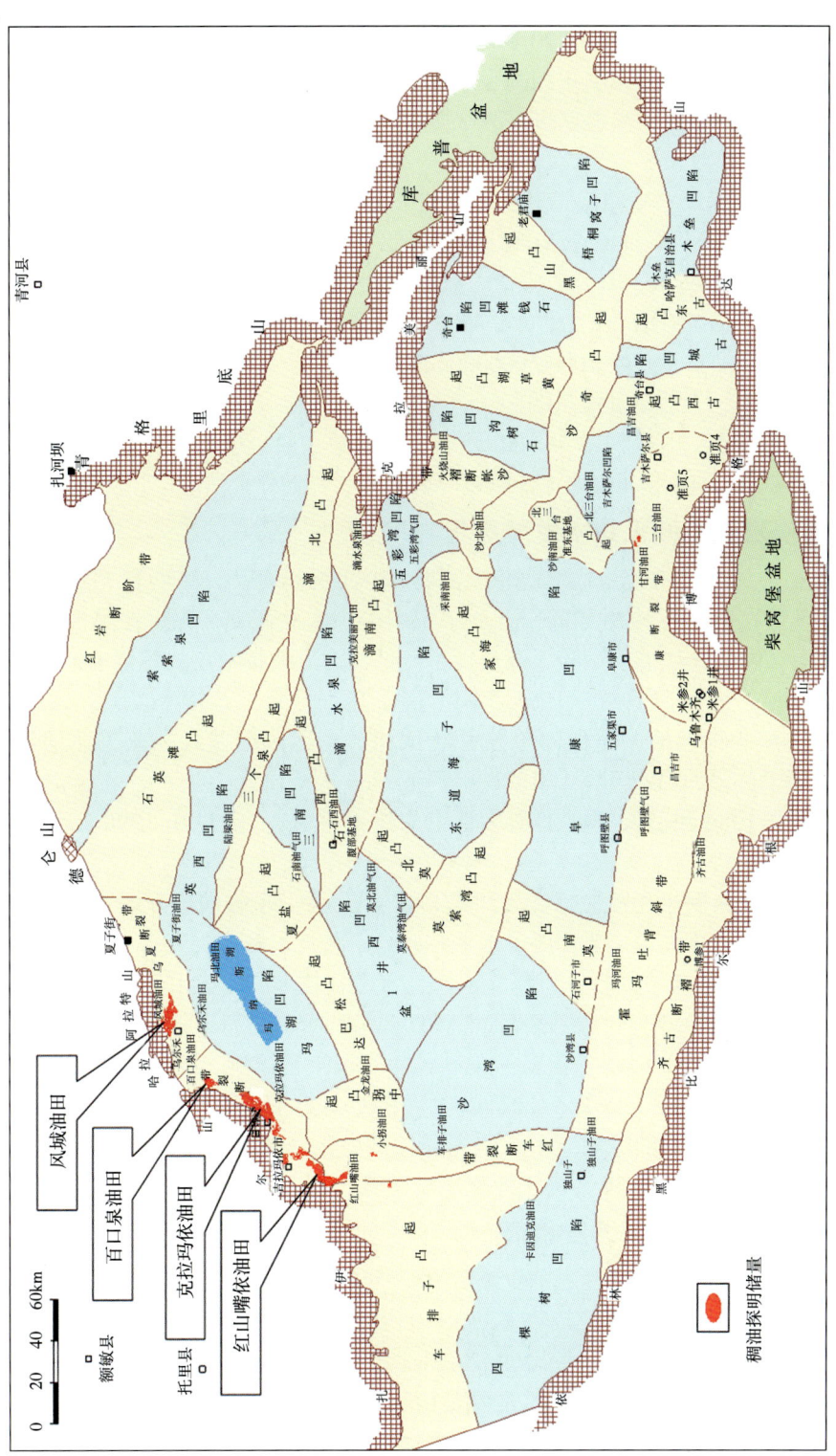

图 1-6 准噶尔盆地稠油油田分布图

上侏罗统齐古组，规模较大的是齐古组和八道湾组。储层岩性主要由胶结疏松的砂岩及砂砾岩组成，储层物性较好，油层孔隙度20.0%~36.0%，渗透率0.1~3.0D，含油饱和度58%~75%。储层沉积以辫状河流相和洪积相为主，平面上和剖面上含油岩性及胶结程度变化较大，油层非均质性强。平面上渗透率级差为3.2~5.6倍，剖面上为11.8~14.7倍，变异系数0.56~1.32，突进系数4.5~26.1。

(4) 原油性质具有"三高四低"和黏度变化大的特点。

根据原油性质分析，原油性质具有凝固点低（-40~16℃）、含蜡量低（0.77%~1.91%）、沥青质含量低（1.37%~5.67%）和黏度高、原油密度高（0.92~0.968g/cm³）、酸值高[3.13~6.48mg（KOH）/g（油）]、胶质含量高（11.9%~34.7%）的特点，原油黏度（地层温度下脱气油）变化在100~5000000mPa·s之间，变化范围较大，稠油种类齐全。

(5) 溶解气量小，天然驱动能量弱。

由于埋藏浅、地层压力低（1.8~6.4MPa）、压力系数一般小于1.05，原始溶解气量仅为5m³/m³，地层温度16~24℃，再加之无活跃边（底）水，因此靠天然能量开发没有产量。

二、新疆浅层稠油开采技术发展历程

新疆油田于1958年在准噶尔盆地西北缘发现2个浅层稠油层，打井48口，由于油稠未能投入开发。随后在1960—1970年间，开展了室内模拟实验研究，先后在黑油山开展了蒸汽吞吐、蒸汽驱试验和火烧油层试验，都获得了产量，为后续技术攻关积累了经验。

为了建立稠油产能，在1980—1985年间开展了蒸汽吞吐工艺技术攻关。1983年初在风城的2个区块开展特稠油、超稠油单井吞吐试验，在九区单井吞吐获工业油流。1984年在九区开始稠油注蒸汽吞吐开发。1986年稠油开采从科研走上生产，新疆油田公司成立重油开发公司。1986年后又开展了蒸汽驱工艺技术攻关，九₁区于1990年转入蒸汽驱开发试验。

随着水平井技术在稠油开发中的普及，从1991年开始，新疆油田开展了水平井开采特稠油、超稠油工艺技术攻关，主要开展了水平井开采工艺技术和浅层直斜水平井开采技术研究，先后在六区和九₈区开展试验。2007年以来，水平井技术广泛应用于稠油开采。

近年来（2007—2019年），浅层超稠油SAGD开采技术攻关和火驱开采工艺试验被列为主要攻关方向。2007年底，启动了新疆油田SAGD开采工艺试验，先后建立了重32井区、重37井区作为先导性试验区，2012年取得成功后SAGD技术规模化应用于产能建设。2009年，在红浅1井区八道湾组油藏建立了火驱先导性试验区，2019年通过中国石油天然气股份有限公司验收，目前正开展30万吨工业化规模试验。

三、浅层油气藏的勘探开发特征

新疆浅层稠油是新疆主力产区之一，经历50多年的勘探开发，其主要特征如下：

(1) 由于油藏相对较浅，因此较容易勘探，打井较方便，成本比较低；

(2) 勘探开发过程中井易出水、出砂，这是浅层油气勘探开发中首先要解决的问题；

(3) 产能比较低，稳产难度较大，主要是由于产层埋藏浅、产能系数小，为避免出砂等要控制生产压差，因而稳产难度大、产能不高；

(4) 由于浅层油气藏分布零散、有效储层控制面积小，因此生产过程中地层压力会下降很快、弹性产率低；

（5）由于浅层油气藏储层胶结程度较低，开发后期会出现层间窜漏或油、气、水泄漏至地表。

1. 蒸汽吞吐生产特征

自1984年以来，准噶尔盆地西北缘稠油油藏先后有六区、九区、四₂区、红浅1井区、克浅10井区和百重7井区等20多个层块投入了蒸汽吞吐开发，其中九₁区—九₆区、六₁区、红浅1井区吞吐生产时间最长，吞吐周期一般为5~9轮。

纵观各区块蒸汽吞吐生产情况（图1-7），具有以下特征：

（1）单井产油量随着吞吐轮次的增加逐渐下降；

（2）首轮注汽压力高，井间汽窜干扰严重；

（3）地层压力下降显著；

（4）不同类型稠油油藏开发特征差异大。

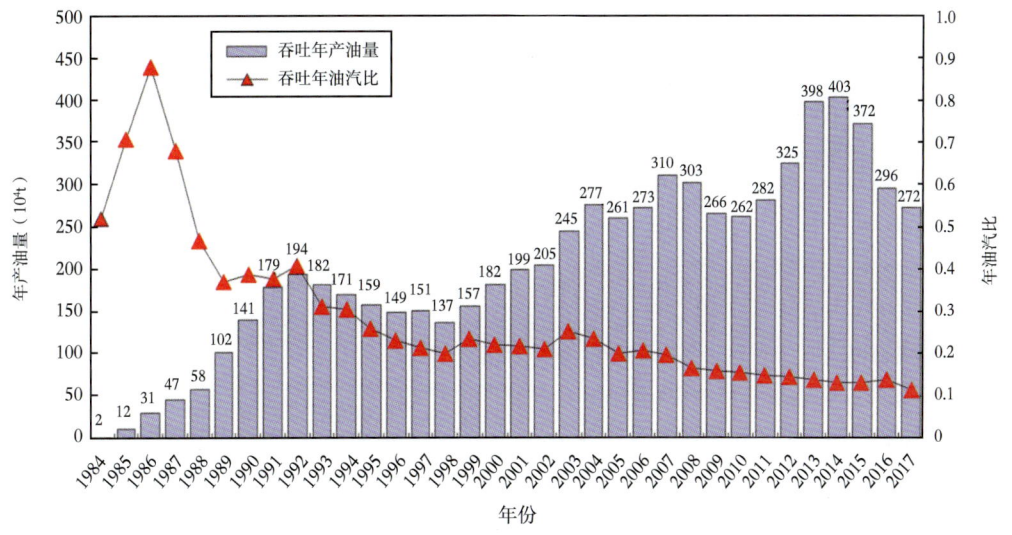

图1-7 新疆油田老区蒸汽吞吐年产油量和油汽比

统计数据显示，蒸汽吞吐的开发轮次较高（5~9轮），油汽比逐年下降，需要考虑接替技术。

2. 蒸汽驱生产特征

新疆油田自1990年首先在九₁区转入蒸汽驱开发试验以来，目前已有九₁区至九₆区、六₁区、红一₁区—红一₃区、克浅10井区共10个区块转入蒸汽驱开发，最长的已转蒸汽驱开发10余年（图1-8）。

大部分区块由于蒸汽驱开发初期都以100m×140m的反九点井网生产，汽驱效果普遍不理想，油汽比多在0.15以下，采油速度仅为1.5%左右，汽驱效果差的主要原因是汽驱井网的井距过大，注采井间形不成有效的热连通，无法实现真正的蒸汽驱，致使注采井间尚有大量的剩余油未得到充分动用。井网加密是解决这一问题的有效途径，1996年开始陆续将原蒸汽驱井网加密成70m×100m的反九点井网，油井产量逐步回升，采收率均得到不同程度的提高。

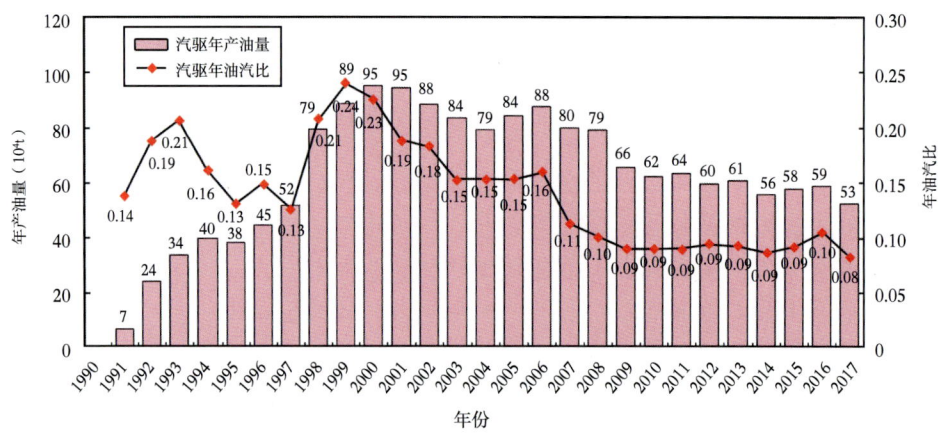

图 1-8 新疆油田老区蒸汽驱年产油量和油汽比

四、新疆稠油开发面临的形势

新疆油田稠油开采目前已形成了蒸汽吞吐、浅层蒸汽驱配套技术，年生产规模已达 $400×10^4t$ 以上，但面临着后备资源不足、老区提高采收率难度大、能耗大、效益差等问题。

（1）产能建设后备资源短缺，火驱试验是稠油稳产的需要。

新疆油田有探明未动用稠油储量 $12492.4×10^4t$，其中可动用储量只有 $3600×10^4t$ 左右，其余储量地面被占用、原油黏度高、产能低、油层薄、稠油产能建设与剩余资源不足的矛盾日益突出，因此，需要新的技术（如火驱）挖掘老区剩余储量，稳定稠油年产规模。

（2）稠油主体开发老区已进入后期，效果变差，但采出程度较低。

稠油主体开发区（九区、六区、红浅 1 井区、百重 7 井区）已进入开发后期，其中吞吐老区截至 2013 年采出程度 16%~32%，平均值为 24.6%，采油速度降到 1.2% 以下，平均日产油量已降至 1.04t，含水率 85% 以上；汽驱开发主体区块（六区—九区）采出程度已达 40% 以上，平均日产油量降至 0.7t，含水率 90.69%，采油速度 1.2%，能量消耗严重（九区齐古组平均地层压力由原始值 3.48MPa 降至 0.45MPa）。

综合分析认为，老区继续使用注蒸汽开发，提高采收率幅度小，能耗大，经济效益差。经调研和室内实验认为，火驱接替开发技术有望获得较高的采收率和经济效益。

新疆油田稠油开发伴随着地质认识的更新与新技术的应用先后经历了三个转折点：第一个转折点是 1984 年，从国外引进高压锅炉技术，促成了大规模开发稠油的形势；第二个转折点是 1991 年，为进一步提高稠油采收率，引进了转蒸汽驱技术，率先在九区、六$_1$区等区块进行工业化实施，使这些区块的稠油采收率从 20% 提高到 40% 以上。第三个转折点是 1998 年，逐步开展滚动勘探开发，稠油年产量从 $200×10^4t$ 升至 $400×10^4t$。

新疆油田稠油面临严峻的开发形势，优质储量动用殆尽，产能接替资源缺乏；大部分老区已进入开发中后期，但采出程度低，因此新疆油田稠油开发正处于第四个转折点，稠油开采迈入新时期。在这一新的转折时期，适时开展了以风城超稠油 SAGD 先导性试验和红浅 1 井区火驱先导性试验为标志的稠油开发接替技术。目前，SAGD 技术和火驱技术已经取得了阶段性成功，正向着扩大规模、工业化开发的方向发展。

第二章　火烧油层技术原理及应用概述

火烧油层（火驱）作为油藏热力开采的一种方式，虽然存在工艺难度大、地下燃烧不易控制、高压下注入大量空气成本高的劣势，但是由于热量由原地产生，不存在沿井筒的热损失，所以火烧油层的热效率比其他热采方式高，且驱油效率高达80%以上。该技术于20世纪50年代中期开始现场应用，目前已经有大量关于火烧油层实验和数值模拟的文献及报道，但火驱的商业化应用程度比其他热采方式低。

第一节　火烧油层技术原理

一、火烧油层技术的发展

早在1917年，美国的J.O.李威斯就提出了采用热力或注溶剂方法，驱替地层中原油以提高采收率的概念。1923年，霍华德正式提出了火烧油层（火驱）方法的专利，由于当时新油田勘探成功率较高，投资商无意进行试验。第一次火烧现场实验是苏联于1933年在薄煤层中实施的，也就是现在所说的煤的地下气化。苏联还最先于1934年把火烧工艺应用于采油，美国直到1947年才开始在实验室进行实验研究。进入20世纪50年代后，美国石油资源日渐枯竭，新油田勘探成功率渐低，才开始注意到这项新技术。从1951年起，各石油公司在油田竞相开展试验，使得火烧油层技术得到了较快发展，除了苏联、美国之外，还有加拿大、委内瑞拉、罗马尼亚和中国等应用了该项技术。

美国最早的一次火烧油层现场试验是1942年在俄克拉何马州的伯特勒斯维尔（Bartlesville）油田进行的。美国火烧油层的工程项目多，用这种方法每年采出的石油量也很可观，从1982年到1990年，每年平均采出量为$45.9\times10^4m^3$。在20世纪80年代，美国发现了大量的CO_2资源，所以CO_2混相驱发展很快，并带动了烟道气驱和氮气驱的发展，而相比之下，火烧油层技术的发展放缓。尽管如此，在世界各国主要的火烧油层工程中，美国所占的比例仍是最大的（77.8%）。较大、较著名并且取得了成功的火烧油层工程有加利福尼亚州的西新港工程、南贝尔瑞其工程、中途日落工程和路易斯安那州的贝尔维尤工程等。据统计，美国超过1500m深的层内燃烧项目就达6个以上，而在密西西比州的海德尔伯格油田，油层深度已达到3500m。美国石油公司在内布拉斯州的斯劳斯（Sloss）油田进行了燃烧，该油田水驱后的残余油饱和度仅为30%，而油井含水率高达97%，在空气与水比值为$134m^3/m^3$的条件下仍实现了顺利燃烧，并采出剩余油量的43%，这一数字在当时是相当惊人的。

早在20世纪60年代，苏联就在亚速—库班含油气盆地的巴弗洛瓦山油田开展了火烧油层试验，增产原油6.66×10^4t。20世纪70年代在南里海含油气盆地的霍拉桑区及卡莎纳伍区，也都开展了火烧油层试验，前者还由干式燃烧过渡到湿式燃烧。20世纪80年代在西西伯利亚含油气盆地北部的鲁斯油田也进行了火烧油层试验。苏联在1987年用火烧油层的方法获得的原油产量为39.3×10^4t，与美国大致相同。当年全球用各种（共19种）提高采收率方法所获得的产量中，火烧油层方法占6.28%。

委内瑞拉在米加和蒂亚胡安那、罗马尼亚在苏帕拉库开展了具有一定规模的火烧油层试验，试验持续的时间也较长，基本上都由干式燃烧过渡到了湿式燃烧，取得了较丰富的成功经验。并且，火烧油层成为罗马尼亚开采稠油油藏的主要热采方法。

罗马尼亚是世界上石油开采较早的国家之一，于1849年开始采油。为了提高采收率，从1952年开始采用注水、注气保持压力的二次采油方法，20世纪60年代开展了室内三次采油方法研究，并开展了浅层火烧油层和注蒸汽的井组试验，20世纪70年代热采方法已具有工业性生产规模，20世纪80—90年代二次采油技术、三次采油技术继续发展。

罗马尼亚从20世纪60年代初在稠油区块开展火烧油层和注蒸汽现场开发试验，已使采收率从5%~9%提高到46%以上。1991年火烧油层产油量60×10^4t，蒸汽吞吐采油量12×10^4t。研究人员认为火烧油层和蒸汽吞吐方法提高采收率的幅度差不多，但是蒸汽驱要烧掉采出油的30%，而火烧只消耗10%左右。因此，火烧油层已发展成为主要的热采方法。

苏帕拉库油田、巴尔克乌油田自1964年4月，到1992年3月共有生产井1900口、注空气井（火井）185口，开始采用面积井网驱替，后改为线性井网。火烧油层受效井600口，火线前缘200~400m内的生产井均受效。日产原油1500~1600t，年采油量55×10^4t，年产油速度1.4%，每采1t原油需要注入空气量（即气油比）2000m^3/t，火线推进速度7~8cm/d，通风强度1.2m^3/($m^2\cdot h$)，燃烧每1m^3油砂需要注入空气量360~380m^3（空气耗量）。

通过多年火烧油层实践，罗马尼亚对火烧油层方案设计、油层点火、确定火线推进速度、控制、调节和预测火线位置，移风接火实现油层连片燃烧技术，以及在油层燃烧过程中遇到的一系列问题（如火线到达生产井前，冷却井底来延长油井的热效期、原油破乳、油井出砂及大气污染），都摸索出了一套可行的办法。

二、火烧油层的类型

火烧油层是一种以热效应为主，蒸汽驱、混相驱和气驱等多种机理联合作用的驱油过程，具有综合驱油特点。火烧油层的燃烧前缘是移动的，具有蒸汽驱和热水驱的作用，但其热利用率和驱油作用要高得多；而且与常规蒸汽驱和热水驱相比，节省了水处理设施和隔热措施的投资，井筒工艺条件也比较简单。

根据燃烧前缘移动方向与注入空气的流动方向的异同，燃烧方式分为干式正向燃烧、湿式燃烧和反向燃烧三种。

1. 干式正向燃烧

干式正向燃烧又称正燃法，是指燃烧前缘从注入井向生产井推进，前缘推进方向与注入空气的流动方向一致。随着燃烧前缘离开注入井向生产井推进，形成了火烧油层不同区带的稳定推进模式，构成了干式正向燃烧驱油的各种作用机理。对于正向燃烧，研究认为可以大致划分为几个明显的区带，图2-1是笔者总结的区带划分和各区带反应机理。

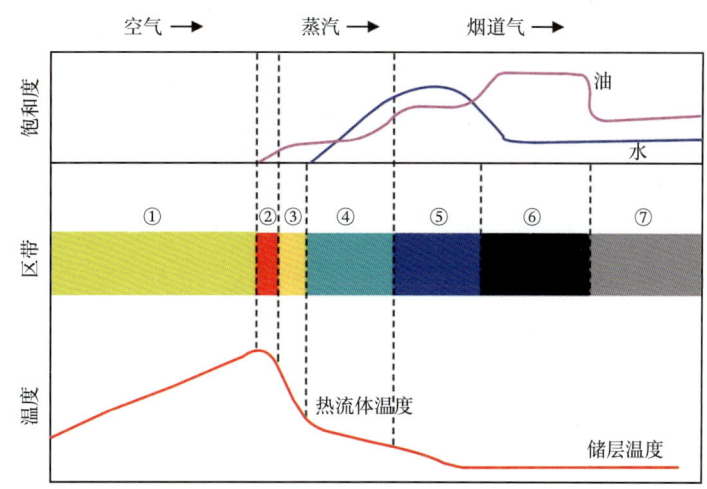

图 2-1 典型火烧油层干式燃烧区带划分示意图
①已燃区；②燃烧前缘；③结焦区；④冷凝区；⑤集水带；⑥油墙；⑦原始油区

1) 已燃区

已燃区被空气充满，基本上不含有机燃料，但岩层内滞留大量反应热，因此温度较高。

2) 燃烧前缘

燃烧区温度最高，可达400℃以上。原油以焦炭形式沉积在岩层内，生成燃烧气体，燃烧生成的水一般以过热蒸汽的形式存在。

3) 结焦区

结焦区内温度低于燃烧区温度，在此温度下地层水变成过热蒸汽，轻质原油蒸发，重质原油裂解成油焦和气态烃，过热蒸汽和气态烃向前流动，油焦沉积在岩石上，成为燃烧的燃料。

4) 冷凝区

来自结焦区的气体向前流动时，过热蒸汽把热量传递给岩石，释放出潜热，致使原油黏度迅速降低，流动性增加；气态烃则与原油混合后冷凝，产生混相驱替作用，区带内水蒸气和烃类组分增加。

5) 集水带

经过冷凝区后，水由气态转变为液态并大量聚集，由于蒸汽发生相变，基本上保持饱和温度状态，因此凝析区的温度变化比较平缓。

6) 油墙

和蒸汽驱基本相似，由于原油黏—温关系的可逆性特征，冷凝区和集水带下游与初始油藏区之间产生原油富集。

7) 原始油区

初始油藏区的温度、含油（水）饱和度基本保持不变。

2. 湿式燃烧

湿式燃烧是干式正向燃烧与水驱相结合的方法。它是在干式正向燃烧达到一定程度后再注入水，将水气交替注入井中（或将气和水一起注入井中），这时水将全部汽化或部分汽化，穿过燃烧前缘，扩大蒸汽带或高温带的范围，从而大幅降低原油黏度，提高火烧效果。湿式燃烧是改良的正燃法，正燃法在地下产生的热约一半以上存在于燃烧前缘和注入井之间；当注入水后，水与燃烧前缘后面的高温岩石接触而蒸发，热流体的膨胀作用使得具有一定高温的区带加宽，原油黏度下降，有利于提高采收率。

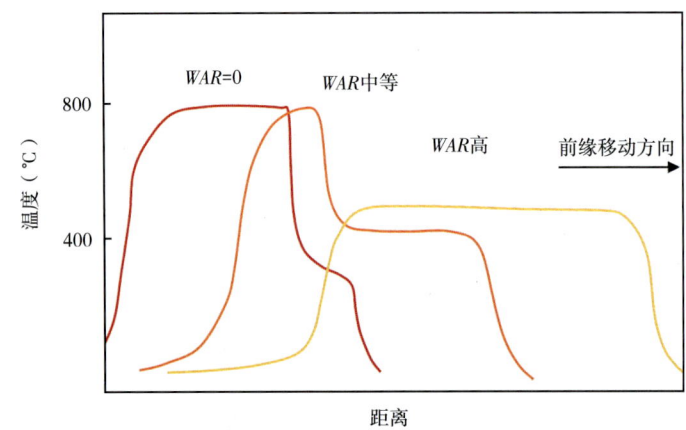

图 2-2　湿式燃烧水汽比与温度剖面关系图

与干式燃烧法相比，湿式燃烧法具有以下优点：

（1）湿式燃烧时注入水流经已燃区变为过热蒸汽，通过燃烧前缘，形成了一段蒸汽区，相当于蒸汽驱替作用；

（2）注入水变为过热蒸汽与 N_2、CO_2 和 CO 等燃烧气体形成的混合气体驱替燃烧前缘前面的原油，并通过传质与传热，气体降温而原油升温，使原油黏度迅速减小，原油的流动性增强；

（3）湿式燃烧法采出水的 pH 值比干式燃烧法高，从而使其腐蚀性降低；

（4）湿式燃烧法的注水工序能降低生产井温度；

（5）湿式燃烧的空气需要量减小，使生产井的产气量降低，减少生产井腐蚀问题。

3. 反向燃烧

反向燃烧法又称逆燃法，是在准备成为生产井的井中注入空气并点火燃烧。当短距离燃烧后，停止注气，然后转入邻井注空气，原始点火井变成生产井，前缘推进方向与注入空气的流动方向相反（图 2-3），采收率可达 50%。逆燃法所需空气量为正燃法的两倍。

反向燃烧法克服了正向燃烧法存在冷油区的缺点。当原油和高温燃烧前缘汇合后，产生热裂解反应，轻质部分蒸发，重质部分形成残渣。当蒸汽到达已燃区的较冷地带时，一部分就会发生凝结，在出口附近生成液体和水。燃烧前缘上游区域因热传导而受热，这将导致低温氧化反应，产生热量。

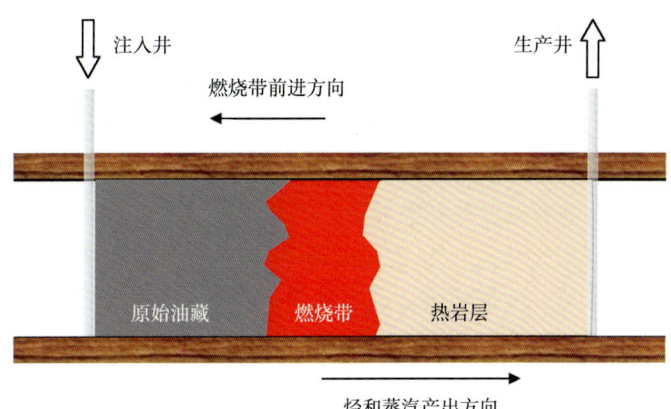

图 2-3 反向燃烧法火烧油层示意图

第二节 火烧油层技术的复杂性和适用范围

火烧油层被认为是一种理想的提高采收率的方法，尤其是在稠油油藏注蒸汽后期，主要是因为火烧油层的注入剂中使用的是空气和水，价格相对低廉；而且火烧油层燃烧的约10%的燃料是原油中不太重要的组分，经燃烧驱油后提高了原油品位（改质）；普遍认为，火烧油层可适用的现场条件比注蒸汽更广泛，特别是在较深、较薄的油藏中，注蒸汽热损失大，火烧油层技术更为适用。但是油藏地质非均质性和燃烧本身的复杂性给火烧油层技术的进一步推广带来了难度。

一、火烧油层技术的复杂性

火烧油层技术的实施过程极其复杂。由于在同一口井只能进行一次油层点火，在燃烧前缘远离点火井之后不能进行第二次点火，因此必须进行连续注气，注气不能中止，这就要求必须有备用的空气压缩机。除此之外，还有以下问题：产出物气油比高将引起井设备损伤和泵筒气锁；由于增加了水和气的产量，造成分离工作量增大和生产井出砂；在地层高温条件下形成的酸液对井设备有腐蚀作用，沥青质的沉积可能堵塞生产井；燃烧过程产生的酸液和低温氧化产物引起乳状液的形成；以及生产井高产时有可能出现高温等。虽然这些问题都有解决的办法，但是，这些问题都会增大火烧油层作业的难度和成本。

面对火烧油层技术中的许多难题，石油科技工作者没有中止对火烧油层技术的研究。对火烧油层技术的进一步研究主要集中在两个领域：一是火烧油层理论研究，包括原油在多孔介质中的燃烧机理和燃烧动力学研究、原油和岩石的物理化学性质在火烧油层过程中的变化、火烧油层动态预测方法；另一研究领域是火烧油层工艺方法研究，主要是研究如何解决燃烧前缘不稳定推进和难以控制的问题。

火烧油层技术与注蒸汽驱相比，具有热利用率高、使用的注入剂（空气）便宜且易得、适用的油藏条件较广等优点，但其发展速度远不如注蒸汽驱迅速，其原因是火烧油层机理复杂，以及现场实施项目的成功率不如蒸汽驱。

火烧驱油矿场试验成功率不高，至今没有得到普遍的认同主要有以下原因：

（1）火烧驱油本身的复杂性。火驱过程中包含一系列化学反应，热裂解、低温氧化反应、高温氧化反应等，同时伴随着气相、液相、固相三相运移过程，并发生着相变（蒸发和凝结）、热膨胀、蒸馏、原油膨胀、重力超覆等作用，此外还存在因地层非均质性导致的燃烧前缘不稳定等问题。正是由于人们对在油层中如何进行燃烧缺乏深入了解，火烧驱油技术比其他热采方法工艺上更难以操作和控制。

（2）火烧驱油过程要求操作人员和管理人员有较高的水平。许多项目失败的部分原因在于操作上或管理上的失误。火驱矿场动态监测技术是确保火驱取得成功的关键因素。常规的监测方法有产出流体取样、动态分析，注入井、生产井井口压力测试，生产井、观察井的井底流压、流温测试等；更深入的监测需要打观察井、钻井取心，甚至四维地震。而火驱矿场所具备的监测手段和技术往往难以满足矿场油藏管理的需要，投入巨大是一个重要原因。如何找到一种低投入、高效率的动态监测方法也是火驱技术研究的一个重要方向。

（3）投资少且见效快的蒸汽吞吐工艺的出现使火烧驱油技术相形见绌。尽管火驱技术已有非常多的成功应用实例，但是与注蒸汽矿场项目相比，有相当一部分火驱矿场试验还达不到商业标准或没有经济效益。这里既有油藏方面的原因，又有操作方面的原因。有学者指出一个常被人忽视的问题，那就是火驱项目的筛选和实施往往是在其他开采方式被认为无效（有的已经被证明没有开发潜力了）的情况下的一种迫不得已的选择，这就大幅降低了火驱技术的矿场试验成功率。

（4）火烧油层技术的适用性研究不够完善。对于一个给定的油藏是否可以使用火烧油层技术进行开发，或者说，具备哪些条件的油藏适宜用火烧油层技术，国外几十年来在火烧油层的理论、实验和现场试验方面已经积累了不少资料和经验，但仍有许多问题没有解决。我国在这方面的研究工作起步较晚，虽然也做了大量的工作，但工作还不够全面，经济评价部分还处于尝试阶段。对于某一油藏是否适合采用火烧油层技术，从技术上讲，火烧油层工艺经过不断的改进与改型，原来评价不成功的项目，现在有可能成功；从经济上讲，与当时的油价密不可分，世界原油价格一直在变化，过去被认为是不经济的项目，现在可能变为可行。所以说火烧油层技术的适用性研究还不够。

（5）非均质性油藏的气窜严重。据资料，国外9个火烧油层失败项目中有6个是由于油层非均质性严重致使空气大量窜槽，从而导致火烧油层试验项目失败。胜利油田在金家油田进行的火烧油层试验项目也由于油层非均质性严重而影响火驱效果，因此十分有必要开展火烧前缘调控技术研究，但该项技术研究难度大、进展缓慢。据调研，国外在该项技术研究方面也暂未取得重要进展，而这个问题能否解决，将是直接影响火烧油层这种开发方式的成功率的关键技术之一。

（6）火烧油层数值模拟技术目前尚存在许多问题。有研究表明，火烧油层的燃烧带尺寸很小，室内燃烧管实验显示其大概在1in左右，而目前矿场数值模拟网格划分在10m数量级上，显然是不合理的。当网格尺寸不能满足计算精度时，很可能会歪曲模拟油藏内的温度分布，错误地呈现化学反应速率和燃烧动态，从而导致难以准确地预测油藏动态与驱替结果。

（7）先导性试验的严格评估有很大困难。因为一个或几个井网不能形成一个封闭的区域，由此得到的先导性试验结果推广到工业性项目就不甚可靠。

二、火烧油层技术的适用范围

在所有的热力采油方法中，火烧油层技术具有最高的能量效率。在注蒸汽方法中，不仅在蒸汽发生器、输汽管线和井筒中要损失一部分热量，还必须使井底与蒸汽凝结前缘之间的油藏范围一直保持在蒸汽温度的高温水平，造成上覆岩石的热损失和在蒸汽已波及油层岩石中滞留的热量相当大。蒸汽波及区域越大，无效热损耗量越大。在火烧油层采油方法的应用中，虽然压缩空气需消耗能量，但从空气压缩机到输气管线再到井筒底部没有热量损失；直到注入气体中的氧气与油层中的燃料在燃烧前缘发生燃烧反应放出热量之后，才产生热损失。注入的气体在油层内向燃烧前缘流动的过程中还可回收一部分滞留在岩石中的热量。在湿式向前燃烧方法中，这种热量回收作用更为显著，使燃烧过后的油藏区域比燃烧前缘的温度低得多。另一方面，注蒸汽方法中在蒸汽发生器中燃烧掉的是已采出的燃料，而火烧油层技术利用的是油层内就地取材的燃料。因此，火烧油层采油方法的热效率比注蒸汽方法的热效率高。

1. 火烧油层技术可用于开采薄层稠油油藏

在油层厚度小于10m的薄层油藏中，由于单位油藏面积上的储量小，从井网密度与经济效益相结合的观点出发，往往选用大井距井网进行开采。在注蒸汽方法中，蒸汽凝结前缘向前推进的条件是必须保持蒸汽凝结前缘之后的整个油藏是个蒸汽高温区域，这就意味着蒸汽向上下相邻地层中损失的热量非常大，蒸汽凝结前缘无法扩展至很远的距离，也就是说，蒸汽的有效加热半径是有限制的。这一特征导致注蒸汽方法只适宜在小井距与厚油层的条件下使用。在火烧油层方法中，只要满足燃烧前缘的温度不低于燃点温度和有充足的氧气供应到燃烧前缘，燃烧前缘就可正常推进，允许在燃烧前缘之后的油藏区域温度低于燃烧前缘温度。因此，火烧油层技术可以在薄油层、大井距的条件下使用。

2. 火烧油层技术可用于开采深层稠油油藏

深层稠油油藏是指埋深超过1500m的稠油油藏。全世界有相当多的深层稠油资源，在中国的辽河油田和吐哈油田也已发现有深层稠油，如何有效开采深层稠油是国内外石油行业面临的一个技术难题。在注蒸汽方法中，油层埋深越深，井筒热损失越大，蒸汽在井底的干度越小，越难于通过蒸汽将大量热量携带到油层中去，使注蒸汽采油的经济效益越差，因此，注蒸汽方法不适宜在深层稠油油藏中采用。火烧油层方法受油层埋深的限制小，因为空气流动几乎不受油层埋深的限制，燃烧热量是在油层内部产生的。另外，深层稠油油藏往往具有较高的温度，地层条件下的原油黏度一般在中等黏度的范围内，使原油在油层初始条件下就具有一定的流度，这更有利于进行火烧油层。

3. 火烧油层技术可用于三次采油

在美国内布拉斯加州的斯劳斯油田，阿莫科（Amoco）公司成功地将火烧油层技术应用于此油田水驱过后的油藏。在水驱过后的油藏中，含油饱和度较低，无论采用哪种后续的采油方法都必须消耗大量昂贵的驱替流体，以驱替大量可流动水，同时把残余油捕集起来。例如，在胶束驱油方法中，在开始产出油之前，必须把超过0.2倍孔隙体积（PV）的胶束液体注入油层，才能把残余油捕集起来。而火烧油层的燃烧前缘也能把残余油捕集起来，因为在紧邻燃烧前缘之前是个高温区，在高温、二氧化碳、水蒸气等的共同作用下，残余油饱度下降。火烧油层技术对于注蒸汽开采过的油藏也是个可行的方法。

加拿大阿尔伯塔省的狼湖（Wolf Lake）油田油层中含有垂向裂缝。BP公司加拿大股份有限公司先采用蒸汽吞吐方法开采该油田，由于蒸汽的重力分异和垂向窜流造成蒸汽吞吐的效果不好，只采出了原油储量的15%~20%。随后改用火烧油层技术继续进行开采并获得了成功，采收率提高到了34%以上。贝莱尔研究与实验中心在美国得克萨斯州萨帕塔（Zapata）县的查科·雷东多（Charco Redondo）油田进行了在蒸汽驱之后的油层中再进行火烧油层的现场试验，目的是了解蒸汽驱之后的残余油饱和度是否足以维持燃烧。结果发现，在蒸汽驱之后的油藏中，油层燃烧可以维持和发展，同时在地层中再次产生水蒸气辅助驱替。因此，对于注蒸汽开采过的油层，只要油层中还含有足够的"燃料"，就可考虑采用火烧油层方法继续开采。

4. 火烧油层技术可用于开发底水油藏

在底水油藏中，油水界面之上的原油往往具有较高的黏度，油层燃烧初始时气流难以在油区中推进，此时，相对于水来说是非润湿相的空气可能从油水界面附近的水区中窜流。但是，底水的其他区域不会发生窜流。初始时，注入的绝大多数空气将从水区窜流，随着燃烧前缘在油区中的推进，从油区中流过的空气所占的比例越来越大，到最后，火烧油层过程还是可以顺利进行的。加拿大萨斯喀切温（Saskatchewan）省的埃希尔（Eyehill）油藏火烧油层项目和阿尔伯塔省的卡多松岛（Caddo Pine Island）火烧油层项目就是在底水油藏进行火烧油层获得成功的例子。对燃烧过程非常不利的条件是有气顶，注入的空气迅速进入气顶，在气顶中发生燃烧，燃烧前缘的推进速度比在油层中快得多，并且越来越多的空气将窜入气顶，使油层中的燃烧过程缺氧，从而导致火驱失败。

第三节 火烧油层技术的应用及发展趋势

一、火烧油层技术在国内外的应用

1. 火烧油层技术在国外的应用

在国外开展火烧油层采油的还有委内瑞拉、荷兰、德国、匈牙利、土耳其、日本、印度等40余个国家，世界范围内已实施过不少于300个火烧驱油现场试验项目。在稀油油藏和稠油油藏、浅层油藏和中深层油藏，在一次采油、二次采油和三次采油过程中都应用过火驱技术。例如委内瑞拉的蒂亚·胡安娜油藏是埋深为1219~1326m的稠油油藏，美国的海德堡棉花谷（W. Heidelberg Cotton Volley）油藏是埋深达到3444m的稀油油藏；再比如在美国的加利福尼亚州的中途日落（Midway-Sunset）油田，圣达菲能源（Santa Fe Energy）公司将火烧油层技术应用于一次采油；在委内瑞拉的安索阿特吉（Anzoategui）州的米加油田，火烧油层技术被应用于二次采油；在美国的内布拉斯加州的斯劳斯油田，阿莫科公司将火烧油层技术应用于三次采油。上述火烧油层现场项目均取得了技术上和经济上的成功。在运行的火烧油层驱油项目数量方面美国领先（表2-1），但有些国家的个别项目的产量比美国火烧油层驱油的总产量还多，例如罗马尼亚的巴考苏·帕拉库（Supalcu de Barcau）项目是世界上正在运行的最大的项目，其产量是美国全国火烧驱油技术产量的1.7倍。但美国火烧驱油技术的单井产量（平均值为 4.5m³/d）要比大多数国家高。

表 2-1 美国火烧油层项目的开展情况

年代	项目总数	经济上成功项目数	技术上成功项目数	失败的项目数	
				数量	所占比例（%）
20 世纪 50 年代	42	6	10	26	61.9
20 世纪 60 年代	127	16	35	76	59.8
20 世纪 70 年代	33	12	6	15	45.5
20 世纪 80 年代	22	5	5	12	54.5
20 世纪 90 年代	6	5	1	1	16.7
总计	226	39	57	130	57.5

在 1970—1995 年期间，国外最多记录了 19 个商业化就地火烧（Insitu Combusion，ISC）项目，然而，截至 2014 年这一数字已逐渐减少至 4 个活跃的商业化项目。过去几年来，涉及常规 ISC 工艺的现场先导性试验的项目数量很少。

据统计（表 2-1），美国已经实施的各类火烧驱油项目中，37 个项目被认为商业成功，另外 54 个项目只是技术上成功。

2. 火烧油层技术在国内的应用

中国自 1958 年起，先后在新疆、玉门、胜利、吉林和辽河等油田开展了火烧油层试验研究，其中以新疆克拉玛依油田持续的时间最长（1958—1976 年），积累的经验和资料较为丰富，大致可分为四个发展时期。

1）探索时期（1958—1961 年）

为了探索克拉玛依稠油油层能否点燃、如何点燃的问题，进行了一系列实验室试验和现场中间试验。在三年内研制成功了一套汽油点火器，并完成了两次中间试验。1959 年当试验汽油点火器时，在黑油山露头深 2.5m 的坑中点燃了油层，持续燃烧 37 小时，剖视油层之后，丰富了火烧油层的感性认识。为了加深对油层点火和油层燃烧过程的规律认识，1960 年在黑油山点燃了深 14m 的浅层，燃烧 24 天；1961 年在同一地区又点燃了深 18m 的油层，燃烧 34 天。通过两次中间试验，使难于用常规方法开采的稠油油田的井组采收率达到 50% 以上，效果良好。

2）理论研究期（1962—1964 年）

为了进一步掌握油层燃烧过程的内在变化规律，了解影响油层燃烧的诸多因素，以及火烧油层对油品性质的影响程度等问题，进行了一系列实验室物理模拟实验研究。

3）工业试验时期（1965—1976 年）

1965 年 6 月在黑油山三区点燃了油层深度为 85m 的 8001 井组，油层燃烧获得初步效果之后，原石油工业部决定扩大试验规模。1966 年在二西 1 区点燃了深 414m 的自喷井组；1969 年在黑油山四区同时点燃了三口井的行列火驱井组，并拉成了火线；1971—1973 年又开辟了三个面积井组。在此期间，为了配合解决先导性试验中出现的问题，进行了一次大规模的露头直观燃烧试验和百余次模拟实验,成功研制了管状元件的电热点火器。各次试验均采用正向干式或湿式燃烧方式。胜利油区20世纪70年代初曾经在胜21井进行过一次火烧驱油现场试验,但是由于技术条件等各方面因素的影响和限制,致使火烧驱油技术没有形成配套的生产能力。

4) 室内研究和现场先导性试验(1977年至今)

中国对火烧油层的室内研究方面也一直没有停止,主要包括室内燃烧管实验、数值模拟技术等,利用火烧油层的室内实验来确定现场需用的基本设计参数,模拟油层条件下有关的燃烧特性参数及注采参数。进入20世纪90年代以后,随着稠油油藏的开发,国内再度开展了火烧油层室内研究和矿场先导性试验,并在许多方面取得了突破性进展,形成了一系列火烧油层配套技术。

在燃烧管室内实验方面,中国石油勘探开发研究院于1989年建立了火烧驱油物理模拟系统。1992年,胜利石油管理局在借鉴国外实验装置的基础上,成功研制了一套火烧油层室内模拟系统,并先后进行了多次室内实验,积累了大量经验。1997年,李少池对火烧物理模拟相似准则和三大燃烧参数(燃料生成量、自燃点及通风强度)进行了介绍。2000年,张毅等进行了火烧油层湿式燃烧室内实验,得出了湿式燃烧的最优注水时间。2002年,张琪等自行设计了一套火烧油层室内模拟系统,可模拟不同地层条件下湿式燃烧法和干式燃烧法两种方式的燃烧管实验,具有控制热损失和高空气流通强度的功能。2009年,辽河油田勘探开发研究院自主设计了一套高压高温的部分比例模型,并利用天然油砂完成点火实验,成功模拟了真实的油藏状况。2010年,中国石油勘探开发研究院研制和引进了高温高压燃烧管、三维火驱模拟装置等设备,形成以燃烧模拟、流体检测、结果表征为特色的火驱实验研究基地。

火驱数学模型是指建立一组描述油藏内火烧驱油过程的偏微分方程,这些方程主要涉及火驱过程中发生的各种物理现象、化学现象。火驱数值模拟的主要目的是研究火驱过程的动态特性,从而为火烧油层的筛选、方案设计提供基础资料。火驱数值模拟的发展由一维逐步发展到二维和三维,相数一般可分为三相(气、油、水)或四相(气、油、水、固);组分有四种或多至七种,有些组分还可以存在于一相或两相中;化学反应有一种至四种。到现在已发展成适用于各种热采方法的多用途数值模拟技术。

2002年,李迎春、邱国清等利用数值模拟技术研究不同注气速度下的开发效果,得出分段式变速率注气方式更符合火烧油层驱油机理。2004年,崔玉峰、杨德伟等建立了一维六组分的火驱数学模型,认为相对渗透率是采收率和空气消耗量最主要的影响因素。2005年,蒋海岩、张琪等利用CMG软件中的STARS热采模块(四相、六组分、四个化学反应),对燃烧管内干式燃烧法的动态变化特征进行模拟,并给出了参数敏感性分析。2006年,雷占祥、蒋海岩等利用室内实验和数值模拟研究火烧油层采油过程中的燃烧及传热机理,得出火烧油层传热方式主要以导热和气液相之间的热交换为主。

中国石油勘探开发研究院于2010年进行了低渗透油藏注空气开发方面的相关研究,2011年通过室内的一维、三维物理模拟实验和油藏数值模拟,研究了稠油油藏注蒸汽后期转火驱开发的机理和相关油藏工程问题。

火烧油层技术逐渐被重视,伴随着稠油热采理论和技术的不断深化,火烧油层技术的应用前景得到了普遍的认可，运用各种方法提高或改善火烧油层的燃烧工艺已经成为未来发展的重要方向。

截至 2017 年，国内进行的火烧油层大规模矿场试验共包括 9 个区块（表 2-2）。其中，新疆油田红浅 1 区蒸汽吞吐后稠油油藏火烧油层，其注气井数和试验时间都具有一定规模，并取得了宝贵的经验。新疆油田是中国主要的稠油生产区，通过多年来的研究和生产实践，已形成了火烧油层配套的油藏工程、物模、点火、管火和动态监测等技术。

表 2-2　中国火烧油层现场先导性试验统计表

序号	项目名称	开始时间	规模
1	新疆克拉玛依油田黑三区、黑四区	1965—1973 年	浅层稠油 5 个井组（已停）
2	辽河科尔沁油田庙 5 块	1996—1997 年	浅层稠油 1 个井组（已停）
3	胜利郑 408 块稠油	2003—2009 年	敏感性稠油 1 个井组（已停）
4	辽河油田杜 66 块	2005 年至今	薄互层稠油 16 个井组
5	吉林套保白 92 块	2007—2009 年	出砂冷采后期浅层稠油 3 个井组
6	吉林长春岭油田长 107 块	2008 年至今	浅层稀油油田 6 个井组
7	辽河高升油田高 3618 块	2008 年至今	深层巨厚层稠油 11 个井组
8	新疆红浅 1 井区	2009 年至今	蒸汽吞吐后稠油 7 个井组
9	辽河高升油田高 3 块	2010 年至今	深层巨厚层稠油 19 个井组

总之，目前国内火驱技术仍处于单个井组或几个井组的矿场先导性试验阶段，经常因为油层缺少连续性、注入空气窜流、原油燃烧特性差、压缩机故障或压缩能力不足、井故障等原因造成火驱试验失败或部分失败。

与国外相比，差距主要体现在以下方面：

（1）注气流程方面。如在胜利油区，每次火烧驱油现场试验时间短、试验井组少，地面注气流程多为临时铺设，不能重复使用，不但造成浪费，而且安全性差。

（2）注气安全方面。胜利油区金家油田在开展火驱先导性试验过程中，在注气系统方面曾经发生二次注气管线爆炸事故，并且每次试验均存在压风机或注气流程因故障而被迫停机事件，一定程度上影响了试验效果。

（3）机理研究方面。国外注重原油氧化反应过程中的反应及相关动力学研究，有其配套的研究方法和手段，但国内长期处于技术跟踪地位。

新疆红浅火驱试验针对国内在火驱方面和国外的差距，组织人力、物力，形成了多项特色技术，并在氧化反应机理和火驱动态分析方面填补了国内外的空白。

由于火烧油层技术具有以上多方面的优越特征，业内已认识到其应用前景无比广阔，因此，国内外的石油科技人员一直在坚持不懈地对其进行研究和试验。在中国，稀油油藏采用注水方法开采目前已进入高含水采油阶段。浅层稠油油藏采用蒸汽吞吐方法开采，也已到了油汽比低、经济效益下降的阶段。蒸汽驱技术对油藏条件的要求严苛，在国内的应用规模不大，已开展蒸汽驱的区块后续接替技术不明确。因此，在中国开展火烧油层技术的研究，特别是在注蒸汽开采过的油藏和在浅层薄层、深层稠油油藏中的应用研究，其意义非常重大。

二、火烧油层技术的发展趋势

目前火烧油层工艺正朝着三个方面继续发展：一是伴随燃烧物注入的多样化，二是新型注采技术的运用，三是火烧油层工艺的非常规应用。

1. 火烧油层段塞+蒸汽驱开采

火烧油层段塞+蒸汽驱开采是稠油油藏蒸汽吞吐后，在选定注采井网内，从注入井点火并连续注入空气（或富氧），使油层燃烧100~200天，形成小型火烧油层段塞后注入井改注高干度蒸汽，进行蒸汽驱或不稳定蒸汽驱开发。由于所需段塞尺寸小，火烧油层时间仅占整个开采周期的5%~10%，火烧油层段塞过程中的采出油量约占周期采油量的4%~8%，也就是说，火烧油层段塞+蒸汽驱开发技术是以蒸汽驱开采为主的组合式开采技术。

火烧油层段塞+蒸汽驱开采机理的实质是火烧油层、蒸汽驱两大开采技术机理。开采前期主要为火烧油层开采机理，可简述为在一定的井网条件下，通过注入井（又称火井）点燃油层后向油层连续注入空气（或富氧）助燃，形成移动燃烧带（又称火线）。火线前方原油受热降黏、蒸馏，蒸馏后的轻质油、蒸汽及燃烧所产生CO_2等烟气在热力作用下向生产井流动，未被蒸馏的重质成分在高温条件下产生裂解、分解作用，最终成为焦炭，成为维持油层继续向前燃烧的燃料。高温条件下，油层束缚水、蒸汽吞吐冷凝水及燃烧生成的水被汽化为水蒸气，携带大量热量向前流动，再次驱替原油，形成一个多种驱动同时作用的复杂过程，将原油驱向生产井。火烧油层段塞+蒸汽驱开采兼有火烧油层、蒸汽驱、热水驱作用，热利用率更高。高温蒸馏和裂解作用还可提高产出原油的轻质组分含量。

2. 注过氧化氢提高原油采收率

过氧化氢是一种强氧化剂，易分解产生水和氧气，这两种产物在一定程度上都可以提高原油的采收率，并且不会对油藏产生任何伤害。与此同时，过氧化氢在油藏中发生分解反应时还会产生大量的热量，释放出的氧气与残余油反应会产生更多的热量，这种反应生成的废气中富含二氧化碳。反应所生成的热量使蒸汽和热水处于平衡状况，持续的注入液态过氧化氢将会推动受热带、蒸汽区、热水区、氧气燃烧前缘和二氧化碳富集带依次穿过地层，从而达到驱替原油的效果。另外，随着燃烧生成气在热前缘的前方不断推进直至最终进入油带，油藏其他区段中的二氧化碳的含量显著增加，这一过程与富氧火烧油层工艺及注二氧化碳采油工艺有着很大的相似之处。在实际开发过程中，二氧化碳与原油接触的效率较高，加速了其在原油中的溶解，从而使原油黏度降低80%~90%，可明显提高驱替效率。此外，稠油的流度比也得到了一定的改善，进一步提高了波及效率。

3. 火烧油层时添加泡沫

常规的火烧油层工艺开发稠油油藏时，体积波及系数往往很低，一般低于35%。泡沫在无油岩石中有很高的阻力系数，因此它与火烧油层技术结合使用时泡沫会有很高的效率。在火烧油层开始6~7个月后使用泡沫，注入井周围的温度低，接近油层温度。泡沫注入注入井会大幅降低气窜。在哈萨克斯坦Karajanbas油田的第一个火烧油层技术中添加泡沫的现场试验中，在五个月的试验期间，在三口注气井中注入浓度为1%~2%的泡沫表面活性剂溶液24000bbl，增产原油55000bbl，含水率减少20%~25%。

4. 金属盐类添加剂改善火烧油层效果

由于热量散失严重，注蒸汽的方法不适合深井和薄地层，火烧油层技术更适用于深井。根据反应温度的不同，可以分为低温氧化反应、中温氧化反应和高温氧化反应。低温氧化反应主要产生部分氧化产物，对于稠油应尽量防止低温氧化反应过程中原油黏度上升，热反应和催化裂解开始发生在中温氧化反应中。碳氢的裂解主要发生在高温氧化反应过程中，并产生二氧化碳和水。

金属盐类添加剂对火烧油层的改善实验中可以明显地发现水溶的 Fe^{3+} 增加了燃料在原油中的沉淀，加强了原油的高温氧化反应过程，使得燃烧更加完全。在燃烧过程中即使水已经发生了运移，Fe^{3+} 并没有发生运移，Fe^{3+} 会从水中转移到砂子和黏土表面，并且水中的金属离子参与了阳离子交换并且留在了岩石内。金属铁离子的交换增加了活性点，明显增强了燃烧的动力。

5. 端部至跟部注空气技术（Toe-to-Heel Air Injection，THAI）

1993年，英国巴斯（Bath）大学的化学工程师马克鲁姆·格瑞弗（Malcolm Greaves）首次提出了在火烧过程中利用水平井实现短距离驱油的一种新技术——THAI（Toe-to-Heel Air Injection）。THAI技术是一种改进了的火烧油层技术，其井网由一口垂直井和一口水平井组成，垂直井注空气，水平井采油。

THAI技术组合了垂直注气井和水平生产井，可实现全新的火烧油层方式。常规火烧油层由于燃烧前缘被加热的原油需经过冷油区域稠油的阻碍作用，使产出井受效缓慢。THAI技术将水平生产井平行地布在稠油油藏的底部，垂直注入井布在距离水平井端部一段距离的位置，垂直井的打开段选择在油层的上部，在燃烧前缘前面形成一个较窄的移动带，在移动带内可动油和燃烧气将流入水平生产井射孔段。

采用THAI技术的过程中，燃烧前缘沿着水平井从端部向跟部扩散，并在燃烧前缘前面迅速形成一个可流动油带。该流动油带内的高温不仅可以为油层提供非常有效的热驱替源，还为滞留稠油的热裂解创造了最佳条件。加热油借助重力作用迅速下降，到达生产井的水平段，不用从冷油区内流过而实现了短距离驱替，避免了多数常规火烧油层技术中使用垂直注入井与生产井进行长距离驱替的缺点；另外，生产井中还装有移动式内套筒来进行控制。相对于燃烧前缘，可连续调整内套筒可以维持生产井射孔段长度不变。

第三章 火驱油藏筛选及区块适应性评价

第一节 火驱油藏筛选方法

一、油藏筛选标准

国外在火烧油层的理论和实验研究及现场试验已积累了不少资料和经验,根据这些资料和经验,特别是用数理统计方法分析成功项目与不成功项目的关键参数,并从中找出规律。一些学者在不同的时期相继推出各自的火烧油层技术的适用范围和筛选标准。表3-1给出了国内外研究者及单位的火驱开发筛选标准。

表3-1 不同学者及单位提出的火驱适用油藏筛选条件

学者或单位	油层深度(m)	油层厚度(m)	孔隙度(%)	渗透率(mD)	含油饱和度(%)	原油密度(g/cm³)	黏度(mPa·s)	流动系数[mD/(mPa·s)]	储量系数($\phi \cdot S_o$)
波特曼	—	—	>20	>100	—	—	—	—	>0.10
吉芬	>152	>3	—	—	—	>0.807	—	>3.05	>0.05
雷温	>152	>3	—	—	>50	0.8~1.0	—	>6.1	>0.05
朱杰	—	—	>22	—	>50	>0.91	<1000	—	>0.13
	—	—	>16	>100	>35	>0.825	—	>3.0	>0.077
爱荷	<372	1.5~15	>20	>300	>50	0.825~1.0	<1000	>6.1	>0.064
	—	>3	>25	—	>50	>0.8	<1000	—	>0.08
美国石油委员会	<3505	>6	>20	>35	—	0.849~1.0	<1000	>1.5	>0.08
胜利油田公司	<1350	3~30	>16	>100	>35	0.825~1.0	<1000	—	>0.08

Chu利用油藏参数回归分析法得到一个连续变量 Y 作为火烧油层项目成功与失败的度量,是评价目前火烧油层在技术和经济上是否成功的函数标准,是根据25个成功项目、9个不成功项目回归得到,其计算公式为

$$y = -2.257 + 0.0001206Z + 5.704\phi + 0.000104K - 0.00007834\frac{Kh}{\mu} + 4.6\phi S_o \quad (3-1)$$

式中 Z——油层埋深,m;
ϕ——孔隙度,%;
K——渗透率,D;
h——油层厚度,m;
μ——原油黏度,mPa·s;

S_o——原始含油饱和度。

根据以上关系式得出了以下认识：$y>1$ 时，技术上和经济上都成功；$y= 0 \sim 1.0$ 时，技术上成功，经济上不成功；$y<0$ 时，技术上和经济上都不成功。

火烧油层技术比注蒸汽驱具有更广泛的适应性，一般当蒸汽驱热损失太大时，可采用火烧油层技术，它适用于较深的油藏（埋深大于1000m）、较薄的油藏（厚度小于6m）、渗透率较低的油藏（渗透率大于35mD）。根据以往现场的经验与研究，总结出火烧油层技术适用的油层条件和筛选标准（表3-2），但这些信息只提供参考意义而不是严格的界定，也不是决策的依据，最重要的是要根据具体的油藏条件和现场试验的情况来做决策。

表 3-2　火烧油层的有利和不利条件

有利条件	不利条件（使风险性增加）
油藏温度高	裂缝多
垂向渗透率低	气顶大
横向连通性好	非均质性严重
多个薄层	进行过强水驱的油藏
上覆层性质好	
地层倾角大	
渗透率剖面不统一	

二、油藏筛选原则

1. 选择原油黏度小于 10000mPa·s 且有利于火烧油层开发的区域

成功火驱油藏的原油黏度一般不高，从火驱机理分析，燃烧前缘前部的原始地层温度不高，因此原油具有一定的流动性是提高火驱效率和技术上取得成功的必要条件。

2. 选择油层厚度适中且适合火烧油层开发的区域

火烧油层的燃烧是在油层内进行，且热源是移动的，燃烧前缘形成一个"薄环"，考虑到气体超覆问题，火烧油层技术适宜于油层厚度在 3~15m，若油层厚度太大，火驱前缘超覆较严重。

3. 选择远离断层且油水关系相对简单的区域

在火烧油层的过程中，注气压力和注气量是相对稳定的，封堵性差的断层和活跃的边（底）水都会对火烧油层的生产效果产生较大的影响，因此宜选择远离断层的区域。

4. 选择有利的储集相带且砂体分布稳定的区域

火烧油层生产除对油藏厚度有要求外，还对油层渗透率、孔隙度、含油饱和度、物性夹层厚度有一定的要求。要想使油层燃烧且火烧前缘持续稳定的推进，孔隙度、含油饱和度要相对大，必须达到 $\phi \times S_o > 0.10$；渗透率最好达到 100mD 以上。

5. 选择剩余油饱和度大于 40% 且代表性较强的区域

火驱开发区的含油饱和度越高越好（最好不低于40%），若含油饱和度太低，驱油效率受到一定的影响。

6. 选择井斜角不超过5°且地面相对平坦的区域

火驱开发井井斜角最好不超过5°，若井斜角太大，虽然对生产井影响不大，但注气影响较大。另外产出气体在地面浓度与地貌有一定关系，因此，最好选择地面较为平坦的区域开展火驱试验。

7. 试验区要远离居民区，避免产出气体对人畜造成意外伤害

据室内研究和国内外调研结果看，火驱开发会产出微量的有毒气体，但基本上在极限指标以下，然而不同油藏产生的有毒气体和含量不同，为保证生产安全，要求试验区安排在离居民区、公路和人畜等正常活动的区域。

2014年，依据火驱开发筛选标准筛选出新疆浅层稠油适合火驱开发的层块38个，储量达$30210.5×10^4$t，其中目前经济条件能够有效开发的一类、二类稠油区块11个，储量$10977.8×10^4$t。其中，红浅1井区是最为典型的蒸汽吞吐后油藏，开展了火驱先导性试验，初步形成了火驱开发配套技术，证实了该类油藏火驱开发的技术可行性和经济可行性。下面以红浅1火驱先导性试验区为例，系统地阐述火驱技术在矿场实践中的应用。

第二节　红浅1井区地质特征

红山嘴油田红浅1井区位于准噶尔盆地西北缘东段，距离克拉玛依区西南约20km处，行政隶属新疆维吾尔自治区克拉玛依市（图3-1）。红山嘴油田地面海拔280~350m，平均315m。

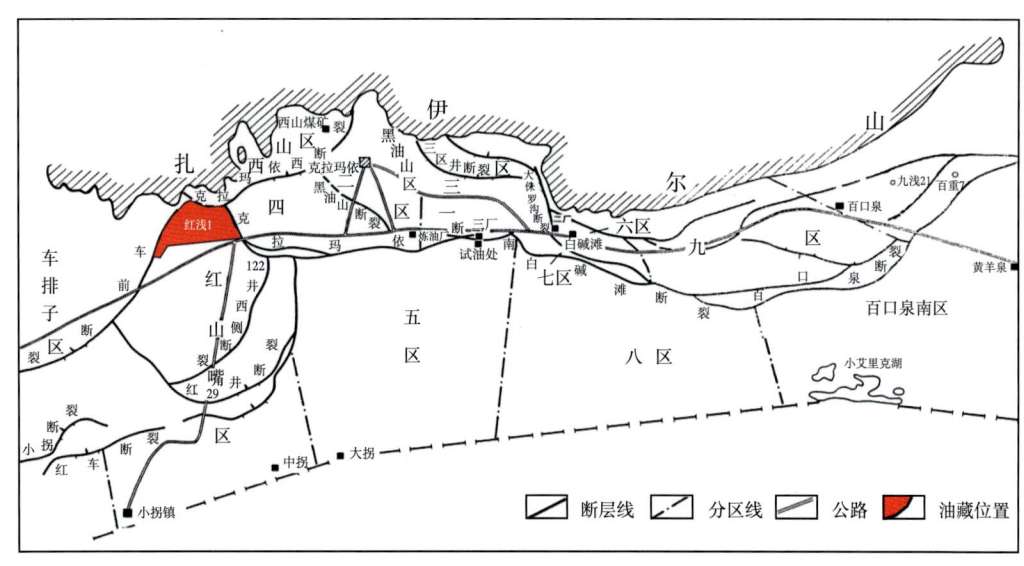

图3-1　红山嘴油田红浅1井区地理位置图

通过综合研究，选择在红浅1井区八道湾组油藏南部靠近检258井断裂附近区域开展火驱先导性试验。此前，该区域注蒸汽吞吐开发，局部蒸汽驱，采出程度28.9%。最终，在有利区域内选择h2128井—h2107井—h2057井—h2026井—h1362井连线两侧1~2排井为火烧先导性试验区（图3-2），面积$0.28km^2$，地质储量$42.5×10^4$t。

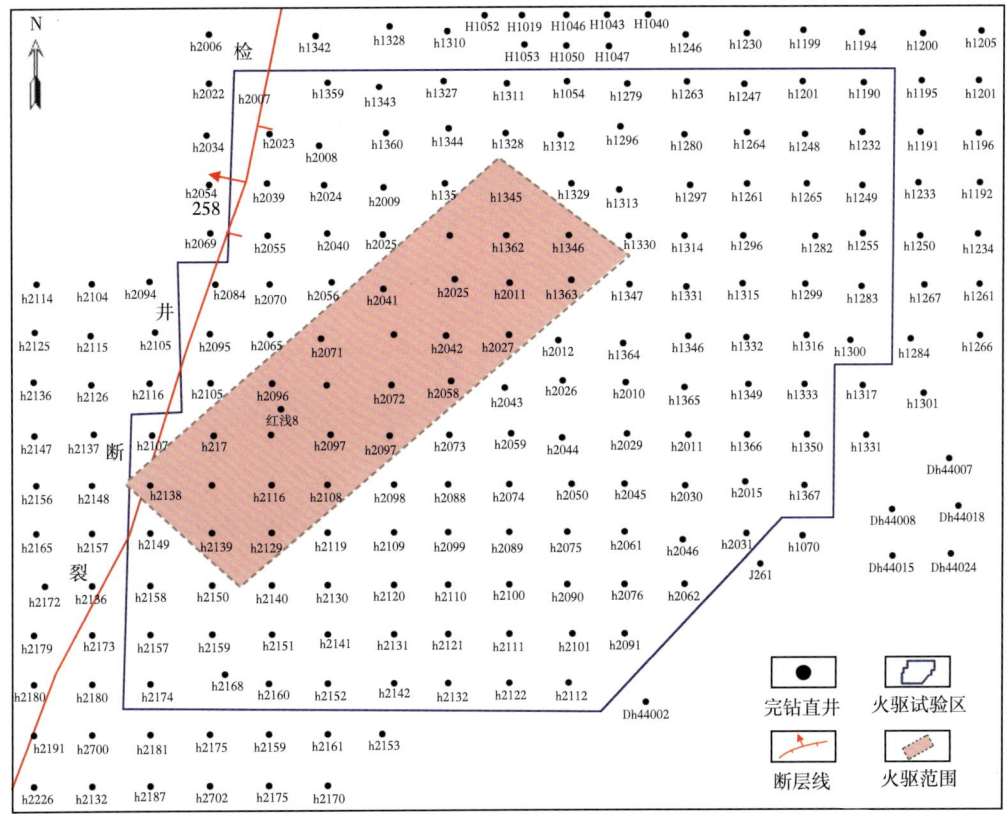

图 3-2　红浅 1 井区火驱先导性试验区部署区域

红山嘴油田红浅 1 井区自上而下地层可划分为白垩系吐谷鲁群（K_1tg），侏罗系齐古组（J_3q）、头屯河组（J_2t）、西山窑组（J_2x）、三工河组（J_1s）、八道湾组（J_1b），三叠系克拉玛依组上段（T_2k_2）、克拉玛依组下段（T_2k_1）及石炭系（图 3-3）。火驱试验区地层划分与全区一致，含油层系为侏罗系齐古组、八道湾组（J_1b）。八道湾组埋深 478~573m，平均 525m，沉积厚度 40~54m，平均 47m。纵向上自上而下分为 J_1b_1、J_1b_2、J_1b_3、J_1b_4 四个砂层组，其中 J_1b_4 为火驱试验目的层。

一、构造和沉积特征

红浅 1 井区于 2002 年部署实施开发三维地震勘探面积 58.23km²，2003 年和 2007 年先后对三维地震资料进行了两次精细解释，解释结果表明，红浅 1 井区断裂比较发育，油藏边界由克乌断裂、克拉玛依西断裂、红浅 8 井断裂三条大断裂控制；新发现了红 004 井小断块和内部一些小的次级断裂，区内次级断裂向上断开了八道湾组底部，八道湾组以上地层内部断裂不发育（图 3-4）。

火驱试验区附近 J_1b_4 内的断层均为早期断层在局部向上略有延伸，但延伸的幅度很小，进入 J_1b_4 后断距迅速消失。对油层不起遮挡作用。区内无断裂发育，其构造形态为南东缓倾的单斜，地层倾角 4°。

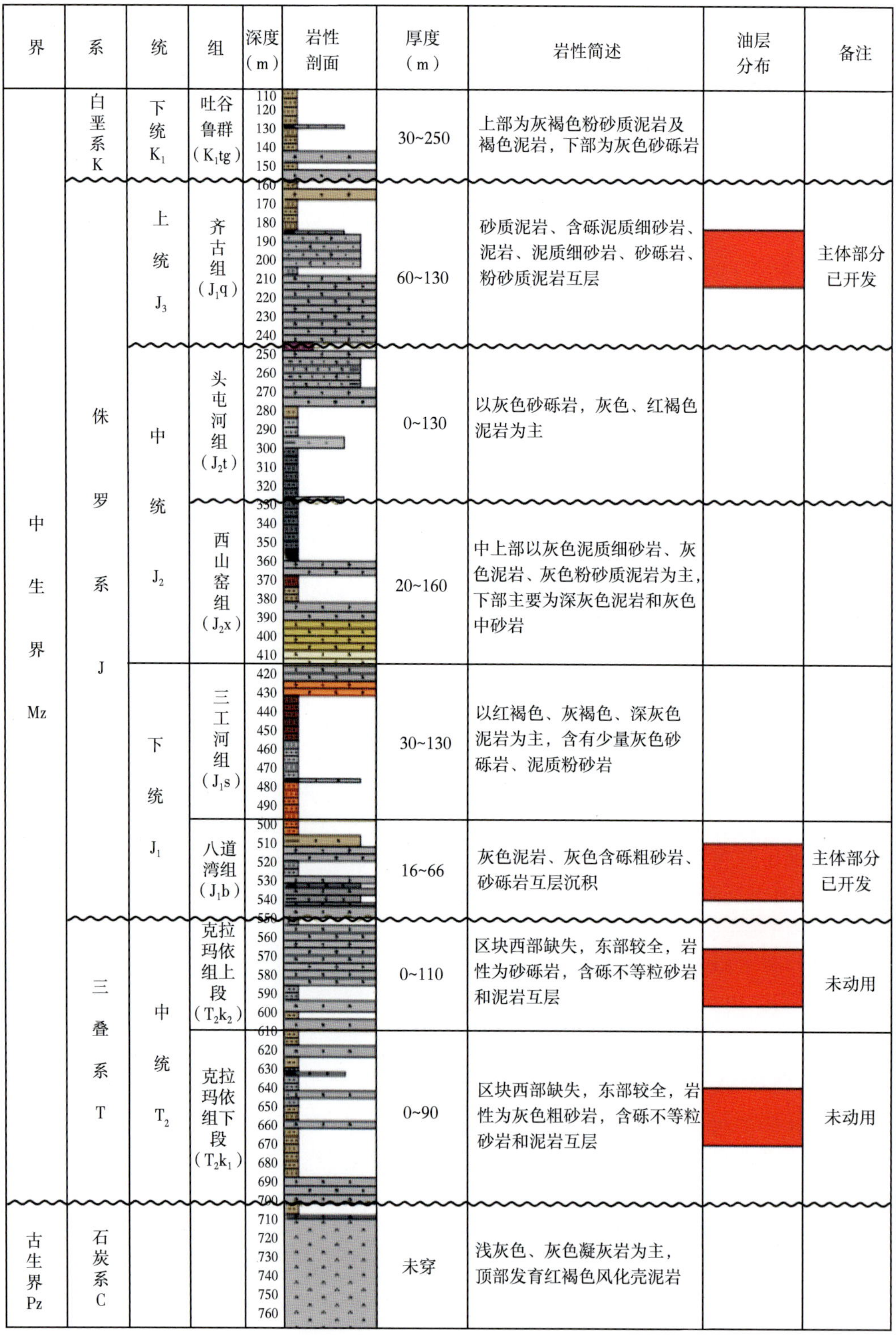

界	系	统	组	深度(m)	岩性剖面	厚度(m)	岩性简述	油层分布	备注
中生界 Mz	白垩系 K	下统 K₁	吐谷鲁群 (K₁tg)	110 120 130 140 150		30~250	上部为灰褐色粉砂质泥岩及褐色泥岩,下部为灰色砂砾岩		
		上统 J₃	齐古组 (J₃q)	160 170 180 190 200 210 220 230 240		60~130	砂质泥岩、含砾泥质细砂岩、泥岩、泥质细砂岩、砂砾岩、粉砂质泥岩互层		主体部分已开发
	侏罗系 J	中统 J₂	头屯河组 (J₂t)	250 260 270 280 290 300 310 320		0~130	以灰色砂砾岩,灰色、红褐色泥岩为主		
			西山窑组 (J₂x)	330 340 350 360 370 380 390 400 410		20~160	中上部以灰色泥质细砂岩、灰色泥岩、灰色粉砂质泥岩为主,下部主要为深灰色泥岩和灰色中砂岩		
		下统 J₁	三工河组 (J₁s)	420 430 440 450 460 470 480 490		30~130	以红褐色、灰褐色、深灰色泥岩为主,含有少量灰色砂砾岩、泥质粉砂岩		
			八道湾组 (J₁b)	500 510 520 530 540		16~66	灰色泥岩、灰色含砾粗砂岩、砂砾岩互层沉积		主体部分已开发
	三叠系 T	中统 T₂	克拉玛依组上段 (T₂k₂)	550 560 570 580 590 600		0~110	区块西部缺失,东部较全,岩性为砂砾岩,含砾不等粒砂岩和泥岩互层		未动用
			克拉玛依组下段 (T₂k₁)	610 620 630 640 650 660 670 680 690 700		0~90	区块西部缺失,东部较全,岩性为灰色粗砂岩,含砾不等粒砂岩和泥岩互层		未动用
古生界 Pz	石炭系 C			710 720 730 740 750 760		未穿	浅灰色、灰色凝灰岩为主,顶部发育红褐色风化壳泥岩		

图 3-3 红浅 1 井区地层岩性柱状图

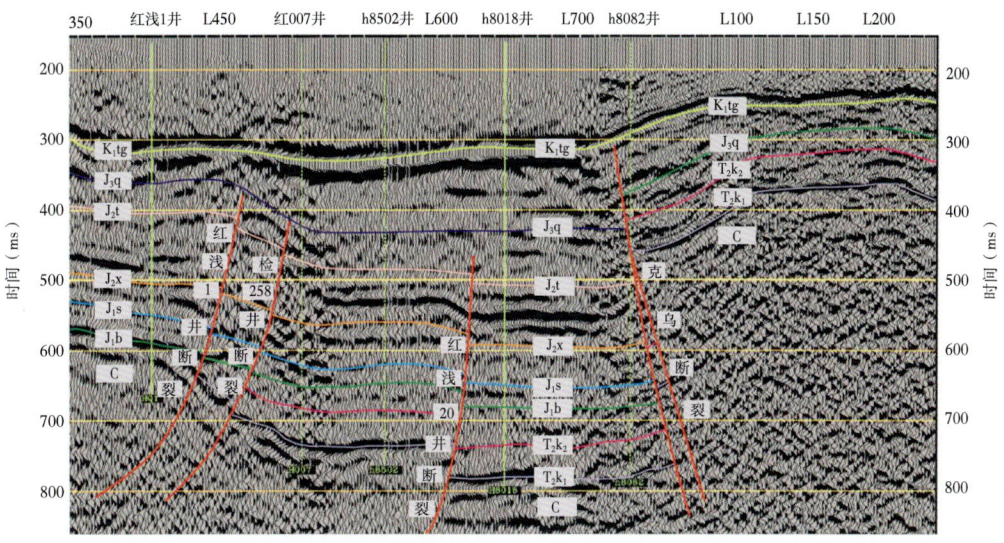

图 3-4 红浅 1 井区过红浅 1 井—h8082 井地震剖面

红浅 1 井区八道湾组为辫状河流沉积。从 J_1b_4 至 J_1b_2 水动力不断地减缓，河道逐渐向物源方向萎缩，主要产油层 J_1b_4 在沉积时期水动力较强，试验区范围主体以河道微相为主，局部为心滩微相（图 3-5）。

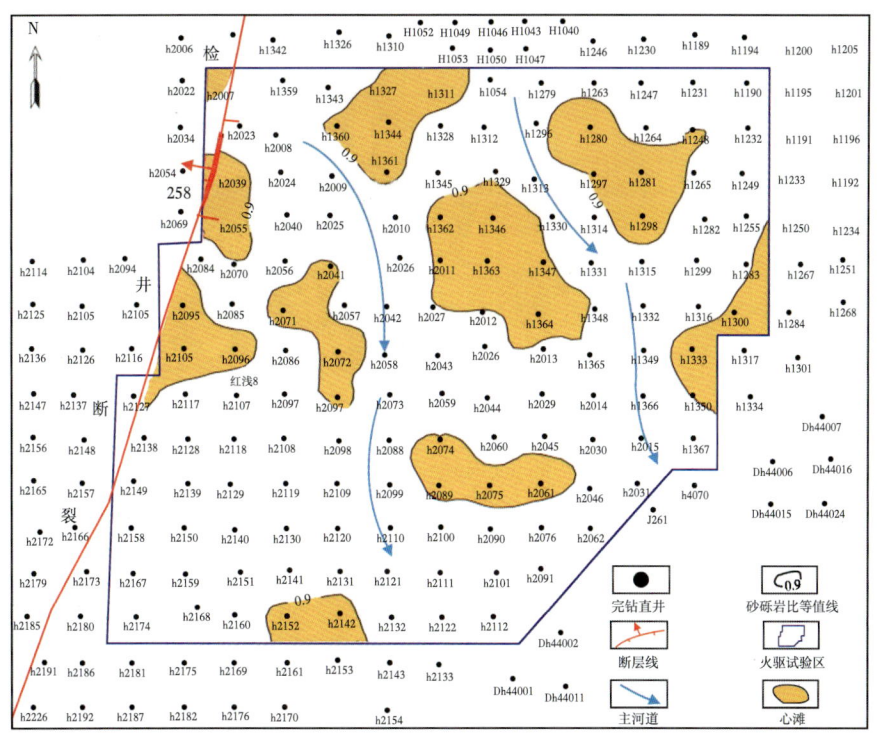

图 3-5 火驱试验区八道湾组 J_1b_4 沉积相图

二、储层特征

1. 岩性特征

八道湾组储层岩性主要为砂砾岩，约占85%，其次为砂岩，约占15%。砂砾岩中砾石含量占75.5%，成分以凝灰岩为主（29.4%），其次为泥岩类（14.2%）、硅化岩（11.5%）、变泥岩（7.6%），还含有少量的流纹岩、花岗岩等；砂屑含量占16.6%，成分以凝灰岩（3.7%）、石英（3%）为主，其次为变泥岩类、硅化岩、泥岩、花岗岩。胶结物含量平均值为7.92%，以泥质（3.19%）和方解石（3%）为主。

砂岩中砂屑含量为85.4%，成分以变泥岩为主（29.4%），其次为凝灰岩、石英、泥岩类、硅化岩、长石等。胶结物含量平均值为11.33%，以泥质为主（8.17%）。岩石颗粒分选差，磨圆度为次棱角状，胶结类型以接触式为主，接触—孔隙式次之，胶结程度中等—疏松。陆源矿物以锆石为主，电气石、绿帘石、尖晶石次之，次生矿物主要为黄铁矿。黏土矿物成分以高岭石（50.8%）为主，其次为伊利石（24.2%）和伊/蒙混层（17.8%）矿物，含少量的绿泥石（7.2%）。

2. 储集空间特征

依据岩石、铸体及荧光等薄片鉴定资料，八道湾组的主要孔隙组合类型为原生粒间孔—剩余粒间孔—粒内溶孔，粒间溶孔、杂基溶孔次之（图3-6），含有少量界面孔和微裂缝。孔隙直径在16~336μm之间，平均105.4μm，面孔率2.07，孔喉配位数0~1。

图3-6 八道湾组铸体薄片照片

3. 储层孔渗特征

根据红浅1井区八道湾组的毛细管压力曲线和计算的参数，以排驱压力、中值压力、束缚水饱和度、退汞效率及地质混合经验参数作为分类标准，孔隙结构分为三类。

Ⅰ类：分选较好的偏粗歪度类型（图3-7），排驱压力较低，平均值为0.015MPa，饱和度中值压力略高，平均值为4.15MPa。正态概率曲线多为"两头短，中间长"类型，属较好储层。

Ⅱ类：偏细歪度类型（图3-7），排驱压力较低，平均值为0.175MPa，饱和度中值压力较高，平均值为9.388MPa。正态概率曲线多为"中间长而缓，两头短"类型，属中等储层。

Ⅲ类：分选中等的细歪度类型（图3-7），排驱压力、饱和度中值压力均较高。排驱压力平均值大于1.2MPa，饱和度中值压力平均值大于12MPa。正态概率曲线呈"两段式"类型，属差储层。

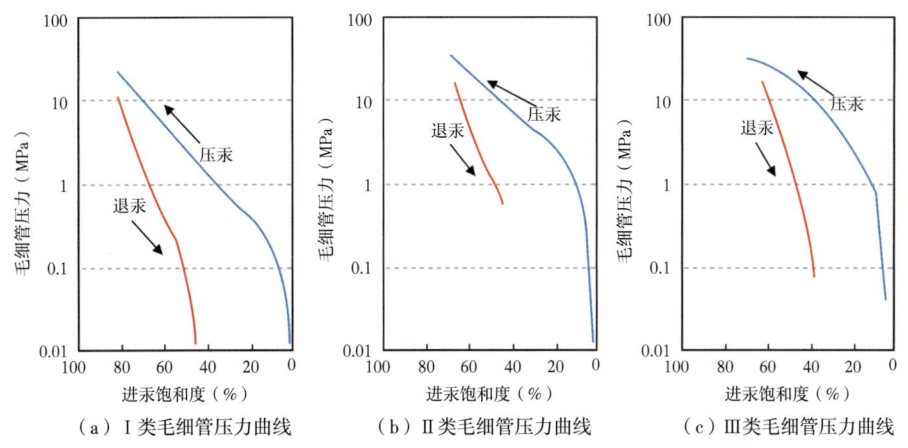

图3-7 红浅1井区侏罗系八道湾组毛细管压力曲线图

据岩心分析资料统计，红浅1井区侏罗系八道湾组储层物性变化较大，对研究工区146口井的样品进行孔隙度和渗透率分析（图3-8），该区储层孔隙度平均值为22.97%，渗透

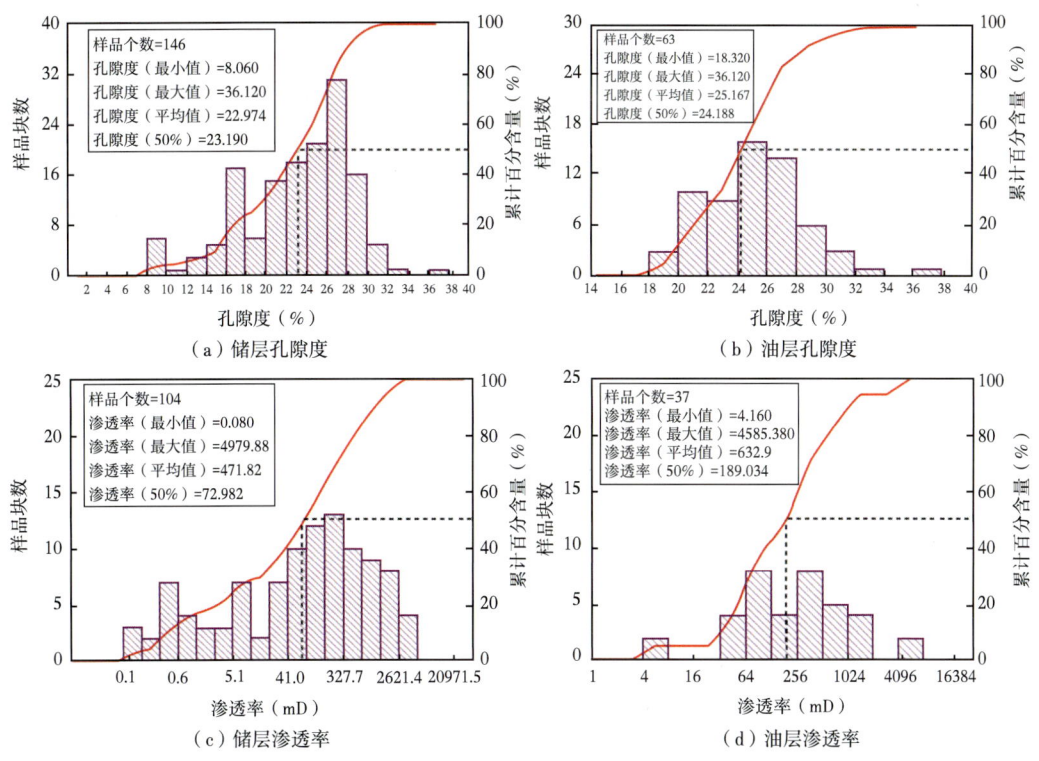

图3-8 红浅1井区侏罗系八道湾组孔隙度、渗透率分布直方图

率平均值为471.82mD。油层孔隙度平均值为25.17%，渗透率平均值为632.9mD。属于中高孔隙度、中高渗透率储层。

三、油层分布及其非均质性

储层非均质性包括层内非均质性和层间非均质性，红浅1井区八道湾组含油层系岩性变化复杂，并且多夹有一些不含油的物性夹层，储层非均质性较为严重，其主要表现在以下几个方面。

1. 岩性纵向上的分布特征

火驱试验区内的J_1b_4上部为稳定的泥岩沉积，下部为块状发育的砂、砾岩。VPC（垂直纵向百分比）曲线（图3-9）较好地反映了不同岩性的发育情况。从数据分析各细分层岩性百分比可以看出，$J_1b_4^2$底部与顶部泥岩、泥质粉砂岩、细砂岩含量较高，中部含砾粗砂岩、砂砾岩含量较高。

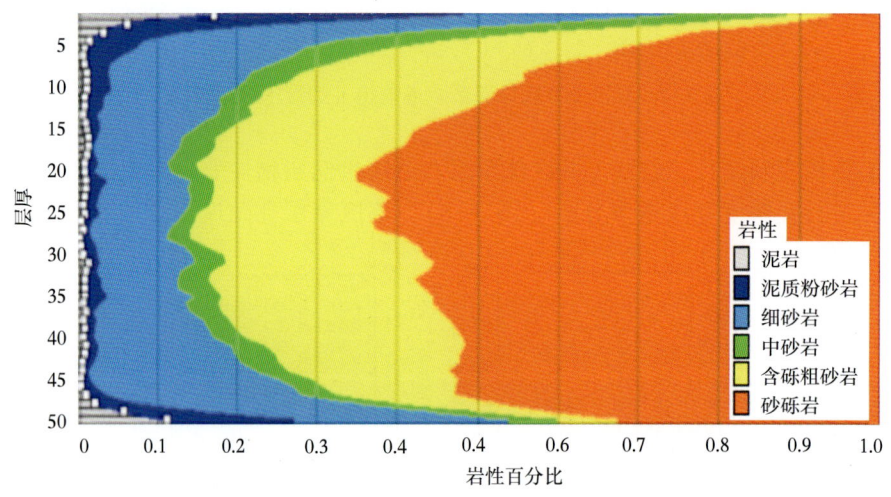

图3-9　红浅1井区$J_1b_4^2$岩性VPC曲线

（1）从岩性VPC曲线可以看出，整个区块内，砂岩与砂砾岩为块状分布，除顶部和底部外，绝大多数井段泥岩含量仅占2%以下。两个韵律层之间有发育一泥岩段，但也仅达到7%左右。

（2）全工区内岩性以砂砾岩为主，占到50%以上，顶部砂砾岩较少，仅为30%左右，向下部逐渐增加，在第Ⅱ韵律层达到了60%。

（3）含砾砂岩分布比较稳定，在各井段含量均为40%~50%，泥质砂岩最少，仅在顶部和底部达到了2%以上。

2. 储层非均质性特征

火驱试验区虽然面积不大，但油层的分布并不均一。从南北向平行构造等高线的剖面来看（图3-10），油层的分布比较稳定，横向连通性好。除顶部和底部外，其他部位均以油层为主，油层系数达到0.8以上。而在垂直构造线的东西方向，油层厚度变化较大，自北向南油层厚度明显变薄。至区块的最南部，油层系数降到 0.4 以下。

J_1b_4 油层厚度高值区呈片状分布，总平均厚度为 9.6m。其中以 h2090 井、h2059 井处油层最厚（大于 14m）。试验区东北局部厚度较薄（小于 8m）。

J_1b_4 油层平均孔隙度高值区出现在区块中部，最高值位于 h2070 井附近，达到 30% 以上。全区油层平均孔隙度为 25.3%，高孔隙度区呈窄条带状分布，可能与主河道的位置有关，由于孔隙度与渗透率之间具有相关性，油层渗透率分布也具有相同的特征。

J_1b_4 油层平均含油饱和度达到 61%，高值区出现在区块的西部构造高部位，含油饱和度最高达 70% 以上。含油饱和度的分布明显受到构造埋深的控制，高值区均出现在西北部的构造高部位，向东南的构造低部位，含油饱和度逐渐降低。

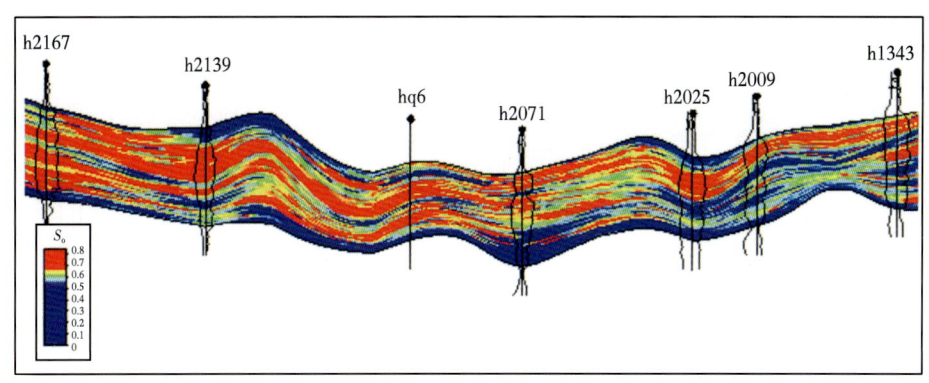

图 3-10　h2167 井—h1343 井含油饱和度模型过井剖面图

3. 渗透率分布特征

八道湾组渗透率在平面上级差达 26 倍，变异系数 0.79，突进系数 4.03；在纵向上渗透率级差达 80 倍，可见其非均质程度非常严重。目的层 J_1b_4 平面上渗透率级差为 22 倍，在油藏主体部位西部及西南部区域渗透率相对较高，向东北、东南区域逐渐降低。

4. 高孔隙度、高渗透率条带分布特征

对火驱效果影响比较大的是高孔隙度、高渗透率条带。试验区内孔隙度大于 20% 的油层分布与油层总的分布特征相一致，而孔隙度大于 25% 的油层呈现出窄条带状分布的特征，说明试验区内油层物性总体较好，高孔隙度、高渗透率层受到主河道的控制，并反映了沉积时期主河道的位置。这些高孔隙度、高渗透率条带有可能成为火驱时燃烧带快速推进区。

以孔隙度大于 30% 为门限分析表明，高孔隙度、高渗透率油层主要分布于区块的中部，呈近北西—南东向分布。在纵向上，高孔隙度、高渗透率层主要为薄层状，厚度在 0.3~2m 之间，高孔隙度、高渗透率薄层纵向上呈不均匀分布（图 3-11）。可以看出，高孔隙度、高渗透率区并不是一个单一体，而是由多个互相叠置的薄层组成，反映了主河道发育部位。

从高孔隙度、高渗透率薄层条带平面叠合分布来看，单个薄层分布面积最大的为 $0.1km^3$，主要发育在试验区的中部，总体呈东西向延伸。

注蒸汽开采过程中动态监测资料表明，这些高孔隙度、高渗透率条带也是汽窜最严重通道，这些高孔隙度、高渗透率条带是火驱时燃烧带快速推进的部位，不仅容易造成火墙在平

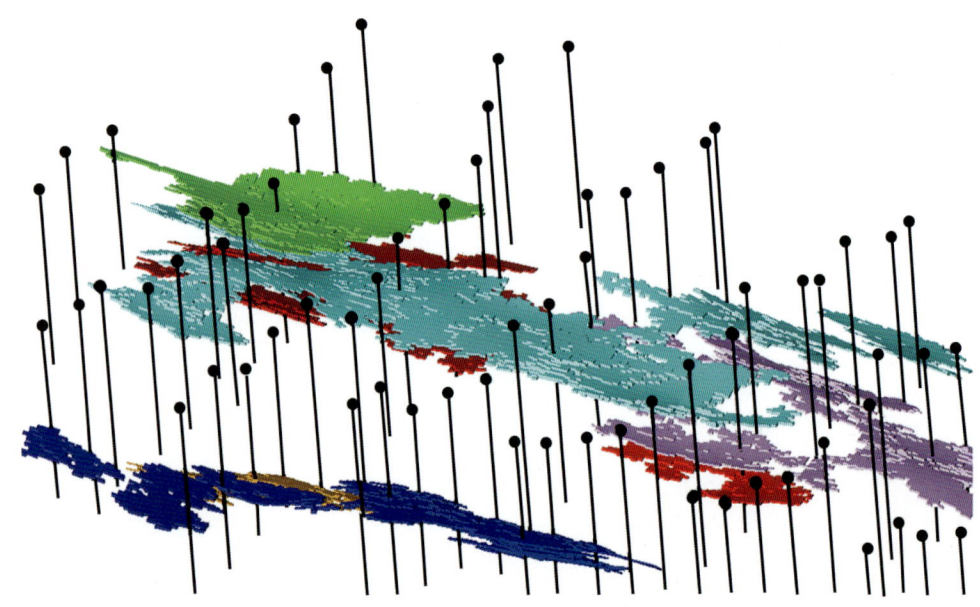

(不同颜色代表不同层位的高孔隙度、高渗透率薄层)

图 3-11 高孔隙度、高渗透率薄层（孔隙度大于 30%）三维空间分布图

面上的局部突进，还会造成纵向上的不平稳推进。

四、油藏开发历史

红浅 1 井区稠油油藏发现于 1984 年，经历了早期井组试采、蒸汽吞吐规模开发、蒸汽驱试验及转驱开发、综合挖潜、滚动扩边开发及火驱试验六个阶段，到 2019 年，大部分八道湾组开发井已经上返齐古组。

1. 井组试采（1988—1990 年）

1988 年，为了落实该区各个层系的蒸汽吞吐开发效果，在八道湾组进行蒸汽吞吐试验，共部署 9 个井组 20 口井，采用井距 100m×140m 的五点法井网，蒸汽吞吐取得较好试采效果。

2. 蒸汽吞吐规模开发（1991—1995 年）

在井组吞吐试采取得较好效果的基础上，于 1990 年 12 月完成红浅 1 井区注蒸汽开发总体方案，将红浅 1 井区分区开发；红一 1 区、红一 2 区、红一 3 区先开发八道湾组，后接替齐古组开发，红一 4 区、红一 5 区为齐古组专层开发区。

从齐古组吞吐生产情况看，初期（1~2 轮）单井平均日产油量为 2.3t，油汽比在 0.18 以上；中后期（3 轮以上）单井平均日产油量为 1.0，油汽比在 0.15 以下。油汽比、单井日产油量对比看，齐古组开采效果明显差于八道湾组（图 3-12）。

3. 蒸汽驱试验及转驱开发（1992—1999 年）

为了解吞吐转汽驱的开发效果，1991 年在红一 2 区选择 9 个井组开辟了汽驱试验区。1992 年 8 月，选择其中 5 个井组转汽驱生产，汽驱累计注产油 $0.7×10^4$t，采出程度 6.1%，

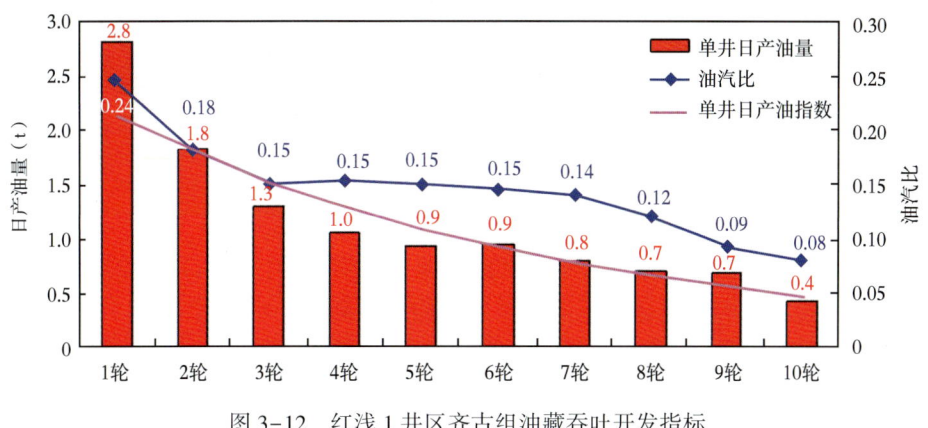

图 3-12　红浅 1 井区齐古组油藏吞吐开发指标

取得了一定效果。在此基础上，1994 年开始，将红一 1 区至红一 3 区 84 个井组原井距 100m×140m 反五点井网调整井距为 100m×140m 的反九点井网，陆续转入汽驱开发，动用地质储量 488.9×10⁴t。生产近 3 年时间，汽驱阶段累计产油 31.7×10⁴t，累计油汽比 0.11，采出程度 3.7%，效果不理想，从 1997 年开始汽驱井组逐步上返到齐古组生产。

4. 综合挖潜开发（2000—2006 年）

2001 年在红一 3 区北部有利的含油相带采用井距为 70m×100m 的反九点法井网布扩边井 48 口，采用蒸汽吞吐方式开发。2004 年进行了整体扩边开发部署，在油藏边部外围八道湾组有效厚度大于 4m 的范围内，采用井距为 100m×140m 的反五点井网部署扩边开发井 133 口。

5. 滚动扩边开发（2007—2015 年）

2002—2007 年对红浅 1 井区进行了滚动评价，落实了八道湾组油藏扩边新增探明储量，2008 年 2 月对该区进行整体规划部署，在扩边区完钻 156 口井，其中水平井 66 口。2010 年在红 004 井断块、红 001 井断块扩边开发，2012 年在红 006 井断块东南部采用 70m 井距的正方形井网部署，共部署直井 48 口。

6. 火驱开发（2009 年至今）

2009 年底启动火驱先导性试验，动用地质储量 42.5×10⁴t，试验区保持高温燃烧状态运行近 10 年，大幅提高采收率 35% 以上，累计产油 15.0×10⁴t，使废弃油藏焕发新生，证实了砂砾岩稠油油藏注蒸汽后期转火驱技术的可行性。

2017 年在火驱先导性试验取得成功的基础上开展工业化试验，一期部署新井 496 口新建产能 24.7×10⁴t，分两年实施，2019 年已全部完成。2018 年 8 月注气投产，产量持续向上，已形成年产油 10×10⁴t 级水平，开发效果良好。

第三节　红浅 1 井区注蒸汽后储层潜力评价

稠油油藏采用蒸汽吞吐开采，在热力影响下所发生的各种物理作用与化学作用降低了原油黏度，强化了采油效果，但也带来了不利的影响，这在多轮次吞吐后期更为显现。目前稠油油藏的开采普遍面临吞吐周期高、周期生产时间长、周期产油量下降、油汽比降低、吞吐效果差等问题，吨油成本大幅升高。随着蒸汽吞吐轮次的增加和调补层的实施，加剧了汽窜，开发效果逐渐变差。

红浅1井区面临的首要问题是综合考虑蒸汽吞吐后的油水分布情况，分析储层的开发潜力，进而评价其火驱适应性。

一、注蒸汽开采后期储层特征

根据研究区块制定出不同水淹级别的井间电阻率比值标准，对新井水淹层水淹级别进行定性识别。经大量实际资料统计分析得出本区水淹层电阻率特征规律（表3-3），其中，在弱水淹和中水淹层，电阻率 R_I 大于 R_{XO} 程度的大小正好反映了水淹级别从弱水淹到中水淹的变化程度。

表3-3 红浅1井区侏罗系八道湾组水淹层电阻率特征规律

水淹级别	电阻率特征	R_T
油层	$R_T > R_I$，差异大，$R_I > R_{XO}$	$>55\Omega\cdot m$
弱水淹	$R_T > R_I$，差异较大，$R_I > R_{XO}$	$30\sim55\Omega\cdot m$
中水淹	$R_T \approx R_I$，基本无差异，$R_I < R_{XO}$	$20\sim40\Omega\cdot m$
强水淹	$R_I > R_T$，$R_I \ll R_{XO}$	$<20\Omega\cdot m$

根据新井水淹层的电阻率曲线的差异和老井油层的电阻率曲线的响应特征，建立了电阻率（R_T）和密度（ρ）的水淹层识别方法（图3-13）。

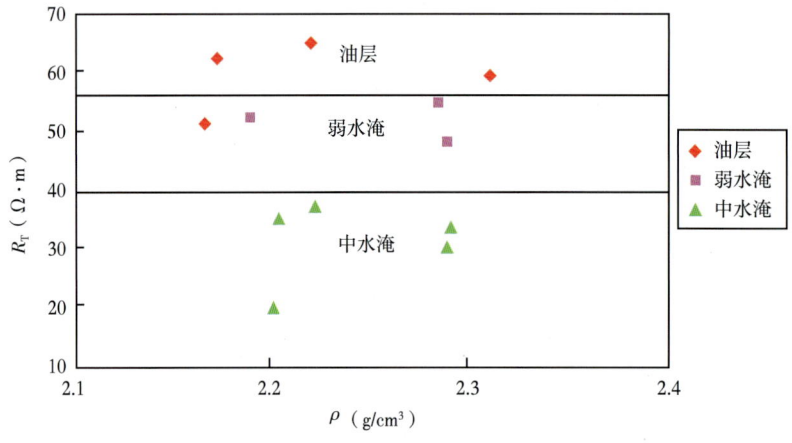

图3-13 红浅1井区水淹层定性识别图版

1. 平面分布规律

火驱试验区新钻加密井有效厚度段平均含油饱和度为58%。平面上，hH008井组和hH010井组区域含油饱和度高于hH012井组区域，油层及弱中水淹厚度也明显大于hH012井组区域；其中，hH008井组剩余潜力最大，其次是hH010井组，hH012井组相对较小（图3-14）。井间、垂向剩余油饱和度变化大，井间的剩余油饱和度为45%。

总体看，剩余油主要分布在井网未控制地区、井网不完善地区及温度冷却带。井网未控制或井网能控制暂时无法动用的油层。另外，稠油油藏蒸汽吞吐开发受加热半径限制，加热半径以外的油层仍处于高含油饱和度状态。成片分布的差油层，由于油层薄、物性差，造成油层动用不好或基本未动用，形成的剩余油常成片分布。

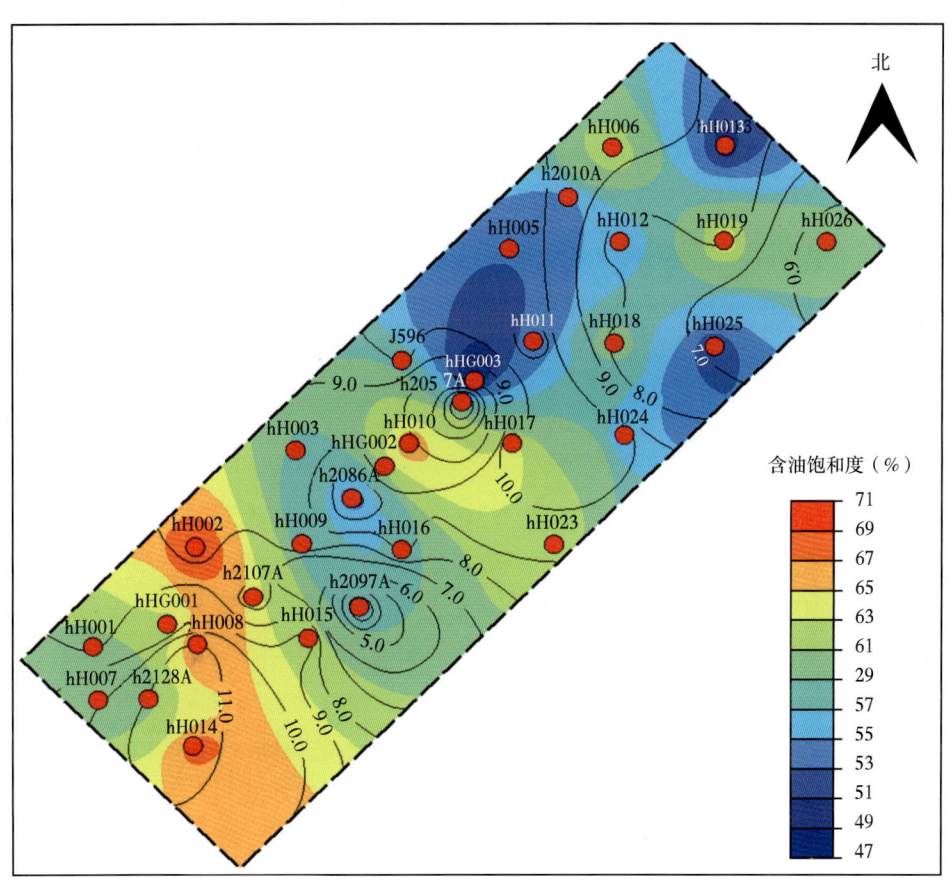

图 3-14 火驱试验区未水淹、弱中水淹含油饱和度及厚度叠合分布图

2. 纵向上分布规律

储层纵向上剩余油分布集中在薄层、差层、严重伤害的油层、厚层层内非均质性造成的不均匀水洗带、避气顶和避底水剩余未开发油层。纵向上剩余油饱和度为45%~50%的厚度0.9m，剩余油饱和度为50%~55%的厚度2.2m，剩余油饱和度大于55%的油层厚度5.1m。

总体看，纵向上砂岩主要以油层、弱水淹层为主，砂砾岩主要以中水淹、弱水淹为主，这可能由于砂砾岩孔隙结果复杂、泥质含量相对较高、非均质性强，在注蒸汽生产过程中，黏土矿物在高温条件下发生运移、堵塞孔隙，导致其物性变差。而砂岩的非均质性相对较弱，泥质含量相对较低，在注蒸汽生产过程中，岩石孔壁上的黏土被剥落，含油砂岩较大孔隙中的黏土被冲散、冲走，沟通孔隙的喉道半径加大，孔隙变得干净、畅通，孔隙半径普遍增大，迂曲度减小，连通性变好。

— 39 —

二、剩余地质储量评价

注蒸汽后老井周围剩余储量较小，加密新井相对较大，火驱试验区单井剩余储量在6000t以上的区域呈片状分布，其中hH008井组的hH007井和h2128A井周围剩余储量较大，是主要潜力区。

对新井剩余地质储量情况进行统计。统计结果（表3-4）表明，新井剩余地质储量$23.08×10^4$t。其中，未水淹级别储量占比18.76%，弱水淹级别储量占比50.87%，中水淹级别储量占比30.37%。

表3-4 火驱试验区新井剩余地质储量统计表

水淹级别	未水淹		弱水淹		中水淹		合计
岩性	砂岩	砂砾岩	砂岩	砂砾岩	砂岩	砂砾岩	
地质储量（10^4t）	3.85	0.48	6.97	4.77	1.50	5.51	23.08
地质储量小计（10^4t）	4.33		11.74		7.01		
地质储量占比（%）	88.94	11.06	59.38	40.62	21.38	78.62	100
地质储量占比合计（%）	18.76		50.87		30.37		100

火驱试验区新井加密后，根据前期生产情况和新井水淹层解释结果，新井和老井剩余地质储量共$30.22×10^4$t。动态分析计算井点处剩余油饱和度平均值为48%，中部和西南大部分单井剩余油饱和度在45%以上，剩余油较丰富，资源潜力大。

三、火驱适应性评价

根据国内外学者提出的火驱油藏适应条件和以上的筛选原则（表3-1、表3-2），红浅1井区八道湾组油藏条件较好，代表性强，有利于火驱试验的成功推广及应用，选区主要依据如下：

（1）红浅1井区地面条件有利于开展火驱试验。

红山嘴油田红浅1井区位于准噶尔盆地西北缘东段，距离克拉玛依区西南方向约20km处，远离居民区，地面海拔280~350m，平均315m，区内地势比较平坦，克拉玛依—独山子公路从油区东面2.5km处穿过，交通方便，通信、电力设施齐全，具有较好的地面开发条件。

（2）构造平缓，埋藏浅，地层压力低。

目的层底部构造为受断裂控制的东倾单斜，地层倾角4°~8°，先导性试验区内没有断层发育。埋深550m，原始地层压力6.4MPa，原始油层温度23.9℃。注蒸汽开发后期地层压力下降较多，平均值为4.5MPa，压力系数0.8左右，有利于注气。

（3）油层厚度适中，纵向连续性和平面连通性好。

目标区油层厚度4.0~18.5m，平均值为9.6m。纵向连续性和平面连通性好，层内夹层厚度小，不连续，油层比较集中，油层系数0.65，顶底部泥岩层较发育是开展火驱试验的理想区域（5~18m）。

（4）岩性组合及储层物性好，原始含油饱和度高。

含油岩性为砂岩、含砾不等粒砂岩，胶结程度较低，平均孔隙度25.1%，平均渗透率676mD，先导性试验区孔隙度25.4%，渗透率820mD，原始含油饱和度67%。

（5）原油黏度不高，有利于火驱。

试验区原油平均密度为0.938g/cm^3，50℃下脱气原始原油黏度变化为600~1200mPa·s，平均值为800mPa·s，平面上，由西南向东北方向，原油黏度升高。折算为20℃下脱气原油黏度9000mPa·s，有利于火驱开发。

（6）试验区采出程度相对较低，剩余油饱和度较高，适宜开展试验。

红浅1井区八道湾组已经历蒸汽吞吐和蒸汽驱生产，目前采出程度平均值为28.6%，其中先导试验区采出程度在30%以下，平均值为23%。数模研究认为，先导性试验区老井附近剩余油饱和度为30%左右，由于前期开发井距大，井间的剩余油饱和度仍在60%左右。

表3-5 注蒸汽开采技术与火烧油层技术的油藏筛选标准

油藏参数	火烧油层		红浅八道湾组平均值
	现有技术	先进技术	
油藏埋深（m）	≤1500	—	525
油层厚度（m）	≥20	≥10	13.2
$\phi \times S_o$	≥0.08	≥0.08	0.103
孔隙度（%）	≥20	≥15	23.1
渗透率（mD）	≥35	≥10	676.23
原油重度（°API）	10~35	—	19.35
原油黏度（mPa·s）	≤5000	≤5000	9000
Kh/μ［mD·ft/(mPa·s)］	≥5	—	10.98
目前油藏压力（MPa）	≤14	≤25	4.5

表3-5中对比了红浅1井区和火烧油层现有技术的适应性范围，通过对比分析表明，红浅1井区火驱试验技术上成功的可能性较大。将红浅1井区的蒸汽吞吐后油藏平均参数对比于火烧油层的油藏筛选标准，可以发现红浅1井区八道湾组油藏平均参数都满足火烧油层筛选标准的要求，初步认为这一区块适宜进行火烧油层开发。火驱试验在加拿大的摩根（Morgan）油田、美国S.俄克拉何马（S. Oklahoma）油田原油黏度分别达到6000mPa·s和7000mPa·s的条件下，以及加拿大乔里富（Joli Fou）试验区在70000mPa·s的原油黏度下同样取得了成功，说明红浅八道湾组也具有极大的成功可能。

蒸汽驱后油藏系数（$\phi \times S_o$）与火驱阶段累计产油量有一致的对应关系，根据Geffen等于1973年推出的油藏筛选标准，储量系数$\phi \times S_o > 0.1$即可形成稳定燃烧。储量系数$\phi \times S_o$基本都在0.1以上（图3-15），可见红浅1试验区油藏具有火烧油层的物质基础。

综上所述，红浅1井区试验区具有火驱物质基础，油藏地质与流体参数符合火驱条件，适合进行火驱开发试验。

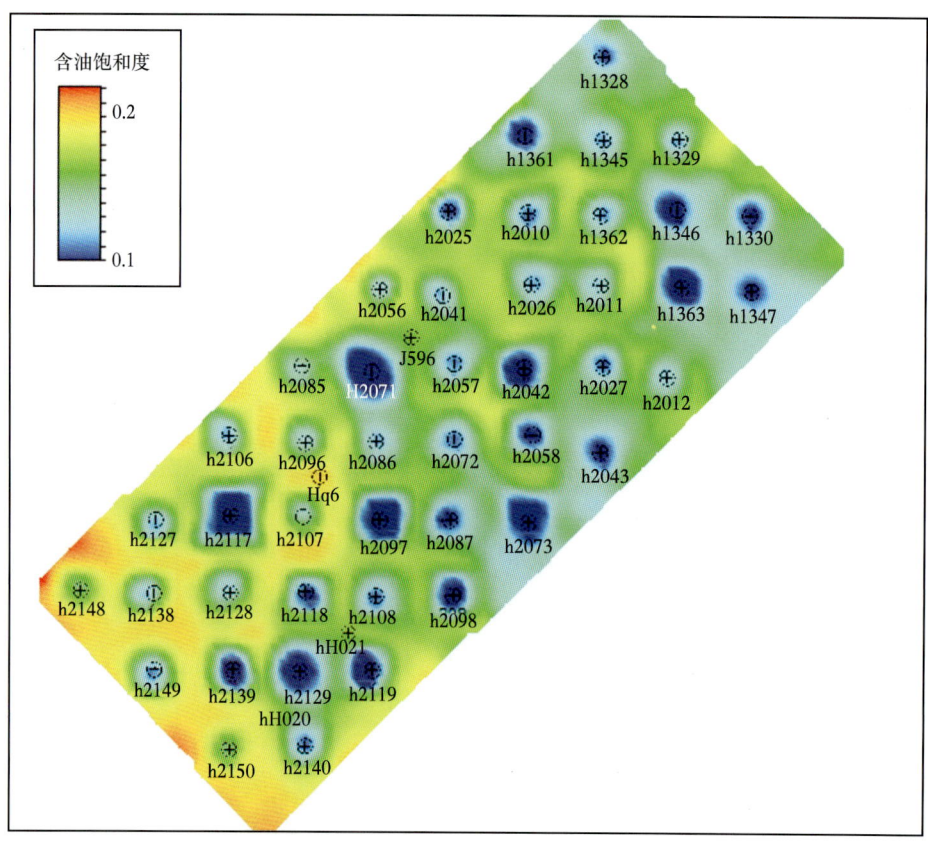

图 3-15 试验区蒸汽开发后油藏系数（$\phi \times S_o$）分布图

第四章　稠油注蒸汽后火驱开发机理研究

火烧油层技术从 20 世纪 50 年代初正式开始现场试验，至今已有 60 多年的开发生产经验，但由于火驱开发受地质、油藏、工程技术等诸多因素影响和限制，致使相当多的火驱项目未取得经济效益，以失败告终。因此，总结已经实施的火驱项目经验，结合稠油油藏注蒸汽后特点，开展火烧油层物理模拟实验，研究原油燃烧氧化反应机理是必不可少的工作。

火驱是一个化学反应参与驱动的过程，涉及组分之间的转化、化学能向热能的转化等一系列过程。一般认为稠油在火烧油层过程中部分原油需要转化为燃料焦炭，原油组分和外部温度、压力、环境影响这一转化过程。室内研究主要是利用物理模拟方法再现火驱过程，通过对该过程的监测和计算，探索燃烧反应规律，进而指导火驱矿场操作。

本章结合新疆红浅八道湾组油藏的岩石、流体特征及地质条件，开展试验区原油特性和岩石特性条件下的火烧油层物理模拟实验，以获取最优化组合的火驱技术参数，优化火驱方案，为取得较好的技术成果和经济效果打下基础。

第一节　火烧油层室内研究方法概述

一、火驱机理研究设备

1. 热分析仪

试图用热分析方法（DTA）去研究原油燃烧这种想法还要追溯到 1959 年，Tadema 通过对砂里面的原油进行燃烧实验获得了 DTA 曲线，发现了两种不同的燃烧区域，这两种区域被命名为低温氧化反应区和高温氧化反应区，后来，又有大量的学者采用了热分析方法对原油进行了研究。

热分析技术可以用来分析原油的燃烧、裂解过程，而且实验成本低、周期短。热分析方法包括热重法（TG）、热失重分析（TGA）、差热分析法（DTA）、差式扫描量热法（DSC）、同步热分析法。在此基础上又发展出适用于高压条件的高压差热分析仪（PDTA）、高压差示扫描量热法（PDSC）及微分热重法（DTG）等。

热重法测量的是物质的质量与温度的关系，代表性的是美国珀金埃尔默（Perkin Elmer）公司生产的 Diamond TG/DTA 热重分析仪。差示扫描量热法测量的是试样与参照物之间的能量差与温度之间的关系，代表性的测量仪器是德国耐驰公司生产的 DSCZO4HP 高压差示扫描量热仪。

穆斯塔法·考克（Mustafa Versan Kok）利用 DSC 和 DTA 去分析两稠油热解和燃烧性能的特点，在燃烧实验中，观察到了三个不同的反应区域，即低温氧化（LTO）反应区、原油分解（FD）反应区、高温氧化（HTO）反应区，氧化动力学参数可以通过 TGA 曲线和 DSC 曲线求得。

2. 燃烧釜

燃烧釜是火烧油层室内实验时经常采用的装置，实验时空气从进口进入耐压的外罩，由外罩外的保温电热器和点火电炉对空气进行加热，将进入油砂模型的空气温度加热到设定温度。被加热的空气进入油砂并点燃油砂，实现火烧油层过程。

燃烧釜主要用来确定原油的自燃温度和研究影响原油的燃料生成量的因素，如研究焦炭含量与通风强度、含油饱和度、孔隙度、注气压力等参数的关系。这种规律性的认识对现场火烧油层时的参数设计与效果预测都是极为重要的。

在某些特殊的油藏条件下，也可能要利用低温氧化反应燃烧前缘推进快的特性进行火烧油层。同样可以用燃烧釜实验来确定不同的点火温度和通风强度对燃烧前缘推进速度、空气耗量和驱油效果的影响，以获得最佳的操作参数。

3. 一维燃烧管模型

燃烧管是一种模拟实际油层条件下的火烧油层室内实验装置，燃烧管具有管状结构，实验时由一端注入空气，注入端设置有点火器，尾气由另一端产出并计量。燃烧管实验可以模拟和研究现场注入井与采油井连线方向上的火烧动态过程，包括油层点火、油层温度分布及其变化过程，例如燃烧前缘位置及其运动速度与各种影响因素（如通风强度和孔隙度、渗透率、饱和度参数等）的关系，燃烧前缘位置与产物变化之间的关系，还可以研究在已知油品特性、地层特性、控制参数、操作因素和燃烧模式下的动态变化规律。

通过燃烧管实验可取得现场火烧设计和数值模拟所需的基础数据，还可以进一步确定火烧油层的空气耗量等燃烧数据及有关火烧油层驱油特性的数据。

4. 三维火烧模拟装置

三维火烧模拟装置考虑了储层边界形状、厚度和井网等多方面因素，较一维燃烧管增加了在模拟几何尺寸、模拟地层压力等方面的功能，所得结果更接近于实际情况，因而是更有用的。一维模型和三维模型的模拟结果的真实性，关键在于一是要模拟实际油层在燃烧过程中的热平衡条件，这是设备设计制造中要考虑的问题；二是要把握物模相似准则，这是模型使用中要考虑的问题。

二、火烧物模相似准则

任何物理模型都与实际情况存在某种相似性，要进行物模实验或把物模结果运用于真实油藏，要依照模型的相似准则进行一定的推算。

在实验模型与实际油藏之间，有许多参数很难或无法进行相似模拟，例如在火烧物模中，毛细管效应、相对渗透率、燃烧带反应动力学及井眼效应等。在某些具体条件下，有些参数的影响可忽略，而采用部分相似的原则。例如毛细管效应在稠油油藏模拟中的影响并不明显，特别在渗透率较高的油藏模型中更是如此，因此可忽略。又如在燃烧管模型中，燃烧反应动力学对实验结果的影响也不敏感，这主要是因为火驱燃烧过程通常是控制传质，燃烧反应动力学参数不会对燃烧本身造成任何直接的影响，因而燃烧管模型中一般不考虑反应动力学参数。但是，物理模型中必须有必要的、基本的相似准则。

第一个研究火烧相似准则的是 Binder，他提出如下相似准数：

$$\begin{cases} \dfrac{1}{h} \\ a\dfrac{t}{l^2} \\ \dfrac{vt}{l\phi} \\ \dfrac{\mu_g v}{K_v K_{rg}}\Delta p \\ \dfrac{K_v}{K_h} \end{cases} \quad (4\text{-}1)$$

式中　h——焓；

　　　l——长度；

　　　t——时间；

　　　a——热扩散系数；

　　　v——速度；

　　　ϕ——孔隙度；

　　　μ_g——气体黏度；

　　　K_v——垂直渗透率；

　　　K_h——水平渗透率；

　　　K_{rg}——岩心气相渗透率；

　　　Δp——压差。

李少池认为对火烧物模而言，采用 Garon 的四条准则一般情况下就够用了。首先应是几何相似，即对应的几何尺度成比例及时间的相似，这可表示为

$$\left(\dfrac{t}{L_1^2}\right)_{模} = \left(\dfrac{t}{L_1^2}\right)_{实} \quad (4\text{-}2)$$

式中　L_1——特征长度；

　　　模——代表模型；

　　　实——代表油藏。

第二是流态相似准则，它涉及通风强度（G）、孔隙度（ϕ）及注采井距（L），表示如下：

$$\left(\dfrac{GL}{\phi}\right)_{模} = \left(\dfrac{GL}{\phi}\right)_{实} \quad (4\text{-}3)$$

第三，如果实验用的原油和现场一样，重度、黏度相同，则有动态和重力相似准则，表示如下：

$$\left(\dfrac{KL}{\phi}\right)_{模} = \left(\dfrac{KL}{\phi}\right)_{实} \quad (4\text{-}4)$$

式中　K——渗透率。

由于火烧过程的复杂性，更完整的火驱相似准则应包括蒸汽驱、焦化、蒸发—凝结现象、混相驱、二氧化碳驱、乳化液驱等的影响。但 Farouq Ali 认为就干式燃烧或湿式燃烧实验而言，上述三条部分相似准则就足够了，且据报道，这种模型实验与现场试验结果有较好的一致性。

第二节　原油氧化反应动力学研究

前面所介绍的火烧油层物理模拟实验虽然可以测定出火驱过程的一些基本的技术参数，但是这些实验研究往往价格十分昂贵，并且实验周期长，并未涉及燃烧机理层面的内容。火驱主要是利用油层本身的部分裂化燃烧产物作为燃料，燃烧生热使温度达到400℃以上，实现复杂的多种驱动作用。目前，对火驱技术的研究主要集中在火驱采油过程中的热学和流体动力学方面，传统燃烧釜和燃烧管等驱替实验无法给出火烧油层数值模拟所需要的动力学参数（如活化能），因此也无法给出燃烧反应的动力学模型。

本节主要介绍新疆红浅油藏火烧油层的原油氧化反应动力学参数实验求取的方法和过程，为该项研究和工作提供借鉴意义。

一、油砂热失重分析

用于热重法的热重分析仪（即热天平）是连续记录质量与温度函数关系的仪器。它是把加热炉与天平结合起来测量质量与温度的仪器。TG 曲线记录的是质量—温度，质量保留百分率—温度或失重百分率—温度的关系，并且记录了质量变化速率与温度的关系，将质量对温度求导的研究方法，称为微商热重法（DTG）。

1. 油砂原样的热失重分析

对红浅1油砂样品进行热失重分析，得到的 TG 曲线（图4-1）中可以看出，当油砂样温度升高到360℃左右时，此时油砂失重速率缓慢，属于稠油的低温氧化反应阶段。当温度继续上升到494.6℃时，此时放热量最高，稠油的高温氧化反应剧烈，大部分有机物发生燃烧反应，DTG 曲线显示，在温度为498.4℃时，出现最大失重。

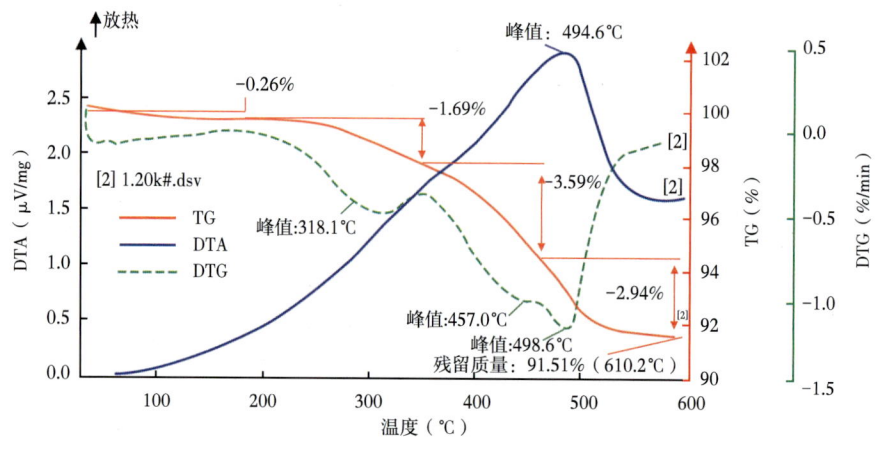

图4-1　油砂原样 DTA 分析

2. 燃烧管中油砂样热失重分析

将一维火驱后燃烧管不同位置的油砂和油砂原样进行热失重分析，进而分析热失重曲线、热重微分曲线和差热分析曲线。

油砂在200℃之前只有少量的水分蒸发。而在200~500℃温度范围内，TG曲线形状类似（图4-2），并且总热失重百分含量也相近，但是失重温度段有差别，其中第12段火驱后的油砂的热失重速度在低温时快，是油砂经过火驱后，稠油发生蒸馏、裂解，导致重度下降，其中含有的稠油挥发性比未经火驱油砂的挥发性要高。在油砂的DTG曲线（图4-3）中，第12段火驱的最大失重率出现在238.5℃处，而油砂原样的最大失重速率出现在318.1℃处，这证实了火驱后油砂的稠油重度下降的推测。

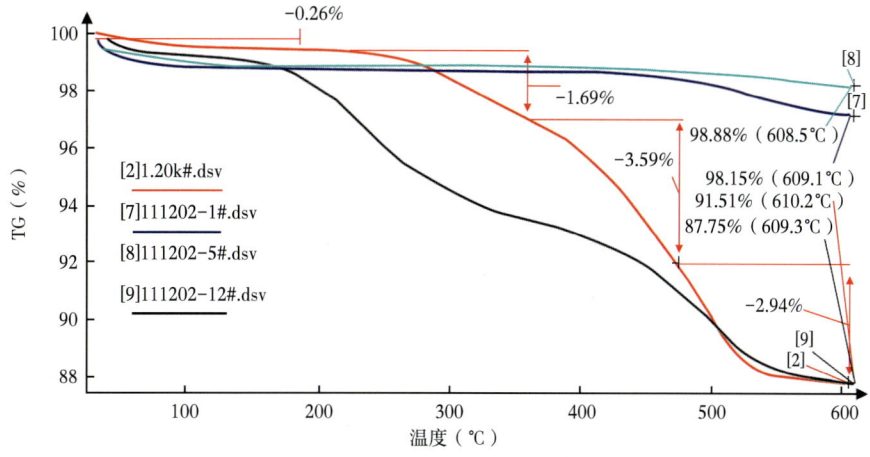

图4-2 火驱后不同前缘位置样品TG曲线图

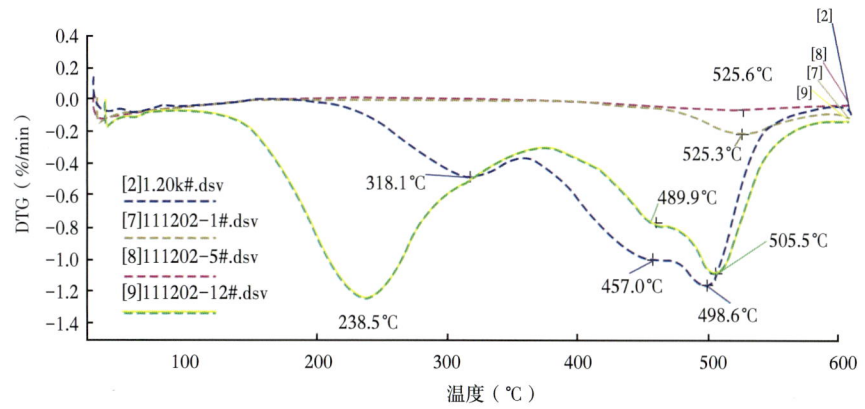

图4-3 火驱后不同前缘位置样品DTG分析

二、反应活化能测定

1. 活化能测定原理

根据热分析动力学的相关理论可知等温、均相反应体系的动力学方程为

$$\frac{\mathrm{d}c}{\mathrm{d}t} = f(c)k(T) \tag{4-5}$$

式中　c——产物浓度，kg/m^3；
　　　t——时间，s；
　　　T——温度，℃；
　　　$k(T)$——速率常数的温度关系式；
　　　$f(c)$——反应的机理函数。

由于大多数热力学过程都是非等温的，因此对式（4-5）进行处理：对于非均相反应来说，浓度的概念已经不再适用，因此用转化率 α 替换浓度 c，并且引入升温速率 β 的概念（式4-6），得到非等温、非均相体系中的反应动力学方程（4-7）：

$$\beta = \mathrm{d}T/\mathrm{d}t \tag{4-6}$$

$$\frac{\mathrm{d}\alpha}{\mathrm{d}T} = \frac{1}{\beta}f(\alpha)k(T) \tag{4-7}$$

式中　α——转化率，无量纲；
　　　β——升温速率（一般为常数），℃/min；
　　　$f(\alpha)$——反应的机理函数。

根据 Arrhenius 方程有

$$k(T) = A\mathrm{e}^{-E/RT} \tag{4-8}$$

式中　A——指前因子，$(mol/m^3)/s$；
　　　E——活化能，kJ/mol；
　　　R——普适气体常量，取值 8.314kJ/(mol·K)。

将式（4-8）代入式（4-7），可得到非均相体系在非定温条件下常用的动力学方程式：

$$\frac{\mathrm{d}\alpha}{\mathrm{d}T} = \frac{A}{\beta}\mathrm{e}^{-E/RT}f(\alpha) \tag{4-9}$$

热分析动力学的数据处理方法包括单一扫描速率法和多重扫描速率法。其中，单一扫描速率法需要假定反应的机理函数 $f(\alpha)$，在某一升温速率下计算动力学参数，该方法又称为模式函数法；而多重扫描速率法是指在几种不同的升温速率下，得到多条浓度或质量随温度变化的曲线，采用这种方法计算动力学参数，可以排除机理函数的影响，因此也称为无模式函数法。

多重扫描速率法中的等转化率方法可进行活化能的计算。所谓等转化率方法是假设转化率 α 一定时，反应的机理函数 $f(\alpha)$ 也一定，即假设火驱时发生的化学反应过程仅与转化率

有关，与温度无关。因此，对于同种原油在不同升温速率下的反应，当转化率一定时，其机理函数相同，活化能的值也相同。

在等转化率假设的基础之上，根据 Friedman 方法，对式（4-9）两侧取对数，整理得

$$\ln\left(\frac{\beta d\alpha}{dT}\right) = \ln[Af(\alpha)] - \frac{E}{RT} \tag{4-10}$$

根据等转化率法的假设：当转化率为 a 时，对应的活化能 E_a 及反应的机理函数 $f(a)$ 一定，因此 $\frac{\beta d\alpha}{dT}$ 与 $\frac{1}{T}$ 呈线性关系，绘制两者的关系曲线，采用最小二乘拟合法，通过斜率求出 E_a。采用相同的方法，对应不同的转化率可以求得相应的活化能值，最后得出活化能随转化率的变化曲线，可以称之为活化能的"指纹图"。

燃烧反应动力学的另一关键参数是指前因子，要通过 Arrhenius 方程进行计算才能确定。根据式（4-8）可知 $k(T)=Ae^{-E/RT}$，其中温度 T 可以通过热电偶监测到，因此当求出活化能 E 之后，只需要确定反应速率常数 $k(T)$ 的值，就可以求得指前因子 A 的值。

2. 实验装置

热分析方法虽然可以结合热分析动力学相关理论计算出活化能和指前因子，最终给出反应的动力学模型，但这些方法在计算过程中都需要先假定反应模型，这样的假设条件不能体现出原油燃烧过程中重要组分及各种副反应的作用，从而造成得出的反应动力学模型过于简化。另外热分析方法的实验条件很难与油藏或者燃烧管实验保持一致，并且缺少像燃烧管那样的气—液—固接触特征。

将火烧油层物理模型与热分析动力学相关理论结合起来，建立一套完整的活化能的测定方法。该方法所用的实验装置为燃烧池，它采用线性升温的方式来模拟火烧驱油过程，除了可以测定火烧驱油过程的基本参数外，还可以运用热分析动力学的相关理论进行计算，得出反应动力学的关键参数——活化能的值。

按照活化能测定的原理，燃烧池实验装置（图4-4）由反应器、温度监测及控制系统、气体注入及流速控制系统、过滤系统、气体分析仪和计算机等部件组成。

反应器是指燃烧池及为其提供热量的加热炉；温度监测和控制系统是指与加热炉相连的温度控制器，它通过 J 形热电偶对实验温度进行监测和控制，并且将数据传输至计算机。

实验温度为 20~600℃，且采用线性升温的方式。气体注入系统指的是氮气（N_2）及空气瓶。流量控制系统指与气瓶相连的气体流量计，它能够保证气体按照要求的流量注入燃烧池内。气体分析仪的作用是对产出气体的成分及浓度进行监测。由于该设备兼顾高温实验及数据的动态监测，且燃烧过程中会产生固体颗粒及其他杂质，因此，气体在进入气体分析仪之前要经过过滤系统。在以上所有部分中，最为关键的部分为反应器和气体分析仪。

燃烧池实验装置可以监测原油燃烧过程中的温度及产出物浓度变化，然后对浓度数据进行处理求得转化率 a 随时间的变化曲线，进一步处理后就可以得到 $\frac{\beta d\alpha}{dT}$ 与 $\frac{1}{T}$ 的关系曲线，通过曲线的斜率求出活化能的值。

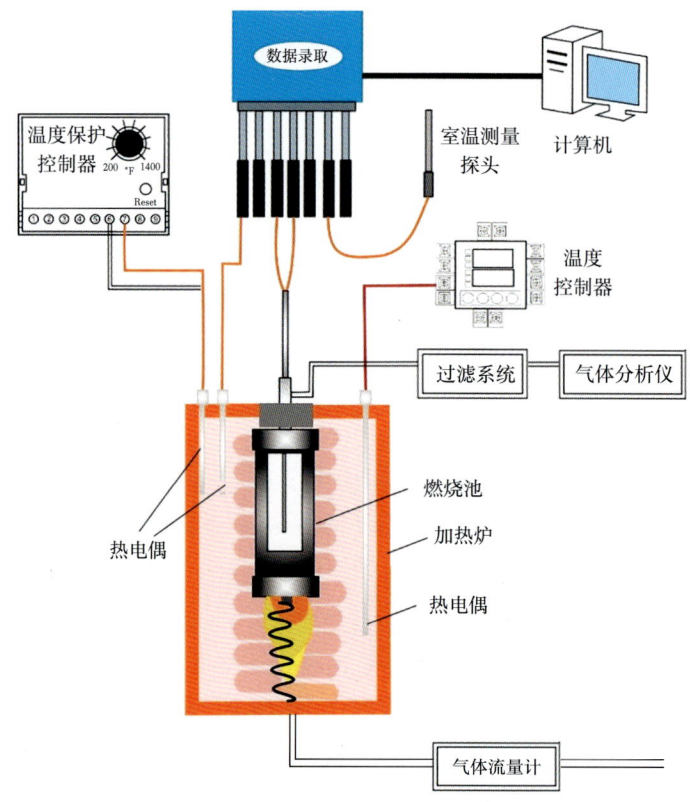

图 4-4 燃烧池实验装置示意图

3. 原油活化能测定

对 hH015 井油砂进行热失重分析 [图 4-5（a）]，结果显示，从室温到 125℃ 之间，质量随温度的升高导致挥发损失的速度迅速增大，然后挥发速度缓慢降低，至 250~275℃ 时，质量下降，速度开始略微增大，表明裂解反应开始发生；在 300~350℃ 之间，随温度升高，质量下降，速度急剧降低，显示加氧反应和裂解反应同时发生；350℃ 以上为高温燃烧阶段。从高温区的反应来看，升温速度越慢，高温燃烧发生的温度区间向低温区移动。

使用燃烧池测定 hH015 井原油氧化反应活化能 [图 4-5（b）]，活化能指标主要在 100~300kJ/mol 之间波动，高温区活化能值有降低的趋势，显示了高温条件下反应易于进行。

进而测定 hH003 井油砂热重曲线 [图 4-6（a）]，其结果与 hH015 井相比，其挥发速度较低，是其重组分较多的表现。低温加氧反应发生的温度也向高温区移动，约为 230~250℃。高温氧化反应（燃烧）发生的温度基本上还是 350℃ 左右。

与 hH015 井相比，高温区的曲线（蓝色）峰的个数明显增多：hH015 井原油高温区出现了两个明显的峰值，而 hH003 出现的峰值达到四个，显示了高温氧化反应机理更加复杂。另外 hH003 井的高温区（≥400℃）的反应速度也比 hH015 井快很多，显示了该温度区间存在较多的重组分。该温度区间主要产物为中温区裂解或轻组分脱除后的重组分，以及部分积碳产物。一般来说，组分越重，积碳越多，当温度达到积碳的反应温度时，这些产物发生反

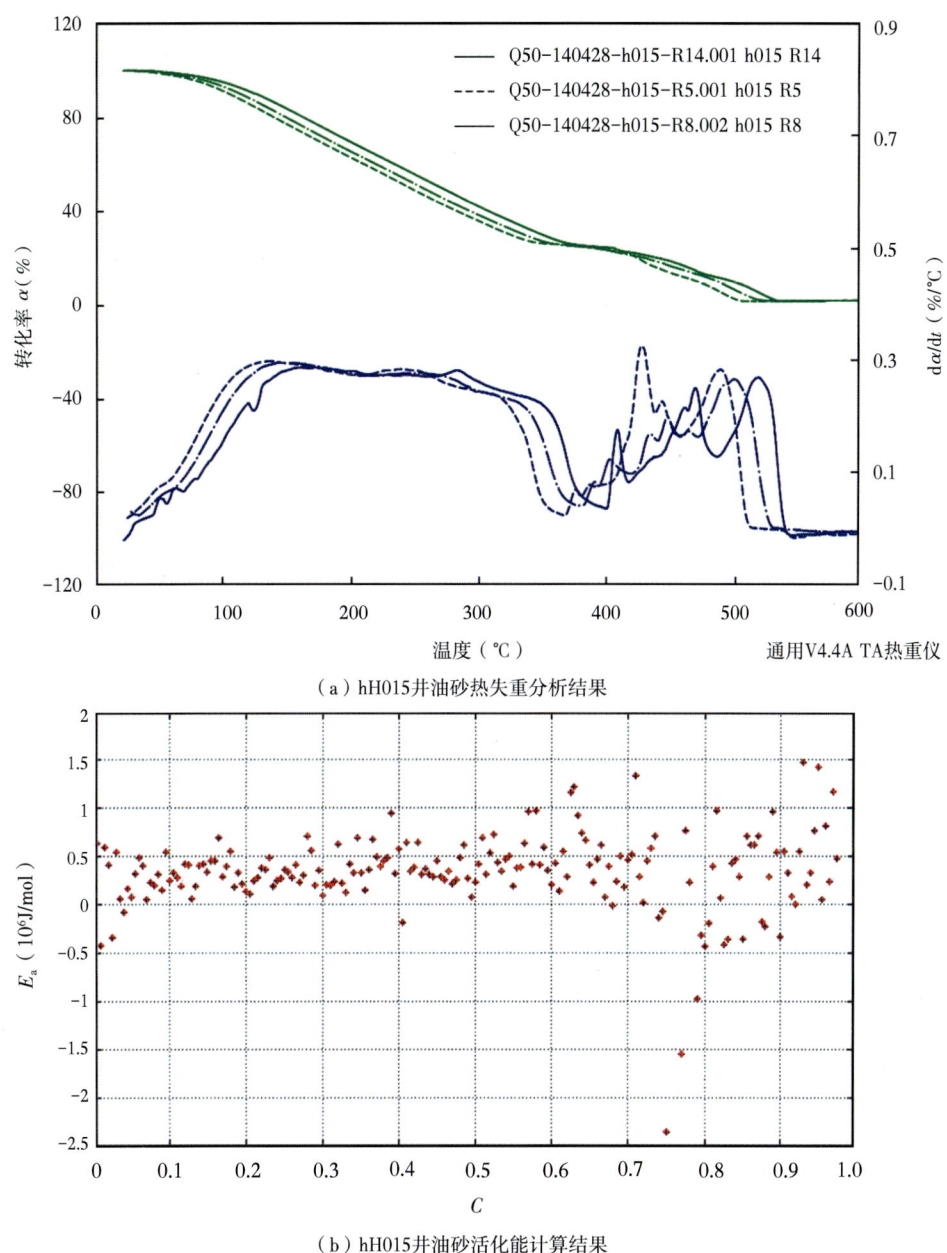

(a) hH015井油砂热失重分析结果

(b) hH015井油砂活化能计算结果

图 4-5 hH015 井油砂热失重分析及活化能计算的结果

应,从而造成该温度区间反应速度增大。

通过绘制不同生产井原油的活化能结果可以看出,不同原油活化能均在 100~500kJ/mol 之间。

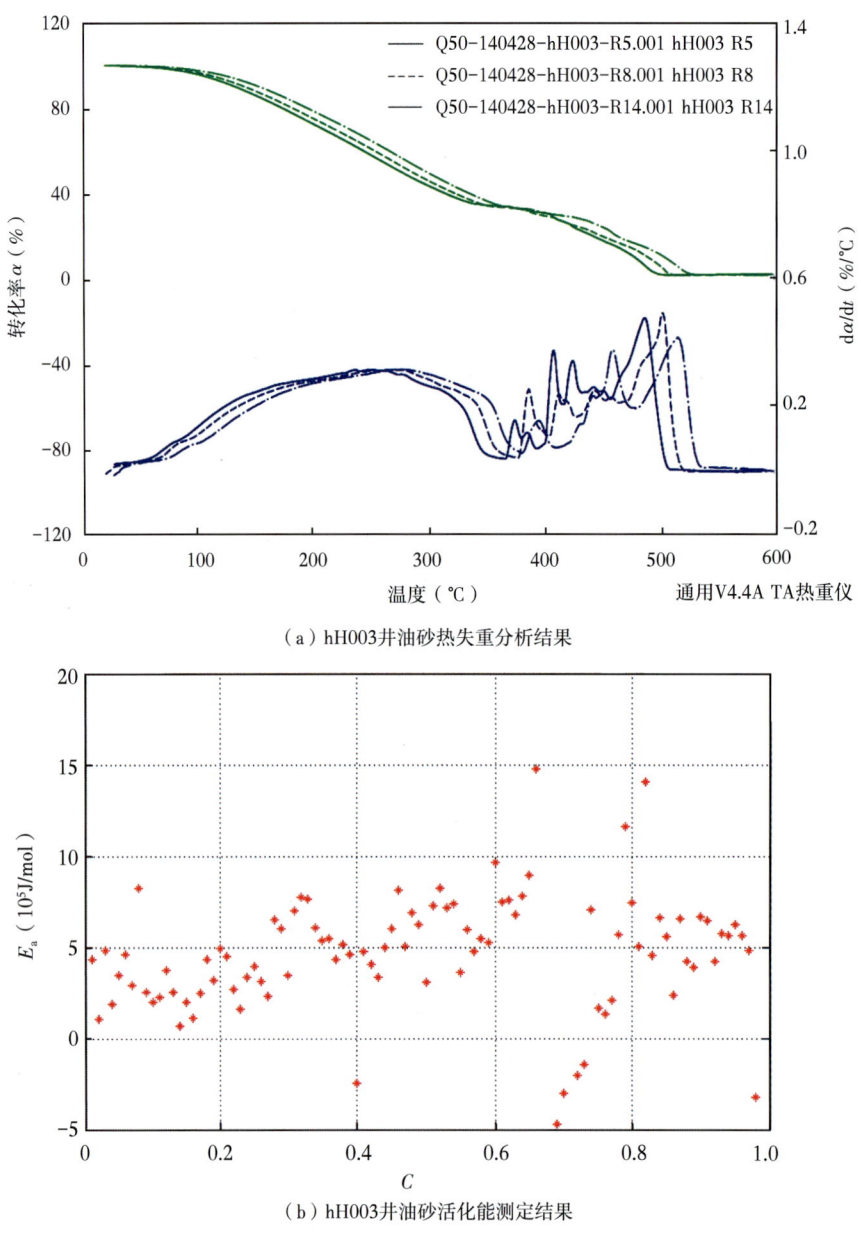

(a) hH003井油砂热失重分析结果

(b) hH003井油砂活化能测定结果

图 4-6　hH003 井油砂热失重分析及活化能测定的结果

第三节　火驱过程物理化学变化规律研究

火驱前缘推进速度的差异在一定程度上受岩石矿物成分、流体组分的交互影响,尽管国内外已开展了大量矿场试验,但对于上述问题研究的较少。

火驱过程中地下发生复杂的物理化学变化,储层结构、岩矿成分、流体性质等在火烧前后都会发生不同程度的变化,而这些变化对驱油和燃烧会产生什么样的影响,还有待研究解决。通过对岩心、油水样等的定性和定量的描述、分析,弄清火驱过程中的物理化学变化规律,可以加深对火烧驱油机理的认识。

一、原油组分变化

原油的族组分含量、油砂有机质的元素组成、原始油砂中有机物官能团都是影响反应进程的主要因素,对其进行分析和测定有助于对反应进行定量描述。

1. 原始油砂族组分分析

从分析结果来看(表4-1),红浅1井区砂砾岩油砂中主要以胶质和沥青质为主,饱和烃含量次之,芳香烃的含量最低。

表 4-1 实验用油砂族组分分析结果

样品	饱和烃(%)	芳香烃(%)	胶质(%)	沥青质(%)	总和(%)
砂砾岩油砂 0#	1.27	0.11	2.01	3.30	6.70
样品	占总可溶有机质的质量百分数				
	饱和烃(%)	芳香烃(%)	胶质(%)	沥青质(%)	
砂砾岩油砂 0#	19	2	30	49	

2. 原始油砂中的有机组分元素分析

用元素分析测定了原始油砂中有机组分 C、H、N、S 元素的含量(表4-2)。

表 4-2 砂岩和砂砾岩中有机组分 C、H、N、S 元素的含量

样品	C(%)	H(%)	N(%)	S(%)	O(%)
砂砾岩	79.37	13.58	1.60	0.22	5.23

注:氧元素的含量通过公式 O%=100%-N%-C%-H%-S% 计算而得。

砂砾岩中有机组分 C、H、O、N、S 元素的比例为

$$\frac{0.7939}{12} : \frac{0.1358}{1} : \frac{0.0523}{16} : \frac{0.016}{14} : \frac{0.0022}{32} = 1 : 2.053 : 0.0494 : 0.00172 : 0.00104$$

砂砾岩中有机组分的平均分子式为:$C_n H_{2.053n} O_{0.0494n} N_{0.00172n} S_{0.00104n}$。由平均分子式可知,有机组分含杂原子,其中氢元素比例高,不饱和度较大,表明含饱和烃多;氧元素比例也高,说明被自然氧化的程度大一些。

3. 原始油砂中饱和烃和芳香烃的 GC-MS 分析

从原始油砂或实验后的残余油砂处理后所得到的饱和烃和芳香烃分别用适当的溶剂溶解并定容至一定体积,用作饱和烃芳香烃分析的试液,进行油砂中饱和烃和芳香烃的 GC-MS 分离分析。

对原始油砂中的饱和烃和芳香烃进行了 GC-MS 分析,并对所得到的总离子流色谱图用饱和烃、芳香烃的特征碎片离子的质荷比进行提取,得到砂岩油砂和砂砾岩油砂中饱和烃($m/z=57$)和芳香烃的 GC-MS 色谱图(图4-7)。经过对所得到的色谱图进行分析,可以

判断出实验所用砂砾岩油砂中所含的链状饱和烃很少,金刚烷、甾烷、藿烷等未检出。

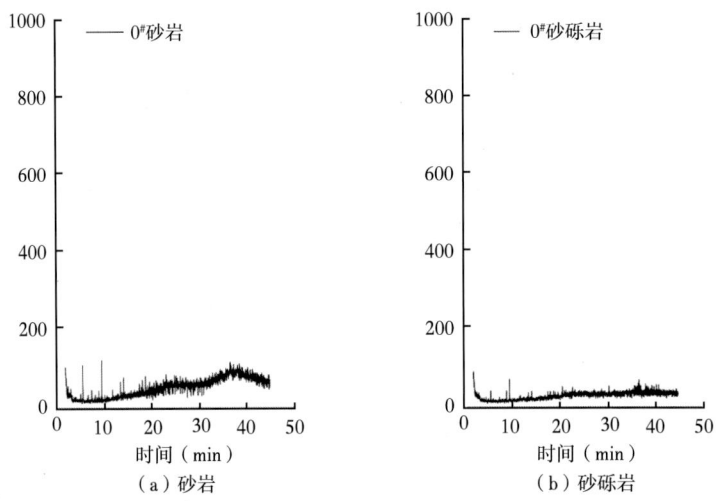

图4-7 砂岩和砂砾岩饱和烃色谱图

4. 流体分级实验后残余油砂族组分分析

取燃烧管实验后管内的残余油砂样品,进行族组分分析。表4-3为流体等级实验后各传感器位置油砂样品的族组分分析结果。

表4-3 流体等级实验后残余油砂族组分的分析结果汇总表

实验条件:砂砾岩+柴油(样品编号:20130718)					
传感器号	饱和烃(%)	芳香烃(%)	胶质(%)	沥青质(%)	总和(%)
0#	2.14	0.48	0.61	0.13	3.36
3#	0.27	0.36	0.82	0.55	2.00
5#	0.79	0.79	0.88	0.00	2.46
6#	1.59	0.49	0.57	0.27	2.92
7#	1.71	0.77	0.99	0.41	3.88
9#	0.44	0.49	0.58	0.04	1.55
实验条件:砂砾岩+润滑油(样品编号:20130626)					
传感器号	饱和烃(%)	芳香烃(%)	胶质(%)	沥青质(%)	总和(%)
0#	5.83	1.68	1.19	1.19	9.89
1#	3.14	0.51	0.81	0.55	5.01
3#	7.06	0.92	0.70	0.74	9.42
5#	6.94	1.11	0.84	0.49	9.38
7#	8.17	1.11	0.76	0.71	10.75
10#	1.65	0.58	5.66	0.31	8.21

续表

实验条件：砂砾岩+石蜡油（样品编号：20130619）					
传感器号	饱和烃（%）	芳香烃（%）	胶质（%）	沥青质（%）	总和（%）
0#	5.90	0.98	0.76	0.04	7.69
4#	0.79	3.60	0.46	0	4.85
5#	4.37	0.34	0.64	0.30	5.66
6#	6.10	0.85	0.94	0.18	8.06
8#	5.08	1.69	1.69	0	8.46
10#	1.69	0.46	0.54	0	2.68

从族组分分析结果来看，燃烧管中间段的堆积区不是很明显，甚至没有堆积，且燃烧过的各段油砂样品中族组分的含量仍比较高。燃烧管中堆积段族组分总量明显低于或接近油砂中族组分总量，没有出现明显高于初始值的情况。尾端（实验前该段装填石英砂）的族组分均明显大于0。说明在燃烧过程中，部分燃料组分会在火线还未推进至其所在位置时，就已经向前移动。

二、储层物性变化

地下的高温条件会对岩石矿物产生很重要的影响，反映到储层物性上到底是如何变化的，在此之前并未有研究涉及，这里主要通过研究碎屑岩结构、组成（碎屑颗粒、填隙物和孔隙）来揭示储层物性的变化规律。

1. 碎屑颗粒变化特征

火烧后碎屑颗粒边缘的泥质杂基较火烧前（图4-8、图4-9）减少，边缘变得干净（图4-10、图4-11）。对所有颗粒来说（包括石英、长石和各种岩屑），颗粒破裂对比火烧前（图4-12）明显增多，尤其是石英颗粒和泥质岩屑的变化最直观，且颗粒溶蚀边的溶蚀特征更强了（图4-13、图4-14）。

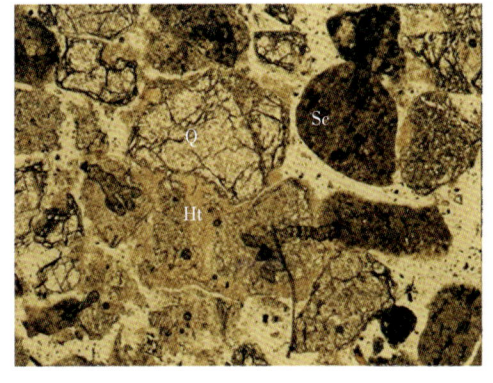 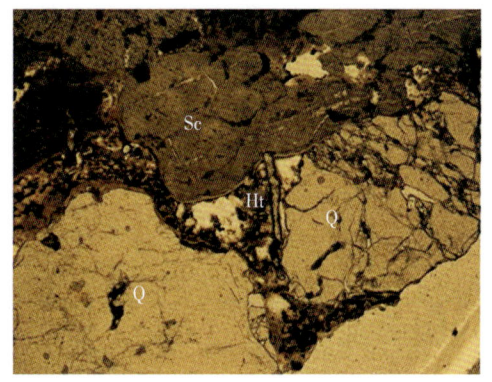

图4-8 火烧前颗粒边缘及颗粒　　图4-9 火烧前泥质填隙物间的杂基和颗粒边缘

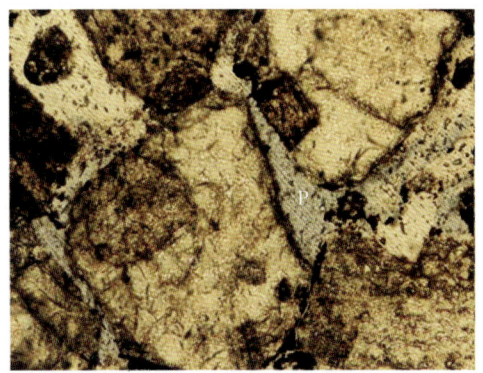

图 4-10　火烧后粒间溶孔 [20×10（-）]

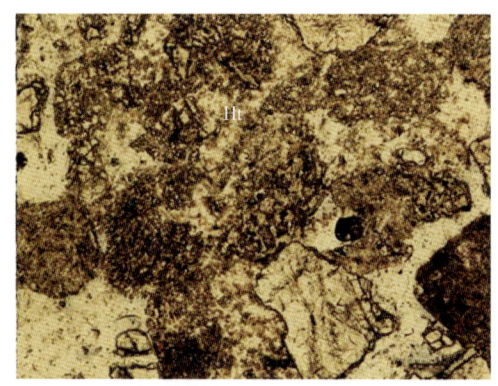

图 4-11　火烧后杂基内溶孔 [10×10（-）]

2. 填隙物变化特征

实验样品中填隙物主要以泥质杂基为主，胶结物很少见。经高温火烧之后，样品中泥质杂基高温氧化反应的现象明显，且泥质杂基的含量明显减少，部分颗粒间几乎不存在泥质杂基。且泥质杂基内溶孔变大变明显（图 4-15）。在正交偏光下，偶见填隙物中硅质粉体颗粒相对增大，且有成块的趋势（图 4-16）。

3. 孔隙变化特征

经高温加热后，碎屑颗粒破裂；颗粒边缘收缩缝和云母收缩解理缝常见；长石、燧石岩屑和泥质岩屑内溶孔、溶缝更发育，且溶孔和

图 4-12　火烧前 H2097A-4 颗粒相对完整，破碎现象少 [20×10（+）]

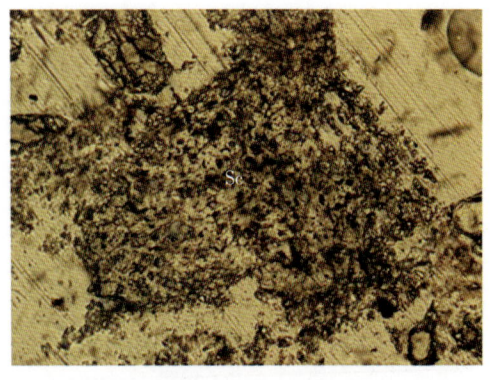

图 4-13　火烧后岩屑内溶孔

图 4-14　火烧后石英颗粒破裂缝

溶缝变大，泥质杂基内溶孔发育，溶孔变大，部分粒间孔变为粒间溶孔，可见面孔率增大（图 4-17、图 4-18）。

【第四章】 稠油注蒸汽后火驱开发机理研究

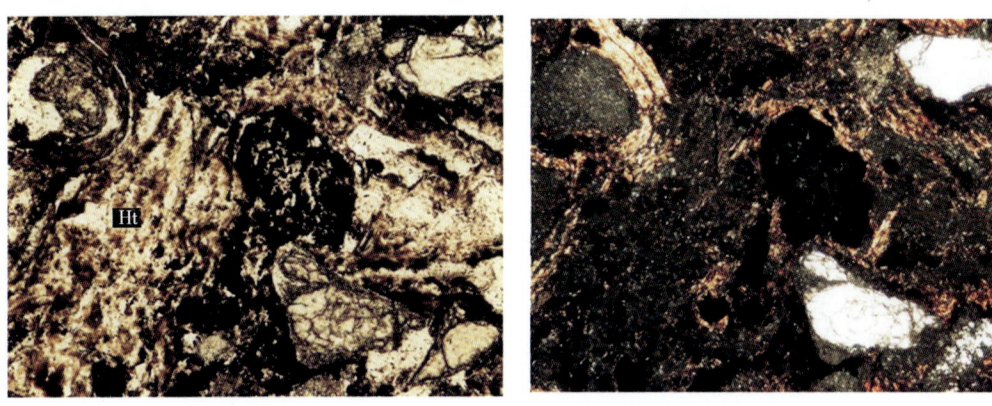

图 4-15　火烧后 G2025-2 杂基内溶孔［左：10×10（+），右 10×10（-）］

图 4-16　火烧后填隙物中硅质质点［左：10×10（+），右 10×10（-）］

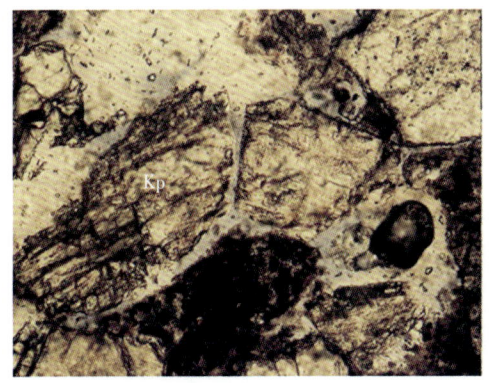 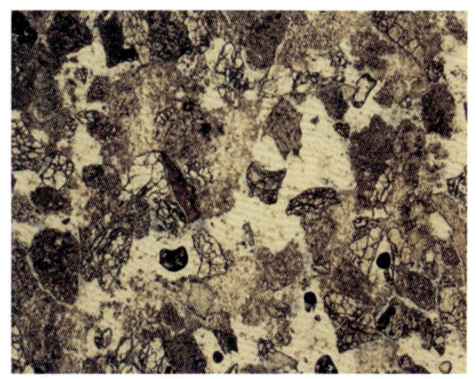

图 4-17　火烧后长石和粒间溶孔［10×20（-）］　　图 4-18　火烧后溶缝、溶孔［10×4（-）］

— 57 —

综上所述，通过薄片鉴定分析认为，砂岩和砂砾岩样品中碎屑颗粒和填隙物经高温后容易发生脱水、氧化、破裂、热胀冷缩等作用，使碎屑颗粒和填隙物内溶孔、溶缝、破裂缝、颗粒边缘缝和节理缝相对更发育。同时脱水和氧化导致样品表观硬化，使火驱开采过程中地层内更不容易坍塌。但由于高温条件下脱水和烃类迁移，会有少量黏土矿物和颗粒细的碎屑伴随水蒸气和烃类运移，从而堵塞孔隙或喉道，造成储层孔隙度和渗透率的变化出现不一致的现象。

4. 渗透率变化特征

由于燃烧时高温气体不仅和稠油接触，还和岩石颗粒表面接触，因此，燃烧后储层的物性条件一般都会发生变化。艾希曼（Eichhubl）和艾丁（Aydin）的研究结果表明，火烧后产生的大的裂缝主要来自高温条件下矿物的相变，即孔隙喉道的聚并（粗化）和长大，产生变化的动力主要是由于部分熔融的矿物组分在高张力作用下，易于产生裂缝会降低孔隙和岩石颗粒的表面自由能。另外，储层不同温度区域孔隙中的流体组成也千差万别，首先是燃烧过程中产生的高温气体（主要成分为烟道气和部分高稳定性烃类气体）在向生产井推进过程中加热储层，孔隙中的轻组分逐渐被蒸发抽提，留下较重的组分，部分组分由于重力泄油作用向下运移。另外，储层中的黏土矿物使得空气在孔隙中和原油的反应更加复杂。

三、岩矿变化特征分析

在一维燃烧管实验中，岩矿的变化与注气流量、压力都有一定的关系，但只是量化特征的影响，没有实质的区别。对砂砾岩进行火驱模拟，燃烧后进行原位取样，主要考察火驱燃烧过程中岩矿的主要化学成分、微区成分和矿物成分的变化及其在微观形貌上的体现。

1. 岩矿外貌特征变化

观察不同条件下砂砾岩火烧后的样品宏观形貌（图4-19），室内火烧实验获得的已经燃烧的样品与矿场火烧实验后的样品相似，颜色由黑色变为褐色—红色，岩石硬度由小变大，绝大部分原油被驱替或者燃烧。

（a）压力2.0MPa、2.5L/min[1436m³/（d·m²）]流量条件下

（b）压力2.0MPa、3.0L/min[1723m³/（d·m²）]流量条件下

图4-19 砂砾岩火烧样品

仔细观察火烧前后样品，火烧前的手标本颜色较暗（图4-20）。火烧后的手标本颜色整体看上去偏白、偏红，越靠近注气口的岩样越浅，明显看到火烧前灰色—深灰色的泥砾经高温加热后氧化成了褐红色。

图4-20　火烧前检596-7井的含砾粗—中粒钙质长石岩屑砂岩

仔细观察手标本和薄片，石英、长石和硅质岩屑颗粒变化不大，但粉砂质、泥质岩屑和泥质填隙物经相对高温加热后颜色变为灰红色。可以推断，经过火驱燃烧后发生了明显的岩矿变化。

2. 岩矿显微镜下特征对比分析

对火烧前后的岩矿进行显微镜下特征分析（图4-21至图4-24），各种矿物含量、孔隙结构也发生了显著变化，以砂砾岩显微镜下研究为例进行对比分析。火烧前的砂砾岩中砾石大小不等，粒径2~10mm，砾石成分主要有硅质岩屑、含粉砂泥岩岩屑和单晶石英，以及少量石英岩屑和长石岩屑。

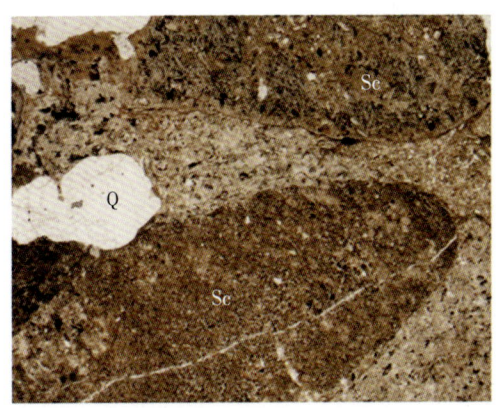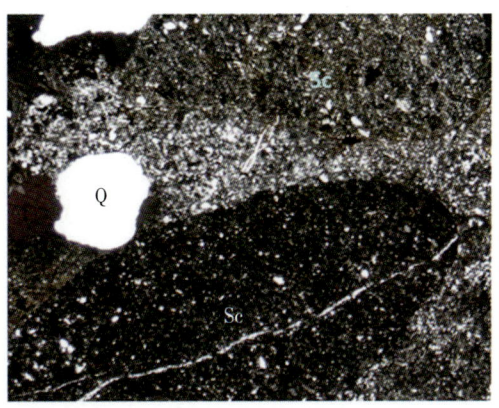

图4-21　火烧前的砂砾岩样品

某样品中，岩石具砾状结构，砾石大小不等，粒径3~10mm，砾石成分主要有硅质岩屑、含粉砂泥岩岩屑、单晶石英及少量石英岩屑。其中硅质岩屑含量最高，占58%，由隐晶质—微晶质石英组成，一些岩屑中可见到已硅化的生物碎屑和黏土矿物等，其次为含粉砂

图 4-22 火烧后粉砂质泥质岩屑黏土化

图 4-23 火烧后硅质岩屑黏土化

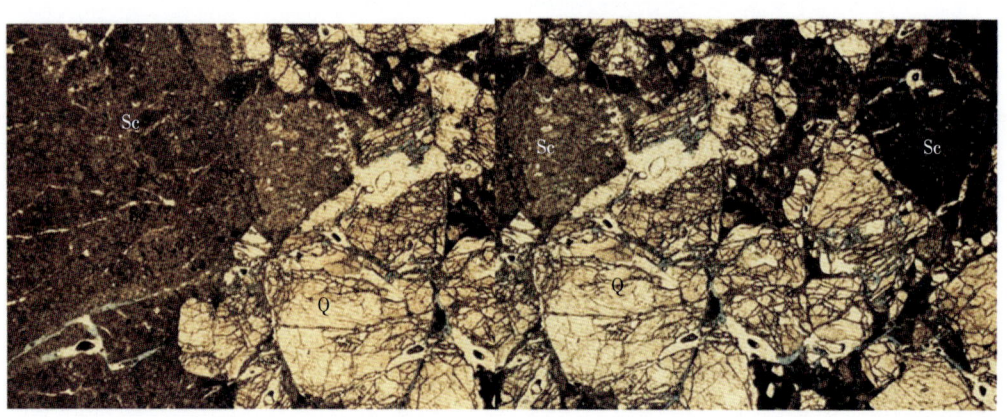
图 4-24 火烧后的砂砾岩 [左：2×10（-），右：2×10（+）]

泥岩屑（占30%），由泥质和少量细粉砂及炭屑组成，石英岩屑少见（占2%），单晶石英边缘呈不规则状溶蚀边，内发育微裂缝（占10%）。填隙物为泥质杂基，分布于砾石之间，可见填隙物泥质溶蚀孔或泥质中的溶蚀缝被硅质充填现象（图4-21）。

对比火烧前后的样品，总体上发现火烧后的样品显微镜下颗粒表面气泡和黏土质点增多。由于气泡和黏土的影响，颗粒表面模糊，且颗粒边界也相对模糊；整体薄片颜色越暗、偏红，尤其是在正交偏光下越明显（红色星点较多），推断是由于高温氧化反应引起的（图4-22至图4-24）。对比各种条件下的样品，样品达到的峰值温度越高，上述特征就越明显。经历峰值温度为250℃左右的样品，加热后氧化的现象较弱。

以某样为例（图4-24）进行分析，发现显微镜下颗粒表面高温氧化反应的现象常见，单偏光下颜色较暗红，正交偏光下，红色质点较多。样品中碎屑颗粒破裂现象比较常见，沉积岩岩屑内溶孔和溶缝比较发育，且溶孔和溶缝变大。填隙物含量很少，以泥质杂基为主。岩石的孔隙以粒间溶孔、岩屑粒内溶孔和破裂缝为主，可见面孔率增大。

3. 火烧后黏土形貌

扫描电子显微镜（SEM）是利用一定能量的电子束轰击固体样品，使电子和样品相互作用产生一系列有用信息,借助特殊的探测器分别进行搜集处理并成像的大型分析仪器,它可以用来直接观察样品的微观形貌结构。扫描电子显微镜结合能谱仪使用,不仅能够观察样品的微观形貌结构,还可对所观察的样品进行同步微区元素成分分析。根据微区形貌特征、元素组成及各种矿物的化学成分特征,可以推断微区的矿物类型。

分别针对火烧后的高岭土、伊利石、长石进行 SEM 分析,考察变化,进而分析火驱作用机理。

1) 高岭石

在扫描电子显微镜下,火烧后的样品中(h2071A-1 井,深度 539.30m),可以发现高岭石充填在粒间孔隙中,其单体多呈片状,集合体呈书页状(图 4-25)。同时发现高岭石向伊利石转化(图 4-26)。

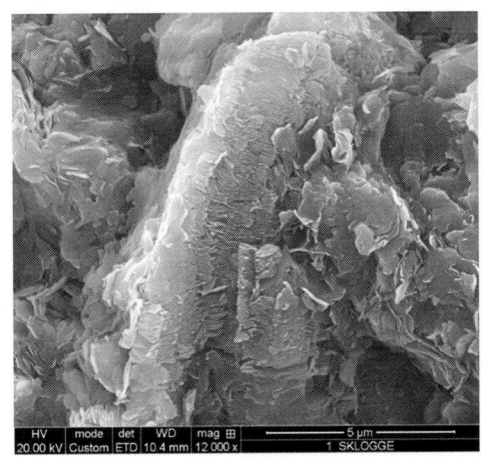

图 4-25 泥岩岩心高岭石、伊利石 SEM 照片

图 4-26 泥岩岩心高岭石向伊利石转化 SEM 照片

2) 伊利石

在扫描电子显微镜下,火烧后的样品中(h2071A-49 井,深度 553.67m),可以发现长石表面发育片状伊利石(图 4-27、图 4-28),部分伊利石为高岭石转化和长石溶蚀形成。

3) 长石

在扫描电子显微镜下火烧后的样品中可发现长石,经能谱分析为钙长石(图 4-29),且溶蚀现象明显,常溶蚀形成伊利石。

从上述泥岩样品火烧后的微观形貌观察可知,泥岩中也存在长石的进一步溶蚀,形成高岭石、伊利石的现象,也存在高岭石转变为伊利石的现象。

综合分析砂岩、砂砾岩与泥岩火烧后的微观形貌,可以发现长石进一步溶蚀,裂缝进一步扩大,溶蚀过程中形成高岭石、伊利石是一个普遍现象,而作为中间产物的蒙皂石发育的不是很好,这是因为蒙皂石可进一步转化为伊利石或伊/蒙混层。而砂岩中发现的褐铁矿、钛铁矿成分含量升高充分说明火驱过程中的氧化环境及火驱后岩石颜色变化(变为褐红色)的原因。

图4-27 泥岩岩心伊利石 SEM 照片

图4-28 泥岩岩心长石溶蚀形成伊利石 SEM 照片

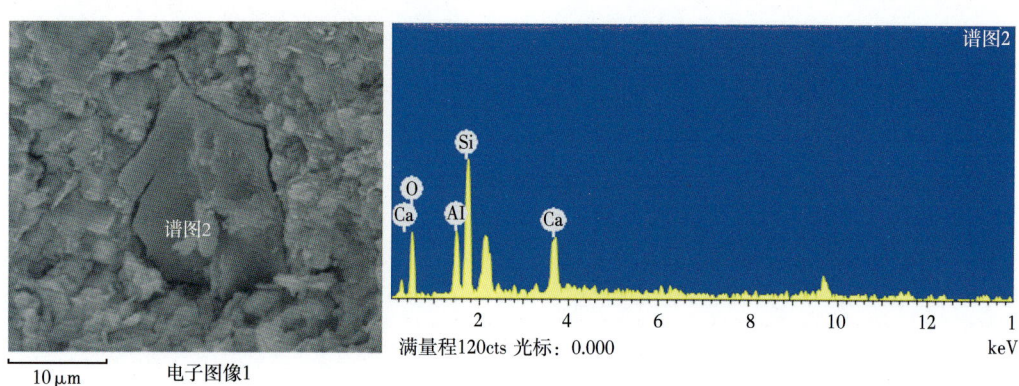
图4-29 钙长石能谱分析

4. 黏土转化路径

在自然界中，岩石的变化是比较复杂的，总体上可以归结为成岩作用、变质作用和岩浆作用三大作用，而每种地质作用都有一定的温压条件，就压力而言，能够影响岩石变化的压力大小往往以 GMPa（10^3MPa）为单位，而温度范围对岩石形成过程中矿物组成变化相对宽松，不同温度下岩石往往会产生复杂变化。一般来说，温度低于150℃易发生成岩作用，形成沉积岩；150～1000℃是变质作用温度范围，在此温度下易形成变质岩；温度大于1000℃时产生岩浆作用，易形成岩浆岩。

大量实验研究表明，注气压力和注气流量不是影响火驱过程中储层岩矿变化的主要因素，这是因为注气压力的调节只有几个兆帕，相对自然过程的压力几乎可以忽略，而向储层岩石中注气使储层流体环境变为氧化环境，在保证火驱前缘稳定推进的条件下调节注气压力不足以改变这一氧化环境。因此，影响火驱燃烧过程中储层岩矿变化的主要因素为温度和时间，温度使储层岩矿发生不同的变化作用，时间决定储层岩矿在这种变化作用下矿物的变化程度。

准备以非黏土类矿物为主要成分并含有少量黏土类矿物的实验样品。非黏土类矿物主要含有石英和钾长石及少量斜长石；黏土类矿物中以高岭石为主，另含有少量的蒙皂石和伊利石。

随着温度从低温（室温）到高温（1300℃）的过程中（图4-30）可以看出：

（1）当温度在350℃左右时，黏土类矿物没有出现明显变化，非黏土类矿物也没有出现变化。

（2）当温度在450℃左右时，黏土类矿物中的绝大部分高岭石的层状结构已经被完全破坏，其中的化学元素已经发生重组，但是在谱图中并没有结晶态新物相的衍射峰出现，表明分解的高岭石形成了以二氧化硅（SiO_2）为主的非晶质物质或转化为其他已知矿物。伊利石已经开始失去结构水，但是它的层状结构依然维持。非黏土类中的石英和长石衍射峰依然存在。

（3）当温度在550℃左右时，黏土类中的所有黏土矿物已经基本分解完毕，只残余很少量的黏土。此时谱图中也没有结晶态新物相的衍射峰出现，表明分解的黏土矿物形成了以二氧化硅为主的非晶质物质。非黏土类中的石英和长石衍射峰依然存在。

（4）当温度在1000℃左右时，残余黏土分解完毕，非黏土类中的石英没有发生变化，但长石类矿物中的钾长石部分发生了分解，斜长石已经基本分解完并形成了以二氧化硅为主的非晶质物质。

（5）当温度在1200~1300℃时，钾长石分解完成，黏土矿物和长石分解形成的非晶质物质中的铝（Al）和硅（Si）元素重新结合，并形成了少量莫来石相物质，同时有部分石英转变成鳞石英。

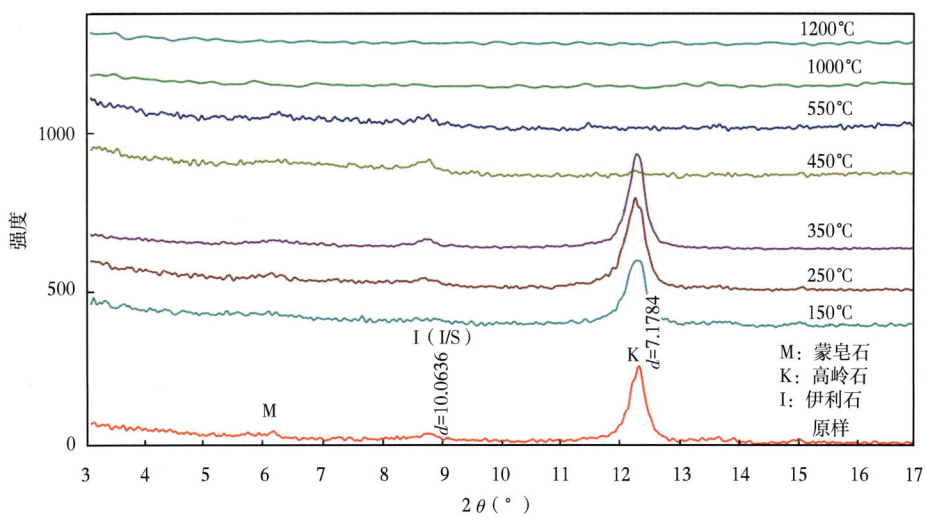

图4-30　不同温度下火烧3小时黏土的XRD谱图

根据室内模拟实验、矿场实验、岩矿XRD分析、显微镜下观察及储层岩矿同步热分析，可以将火驱过程中储层岩矿变化划分为三个阶段。

第一阶段：非配位水逸散阶段，相当于火驱过程的预热初始阶段，DTA曲线上表现出吸热。这一阶段温度由原始地层温度（23.9℃）逐步升高；当温度达到100℃时，矿物中的吸附水和层间水逸散，液态向气态转变体积增大，改造原生孔隙。

第二阶段：流体活化阶段，相当于火驱过程的预热—低温氧化反应阶段，DTA 曲线表现为放热，失重量较第一阶段增大。温度由 100℃ 升至 350℃，随着温度逐步升高，能量逐渐增加，岩矿中流体（原始地层水、原油、逸散水）活化，原油中小分子成分挥发，大分子裂解，水岩、油岩充分接触。

第三阶段：固相变质阶段，相当于火驱过程的低温氧化反应—高温氧化反应阶段，温度介于 350~500℃，DTA 曲线表现为放热。该阶段流体与岩石充分作用，长石蚀变黏土化，高岭石向蒙皂石、伊利石、绿泥石转变，蒙皂石也向伊利石转变。该阶段发生的岩矿变化有：

钾长石→高岭石+石英：

$$4K[AlSi_3O_8] + H_2O + 2CO_2 \rightarrow Al_4[Si_4O_{10}](OH)_8 + 8SiO_2 + 4K^+ + 2CO_3^{2-}$$

高岭石→蒙皂石：

$$Al_4[Si_4O_{10}](OH)_8 + E + Mg^{2+} \rightarrow E_x(H_2O)_4\{(Al_{2-x}, Mg_x)_2[(Si, Al)_4O_{10}](OH)_2\}$$

高岭石→伊利石：

$$Al_4[Si_4O_{10}](OH)_8 + K^+ \rightarrow K_{1-x}\{Al_2[(Si_{3+x}Al_{1-x})_4O_{10}](OH)_2\}$$

高岭石→绿泥石：

$$3.5Fe^{2+} + 3.5Mg^{2+} + 9H_2O + 1.5Al_4[Si_4O_{10}](OH)_8 \rightarrow Fe_{3.5}Mg_{3.5}Al_6[Si_6O_{20}](OH)_{16} + 14H^+$$

蒙皂石→伊利石：

$$E_x(H_2O)_4\{(Al_{2-x}, Mg_x)_2[(Si, Al)_4O_{10}](OH)_2\} + Al^{3+} + K^+ \rightarrow K_{1-x}\{Al_2[(Si_{3+x}Al_{1-x})_4O_{10}](OH)_2\} + Si^{4+}$$

其中，E 代表 Na^+、Ca^{2+} 等阳离子。

第四阶段：结构水释放阶段，相当于火驱过程的高温燃烧中期阶段，温度介于 500~650℃，第三阶段残留高岭石脱羟基，结构水释放，伊利石也在此阶段溢出结构水，石英发生相变，由 α-石英转变为 β-石英。这一过程由于固态体积转变使原生孔隙增大，自生石英产生裂缝，同时由于孔隙中重质组分的燃烧、轻质组分的驱替，岩石进一步胶结。

第五阶段：高温变质阶段，相当于火驱过程的高温燃烧后期阶段，温度介于 650~1000℃。此阶段伊利石与残留高岭石发生相变，β-石英向鳞石英转变，岩石开始致密化进程。如果反应时间足够长，出现的矿物组合为石英、白云母、黑云母、红柱石（或堇青石、夕线石），但温度升高后，白云母、黑云母逐渐减少。

在上述各变化阶段中发生矿物转化的主要阶段为第三阶段，在矿物转变过程中，主要是长石的蚀变与黏土化，这一过程中有石英析出，再者就是黏土矿物的转变。从热物理角度看，长石的导热系数为 2.25W/(m·℃)，石英的导热系数为 7.69W/(m·℃)，这两种矿物是火驱过程中主要的热传导物质，长石的黏土化析出石英有助于火驱过程中热能量的传导。黏土矿物因含杂质的种类与数量不同其导热系数不同，但通常都小于 1W/(m·℃)，因此常用作隔热或耐火材料。砂岩和砂砾岩中黏土矿物的含量相对较少，不是影响热传导的主要因素。另外，黏土矿物在升温过程中有一部分转化为非晶质，也就是由结构有序物质转变为了结构无序物质，导热系数将降低，不利于火驱过程中的热传导。

第四节　注蒸汽后高温燃烧机理

新疆红浅1火驱试验区在矿场试验实施前进行了系列机理研究及模拟实验分析，取得了该区该类型原油火驱的第一手资料。

一、燃烧管实验及其温压分布特征

1. 实验装置

一维燃烧管物理模拟装置主要包括注气系统、模型本体、数据采集系统、气液收集系统，装置构成如图4-31所示。该物理模拟装置具有预热温度多段控制、模型本体升温速度可调、注气流量及压力可控、火驱前缘温度实时采集、火驱燃烧后岩矿样品能迅速降温保持岩矿本征等特点。图4-32为火驱燃烧装置实物图。

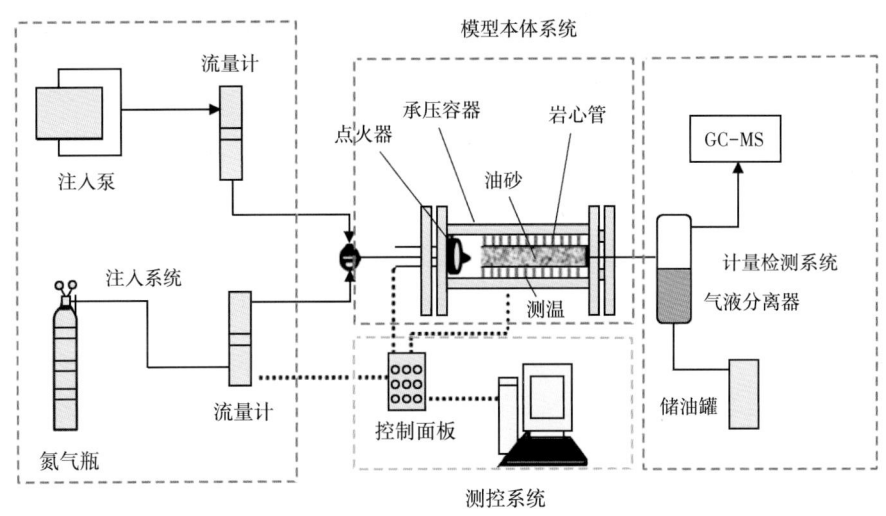

图4-31　火驱燃烧管实验装置图

火烧油层物理模拟装置组成部分与功能为：

(1) 模型本体：模型本体主要由样品管、承压容器、法兰及保温层等构成，耐压6MPa。样品管沿程均匀分布热电偶，模型两端各有一个压力传感器，用于检测火驱过程中的温度和压力。加热器可根据设定温度自动控制加热，用于模拟地层温度，构建实验初始温度场。承压容器外有玻璃纤维保温层，可减少模型散热。

燃烧管结构如图4-33所示，燃烧管长1.9m，内径0.17m，点火器1只（PID控制），加热器18只（PID控制）。在岩心管的内部，沿轴向布置了11组温度传感器，第1组距注入端10cm沿轴，其他间隔均为20cm，每组3个热电偶，分别插入模型内的上、中、下3层，用于监测火驱过程中燃烧带的温度分布。沿轴向设置压力传感器测点9个，自动热量热电偶9个，作用是控制管外加热器的加热量使管壁内外的温度基本相同。

(2) 注气系统：注气系统由空气压缩机、过滤器、储气瓶、流量计、压力表和阀门等

图 4-32 火驱燃烧管装置图

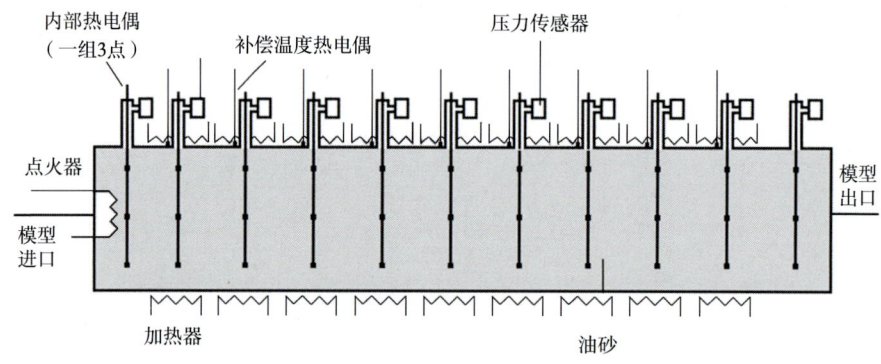

图 4-33 燃烧管结构示意图

组成。储气瓶的减压阀可调节供气压力,流量计可以控制并显示空气瞬时流量。氮气瓶供给预热、灭火所需的氮气。此部分主要实现空气及氮气的注入并实现不同气体流量的调节。

为了防止在油层未被点燃前被氧化结焦,火驱燃烧实验前,首先向模型中注入氮气。然后逐渐提高氮气注入速度,直到点火器周围区域达到预设温度时,改注空气,实现层内点火。整个实验结束后,向火驱燃烧模拟装置中改注氮气,并迅速冷却。

(3)点火装置:在模型本体的进气端装有加热棒,通过时间继电器和温度控制器控制加热棒温度,加热棒加热温度可达 500℃。

(4)数据采集系统:温度测量由模型本体内的 n 段热电偶完成,实验过程中采用火驱采油物理模拟数据采集系统,自动记录各传感器随时间变化的温度和压力。在模型本体的进气和出气口分别安装压力传感器及压力表,用于监测和读取火驱燃烧过程中压力及压力差。温度传感器安装于模型本体后半部的样品套管内,同时在计算机上在线连续记录各个监测点的温度—时间、压力—时间关系,数据采集时间步长为 1s。

（5）气液收集系统：该系统是一个气液分离罐，燃烧产物经冷凝管冷却后，产出液体存于罐中待后续分析。而烟气从产出液中分离出来。模拟装置的产出系统是在出料口处接有水冷装置，将高温蒸汽降温冷却，部分液体冷凝并收集，气体收集于集气瓶中。产物用 GC（气相色谱法）、GC-MS（气相色谱—质谱联用）和 LC-MS（液相色谱—质谱联用）等进行组分分析。

2. 实验过程及结果

岩心采用地层岩心破碎后压实装填，原油采用红浅 1 井区八道湾组原油，燃烧模式为干式燃烧。实验结果表明（表 4-4），该区块点火温度 450℃，实际空气消耗量 236m³/m³，空气油比 1092m³/m³，驱油效率 91.2%。

表 4-4 燃烧管实验的填砂数据和燃烧数据

填砂数据			
孔隙度（%）	30.0	渗透率（D）	5
含油饱和度（%）	60.0		
操作数据和实验结果			
点火温度（℃）	450	燃烧带平均温度（℃）	500
稳定注气速度（L/min）	12	实际空气耗量（m³/m³）	236
驱出油量（kg）	6.9	燃烧区含油（kg）	6.5
燃烧区占百分比（%）	78.4	燃烧区驱油效率（%）	91.2
稳定燃烧后燃料消耗量（kg/m³）	15	空气油比（m³/m³）	1092

1）不同断面处温度随时间的变化情况

长燃烧管实验不同位置处，上点、中点和下点温度随时间的变化不同（图 4-34 至图 4-36），说明燃烧前缘由点火端向出口端推进过程中燃烧前缘并非平行推进，而是经过一段时间后才逐渐均匀。燃烧管上部温度明显高于下部，这是火烧油层中极易出现气体超覆现象引起的，也是现场设计和调控需要重点考虑的内容。

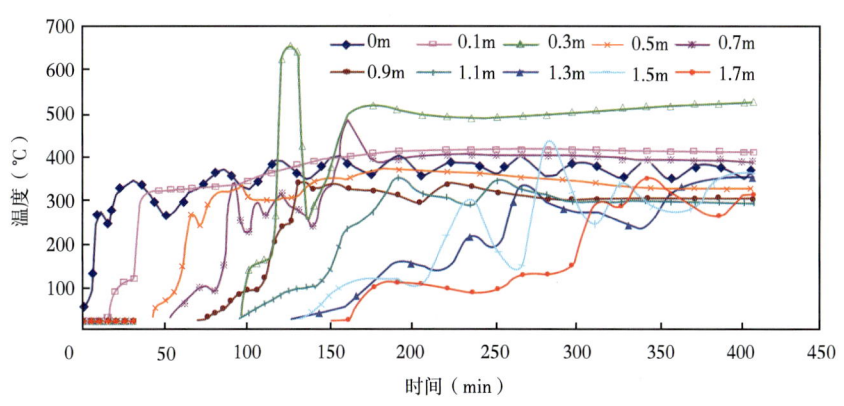

图 4-34 断面上部各点温度随时间的变化曲线

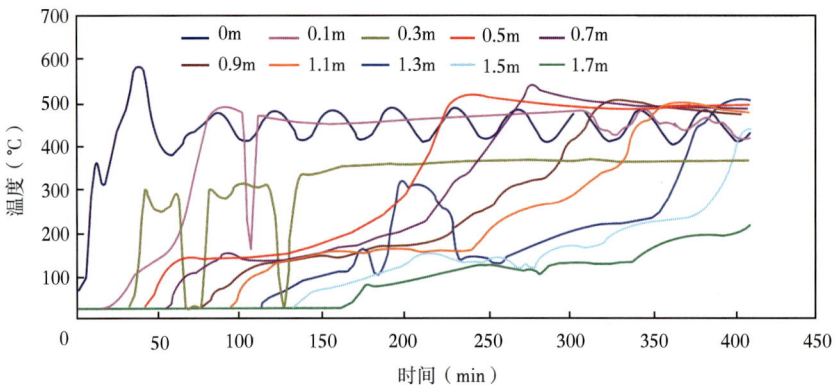

图 4-35 断面中部各点温度随时间的变化曲线

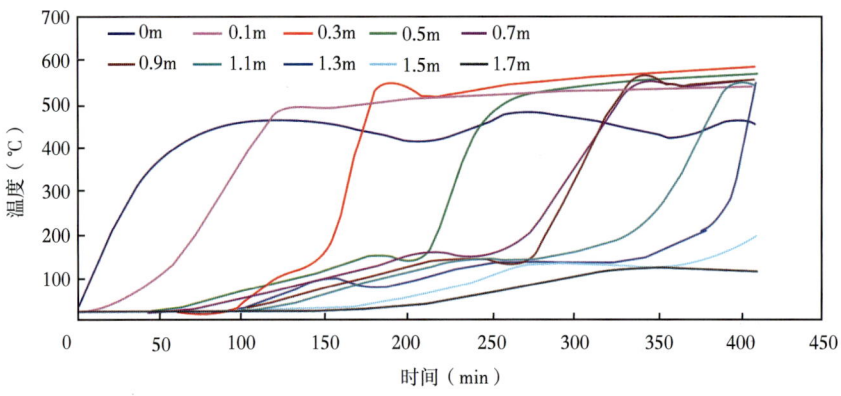

图 4-36 断面下部各点温度随时间的变化曲线

不同时刻燃烧管温度剖面（图 4-37），可以显示出在所给通风强度下，原油温度在 400~420℃时即可达到稳定燃烧，燃烧带的峰值温度在 500~570℃之间；燃烧带前缘移动速度在实

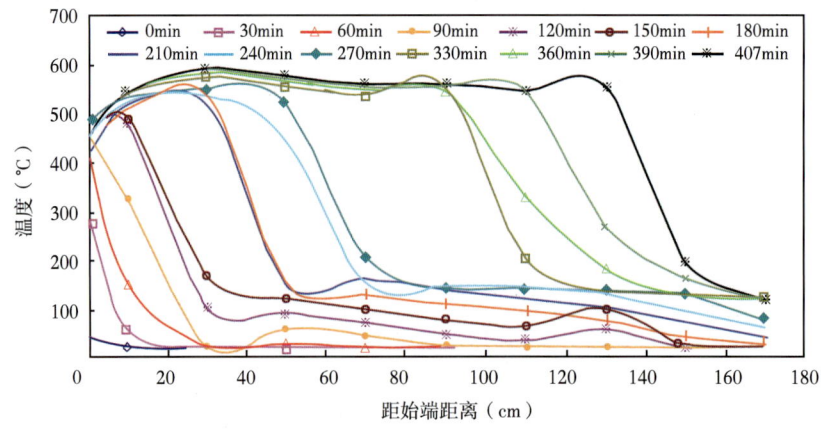

图 4-37 不同时刻的温度剖面

验初期较慢,燃烧稳定后有所加快。

2)燃烧管不同位置的压力特征

火驱燃烧管进口压力变化(图4-38)可以看出,在35分钟时出现了进口压力高峰,这是火驱过程中形成"油墙"所致。在形成稳定的燃烧前缘后,由于燃烧前缘温度很高形成强烈的蒸馏作用,原油被蒸馏后与燃烧后的烟道气向下游运移,在下游的冷油层中被蒸馏的原油冷凝,形成油饱和度较高的"油墙",由于气相饱和度降低,烟道气通过"油墙"的阻力提高,使空气注入压力提高。"油墙"形成后向出口方向移动,同时驱动油层中的油水前进,最后在出口端产出。

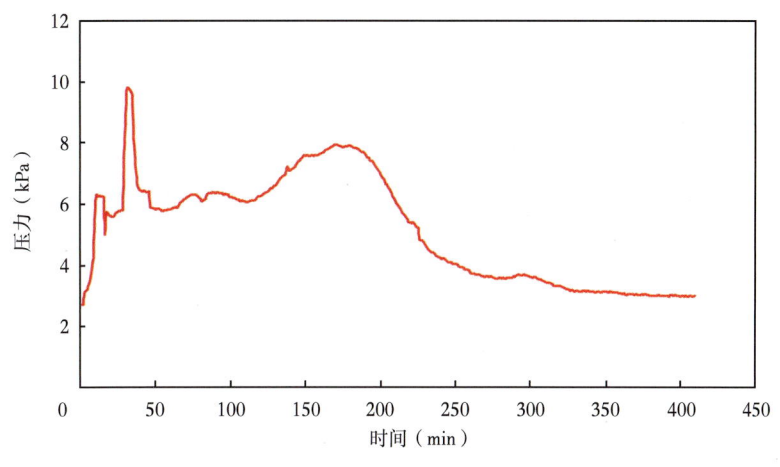

图4-38 一维火驱燃烧管进口压力变化

一维火驱燃烧管不同位置压力变化特征不同。从图4-38看出,在点火后开始形成"油墙",在压力分布曲线上出现一段大梯度下降区,显示出这一段气体通过阻力很大,是由于"油墙"内含油饱和度高所导致的较低的气相渗透率,"油墙"不断向出口移动,在200分钟时到达出口位置,实验观测到产出液增加。在"油墙"到达出口端之前几乎没有产液,说明对于稠油油藏而言,单纯气驱的效果是很差的。

二、三维火驱物理模拟实验及燃烧机理分析

1. 实验系统

三维火驱物理模拟实验系统由注入系统、模型本体、测控系统及产出系统构成,如图4-39所示。

注入系统包括注入泵、中间容器、蒸汽发生器、空气压缩机及管阀件,注入系统为模型本体提供注入空气和注入蒸汽/热水;模型所模拟的原型为三维地层,包括油层、上盖层、下盖层;测控系统有147支热电偶和12个压力传感器,用于对温度、压力、流量信号进行采集、处理,包括硬件和软件;产出部分完成模型产出流体的分离、计量。

模型本体外部承压容器依靠法兰密封,可以承受7MPa以上的高压,最高耐受温度为900℃。内层为立方体,其三维几何尺寸为500mm×500mm×100mm(图4-40)。

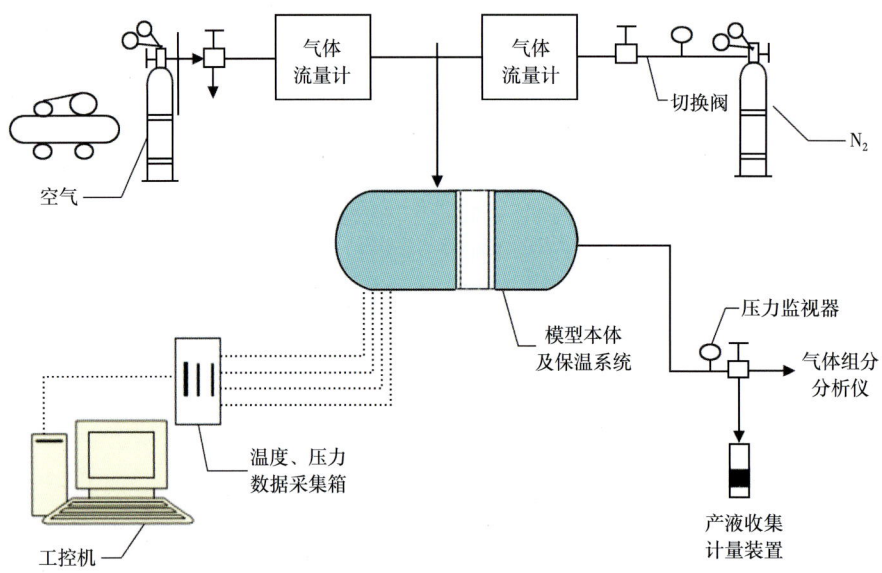

图 4-39 三维火烧油层物理模拟实验流程图

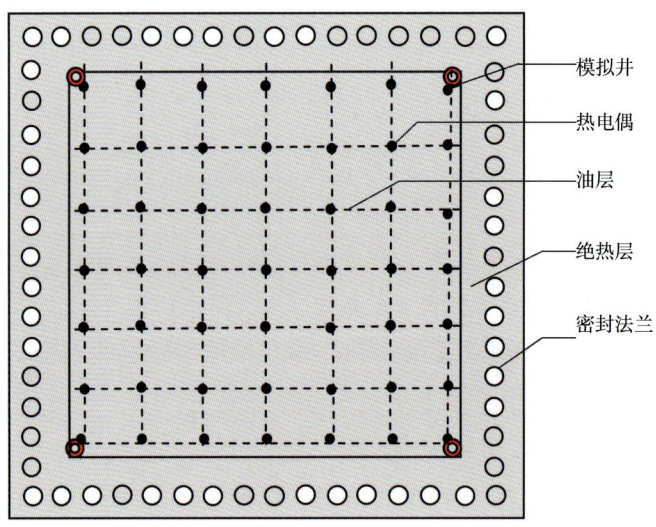

图 4-40 三维火烧油层物理模型俯视示意图

模型能最大限度地再现地层孔隙介质和流体，利用实验室内监测手段描述油藏三维可视化动态。模型可以模拟点火到燃烧推进的各个阶段及矿场的油藏管理过程。这对深入研究火烧过程中的宏观机理和过火面展布规律，及时调整注采工艺，优化注采参数，改善火驱开发效果具有重要意义。

为了研究注蒸汽后火烧油层燃烧机理，通过室内物模实验揭示注蒸汽后火驱驱动模式和燃烧前缘的三维展布规律。

2. 实验方案设计和实施

1) 实验步骤

针对新疆油田红浅 1 井区八道湾组油藏的地质特征，设计了室内实验。实验采用与地层相同的粒径配比和相同的流体。表 4-5 中给出了室内三维物理模型参数与现场原型参数之间的对应关系。

表 4-5　室内模型参数与现场原型参数间的对应关系

参数名称	模型值	地层	参数名称	模型值	地层
孔隙度（%）	38.0	25.1	注气井与边井距离（m）	0.48	60
渗透率（mD）	730	673	含油饱和度（%）	80	80
长度（m）	0.5	62.5	含水饱和度（%）	20	20
油层厚度（m）	0.08	10.0	储层原始温度（℃）	24	20
地层导热系数[W/(m·℃)]	0.65	0.65	注气速度	50L/min	2700m^3/h

参考常规的直井火烧模式，实验采用 1/4 个反九点面积井网、1 口直井注气井、3 口直井采油井，模型布井方案如图 4-41 所示。

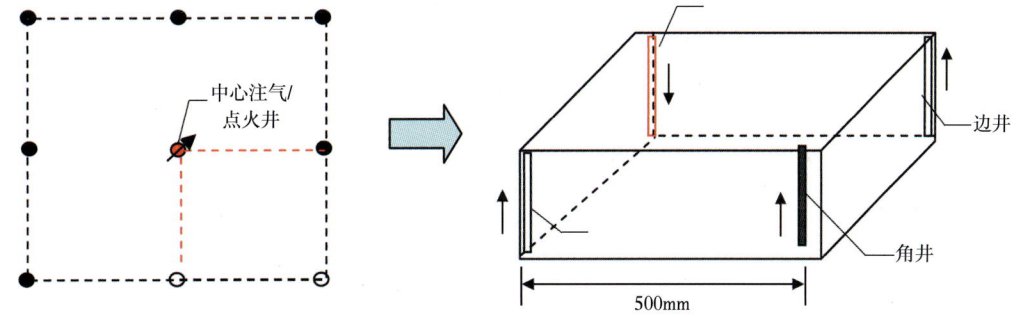

图 4-41　三维火烧物理模拟布井方式——直井组合

2) 实验步骤

（1）实验准备。

按照相似准则的要求准备合适粒径的石英砂，用于充填模型并满足渗透率要求；火驱实验采用地层实际原油，实验前测定油的黏度、密度等物性数据；检查温度传感器、差压传感器，保证其处于良好状态，必要时要进行重新标定。

（2）模型装填。

把模拟井安装到指定的接口，同时将温度传感器、差压传感器安装到模型油层的指定位置，然后向模型中装填油砂，逐层压实。在装填过程中注意保持热电偶在指定的位置不动。

（3）封装模型。

油层填砂（或油砂）结束后，盖上承压容器上盖进行封装。模型封装好以后，同时用氮气向模型的上下盖层和油层打压。将压力稳定到 5MPa，维持 3 小时后，观察压力的变化。

如有泄漏，及时更换密封接头。

（4）建立初始温度场。

模型本体连同承压容器都安装在分体式恒温箱中，设定恒温箱加热温度并持续加热40~48小时，模型内部各个点的平均温度达到预热温度后，可以开始进行火驱实验。

（5）通风预热。

将点火器边壁温度控制在400~420℃，启动点火器对油层进行加热。为了防止局部过热并使热量向注气井周围产生一定程度的扩散，在启动点火器的同时要向模型中通入一定流速的氮气。氮气通风强度的确定取决于点火器的加热功率和点火器边壁的设定温度。

（6）火驱实验。

通风结束后，关闭氮气通道，向中心注气井改注空气。适当提高点火器控制温度，一般将点火器边壁温度控制在420~450℃之间。通风强度为正常火驱强度的1/3~1/2之间，根据点火情况逐级加大通风强度，防止前期因风量过大造成点火点附近热量损失过快及点火困难。火驱过程中要保持注气井与生产井之间排气通道的畅通，保证所有生产井都具有排气能力。

3. 实验结果和燃烧—驱油特征

1) 三维模型中火驱区带识别

火驱实验灭火冷却后拆开观察模型（图4-42）。右上角为油层的上部（左上角为局部放大），其中红色箭头指示的位置为注气井或点火井，黄色箭头指示的位置为3口生产井。在点火井一侧，白色的区域为燃烧过的区域，原油全部被驱走或烧掉，只留下烧后发白的石英砂。

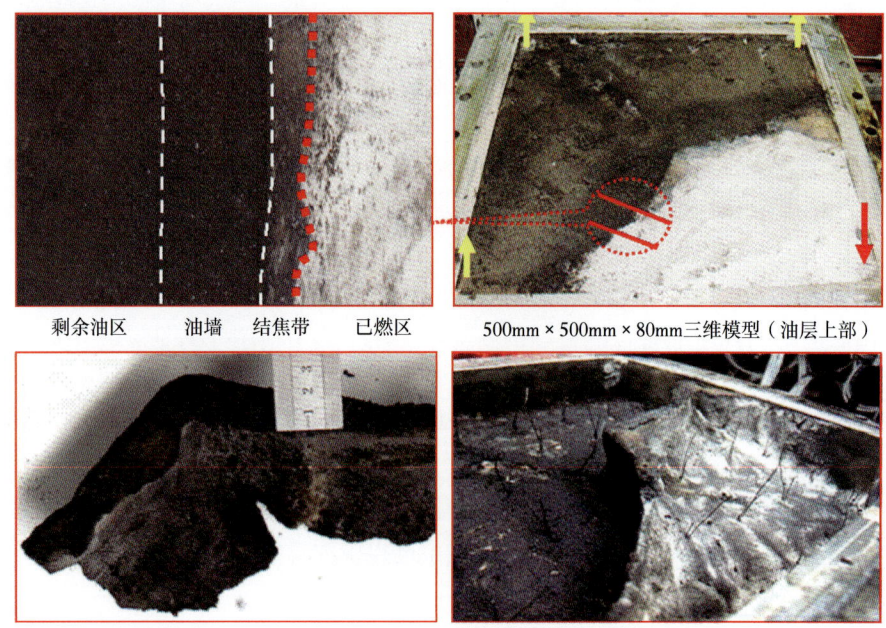

图4-42 灭火冷却后模型照片

在白色区域边缘为结焦带,结焦带之前有一条平行于它的深色条带,该条带上含油饱和度明显高于其他区域,这就是高饱和度"油墙"。在"油墙"前面是剩余油区,该区域受蒸汽的驱扫作用,其含油饱和度明显低于原始含油饱和度。

将模型已燃区的石英砂、剩余油、"油墙"部分的油砂取出,留下结焦带,测量其厚度为15~20mm,具有一定的倾角,显示了火驱过程中的超覆趋势,但是由于模型为单层均质模型,重力超覆没有明显发育。

火驱储层从空气注入端到出口端划分为如下五个区域:

(1)已燃区。燃烧带后面已经燃烧过的区域,岩心中几乎看不到原油,岩心孔隙被注入空气所饱和。由于空气在多孔介质中的渗流阻力非常小,故在实验过程中几乎测量不到压力下降。由于压力梯度很小。且由于没有原油参与氧化反应,在该区氧气浓度与注入浓度一样。

(2)"火墙"。"墙"也可以称为燃烧带,是发生高温氧化反应(燃烧)的主要区域。在该区域内氧化反应最为剧烈,氧气饱和度迅速下降,平均温度最高,该区域边界的温度变化最为剧烈,温度梯度最大。

(3)结焦带。燃烧带前缘一个小范围内,有结焦现象,灭火后的岩心在这个范围内呈现坚固的硬块,这部分可为火驱过程提供燃料。发生在该区域的氧化反应主要为低温氧化反应。在火烧驱油过程中,这个区域温度仅次于"火墙"。

该区域由于温度较高,几乎没有液相存在,只存在气相和固相。固相就是上面说的表面有固态焦化物黏附的岩石颗粒,气相是由空气中的氮气、原油被高温裂解生成的烃类气体、束缚水被就地蒸发形成的水蒸气、燃烧生成的水蒸气、一氧化碳、二氧化碳组成。由于没有液相存在,这部分在火烧驱油过程中也就形不成明显的压力降。

(4)"油墙"。结焦带前方的"油墙"主要成分为可运移的高温裂解生成的轻质原油,混合着未发生明显化学变化的原始地层原油,也包含燃烧生成的水、二氧化碳、空气中的氮气。由于这个区域含油饱和度高,含气饱和度相对较低,具有较大的渗流阻力。注入空气抵达"油墙"后,其动能被集中转化为"油墙"的势能。

(5)剩余油区。油墙的前面就是火烧油层过程中产生的二氧化碳等气体排出地层所经过的区域,即受蒸汽和烟道气驱扫形成的剩余油区。

2)火烧前缘在空间的展布特征

(1)燃烧带平面展布特征。

注气井在中下层射孔,点火初期中层温度最高,下层次之。随着空气的注入,点火成功,温度场显示中上层先着火。

随着点燃面积的扩大,注气量必须随之增加,同时调整注气压力,发现温升速度和峰值温度对压力变化非常敏感,增加注气压力,使单位体积内的分压增加,氧气浓度随之增加,氧化反应加快,燃烧达到的峰值温度也迅速加大。在此期间,油层上部温度变化很明显,可以判断内部反应很剧烈,同时上层带动中层,使燃烧反应得以良好的继续。实验观察火烧前缘地推进向边1井偏斜,边井和角井出油状况良好,注采压力差维持在1.1MPa。

随着注采参数和注入压力的调整,火烧前缘逐渐校正到对称位置,并且稳步向角井方向推进,此时达到产油高峰(图4-43)。点火185分钟后,当火烧前缘推进到对角线附近时,两口边井相继发生氧气突破,产油高峰期结束。此时关掉边井,只保留角井生产,当实验进行到250分钟时,角井产液温度达到120℃,为了更直观地观察火驱过程中各个区带的特征,采用了在三维火驱中途注氮气灭火的方法,来保留火驱中间状态下的区带特征。

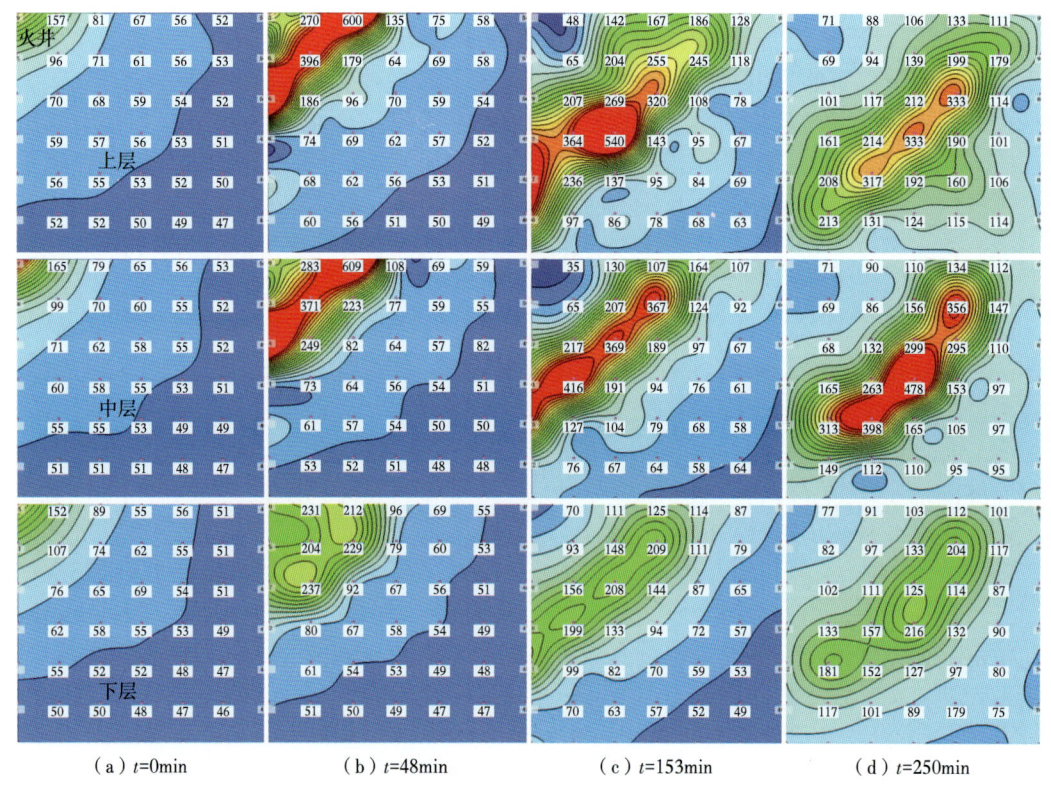

图4-43 点火器启动50分钟内的油层温度分布

(2) 燃烧带垂向展布特征。

从图4-44可以看出,火烧前缘以一定角度倾斜于垂直截面,向前行进,表现在垂向推进速度,上层最快,其次为中层和下层,结合平面上测得的温度场,说明油层中层和下层的燃烧状况明显较上层差,存在气体重力超覆现象。

从结焦带的几何形状上也能发现重力超覆现象。结焦带与垂直方向存在一个15°左右的夹角。同时,在油层的最底部也形成了约1~1.5cm的结焦带,这个结焦带在火驱后续推进过程中,无法完全燃烧。

3)"油墙"推进特征

油层的剩余含油饱和度分布一般规律(图4-45)为:油层下部大于油层中部大于油层上部。需要指出的是,打开模型以后各区带之间的压力梯度已经不复存在,各区带之间的流体会在一定程度上重新分布。因此,打开模型取样测定的"油墙"位置的含油饱和度,会比动态火驱过程中的含油饱和度低,高饱和度的范围也会有所扩大。同时"油墙"也不是垂直分布的,对应于同一个取样位置,油层上部、中部、下部的含油饱和度在有些时候可能

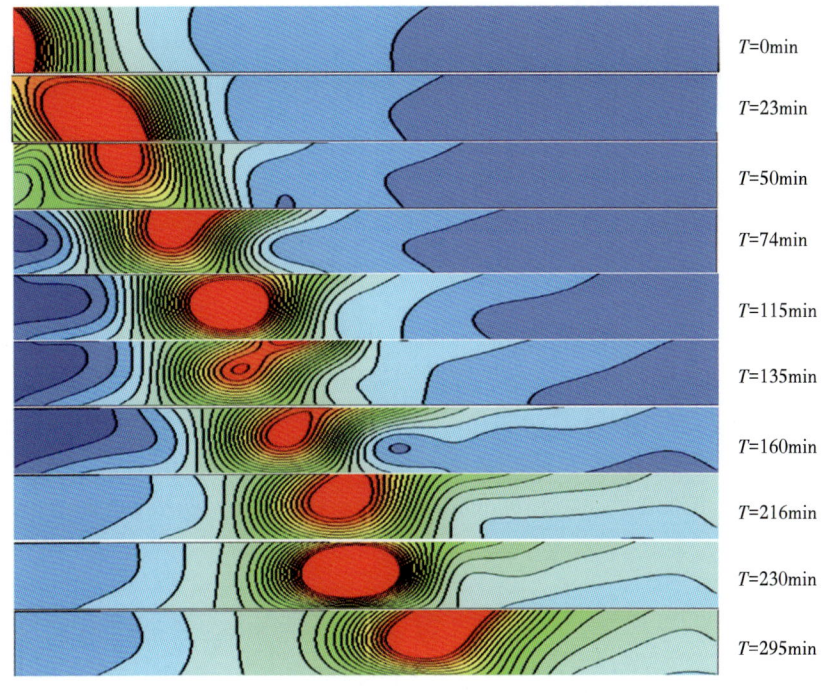

图 4-44　火烧前缘在垂向上（对角方向）的温度分布

有较大差异，如图 4-45 中序号为 7 的取样点，油层上部、中部、下部的含油饱和度分别为 0.335、0.620 和 0.521，说明油层中部的这个位置正是"油墙"所在位置，而上部的"油墙"已越过。

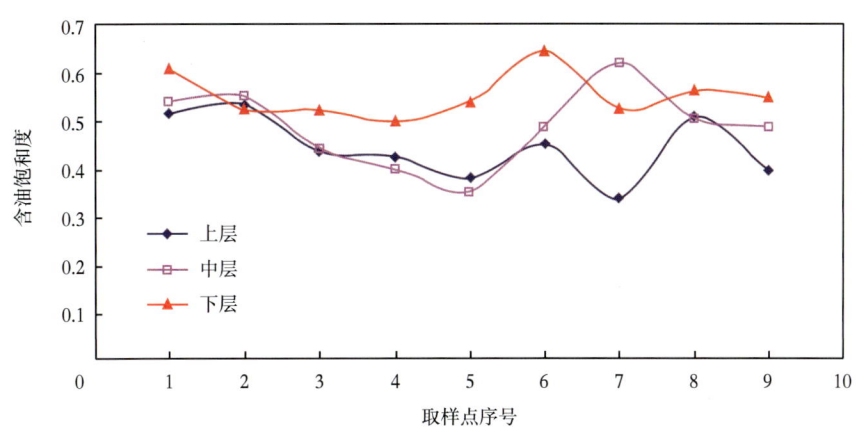

图 4-45　直井组合火驱后剩余含油饱和度分布曲线

4）三维火驱实验采收率分析

表 4-6 给出了三维火驱实验的燃烧和产油结果。

表 4-6 直井组合面积井网火驱实验结果

已燃体积（L）	9.1	占总油层体积比（%）	37.9
结焦带体积（L）	5.4	占总油层体积比（%）	22.5
未燃体积（L）	9.5	占总油层体积比（%）	39.6
边1井产油（mL）	633.6	角井产油（mL）	2596
边2井产油（mL）	966	总产油（L）	4.196
点火后注入空气（L）	5693	气油比（L/L）	1357
前缘推进速度 v（cm/min）	0.453	总的采收率（%OOIP）	65.56

实验结束后打开模型，观察各个区带（图4-46）并进行测量，结焦带占据了储层总体积中相当大的比例。在已燃区域，模型底部有大量焦结未能燃烧掉的焦炭，还能看到比较清晰的梯田状痕迹，距离注气井越远，模型底部结焦越厚，这是由于燃烧前缘的超覆作用所致。尽管已燃区体积只有37.9%，已燃区和结焦带的体积总和为60.4%，但最终采收率却达到了65%。说明结焦带的含油饱和度非常低，剩余油区的含油饱和度也远低于原始含油饱和度。

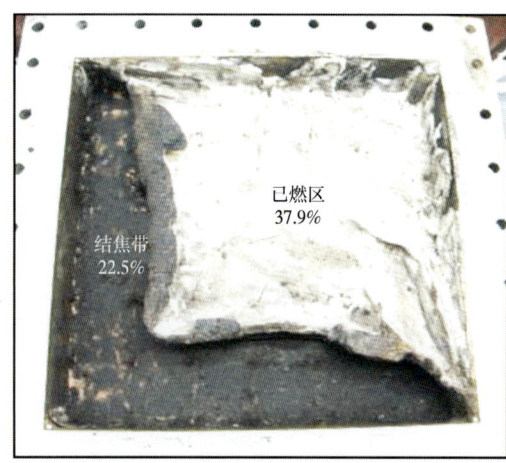 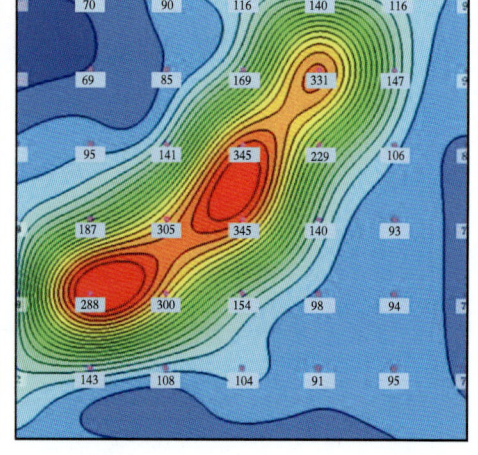

(a) 模型俯视图　　　　　　　　　　(b) 实验过程中已燃区带形状（用温度等值线标定）

图 4-46 三维火驱油层的燃烧状况

实验在燃烧带热前缘尚未突破到角井时结束，65%的采收率不是火驱最终采收率，根据对温度场、饱和度场发育的趋势推断，预计其最终采收率为75%~80%。

4. 注蒸汽后火驱的多重驱替机理

观察温度分布平面图（图4-43）可以发现，在燃烧前缘达到之前，油层就已经升温但是其温度处于120℃左右，这是燃烧产生水蒸气和原地水受热汽化后受烟道气推动向前传播的结果，而且在纵向上，上层的传播速度更快，这是重力分异造成的结果。

对角方向的燃烧前缘（图4-44）更能清晰地展示出在水蒸气向前驱动原油的特征，尤其从160~295分钟的时间段内，燃烧前缘还没有波及此处，但是蒸汽带下部的冷油带在逐步缩小，说明注蒸汽后火驱的一个重要机理是蒸汽在整个火驱过程中起到了传递热量、逐层剥离冷油的作用。

通过以上研究综合分析，认为火驱提高采收率以混合气体穿过"火墙"和结焦带推动"油墙"为主要驱油机理，烟气是"油墙"和蒸汽向前运动的原动力，由于未燃区油水黏度差较大，导致主要的渗流通道是含水饱和度较高的通道，这是注蒸汽后火驱存在较长排水阶段的原因。

其次，是"油墙"及其前缘附近的蒸汽驱作用，蒸汽主要起到了传递燃烧热量和剥离剩余油区原油的作用，蒸汽冷凝后的热水与未燃区内的油水混合后被烟气携带至生产井。

综上，火驱产油是蒸汽剥离、烟气携带和燃烧乳化降黏多重作用的结果，且各机理交织在整个火驱系统中不能简单地分割看待。"油墙"和前面的蒸汽冷凝带受到烟气推动力，而烟气优先通过储层上方区域和高渗透区，这就要求汽—水道+烟道在火驱过程中尽量统一，以保证火驱发挥最大的驱替效果。

火驱现场试验过程中尤其要注意高渗透条带等通道对火驱整体效果的影响，火驱方案设计时应加强对高渗透通道的识别和避射等工程措施预案的设计。

第五章 火驱油藏工程设计

油气藏工程是一门在总体上认识和分析油气藏的技术学科,它综合应用地球物理、油藏地质、油层物理、渗流力学及采油工程等方面的成果,设计和评价油气藏开发方案,揭示油气藏开采机理,应用简洁而有效的方法分析和预测油气藏的开发动态,并由此提出相应的技术措施。

火驱油藏工程设计不同于常规开发方式的油藏工程设计,火驱一般应用于具有一定热采开发历史的区块,必须基于原有井网,基于流体及热连通通道分析,然后展开油藏工程设计。火驱油藏工程优化设计主要包含先导性试验区的生产动态历史拟合、转火驱开发井网的确定、注采参数的优化设计、油藏地质参数对火驱的影响、单井产能论证等方面内容。由于转火驱生产要尽可能利用注蒸汽开发时的老井网,因此火驱油藏工程设计特别是开发井网的设计时,必须结合稠油油藏注蒸汽后的储层特征和现有井网条件。

本章主要基于前述火驱物理模拟结果,运用油藏工程分析方法,利用数值模拟技术论证新疆红山嘴油田红浅1井区火驱可行性、井网优化、注采优化等火驱油藏工程设计方案。

第一节 火驱数值模拟技术

一、火驱数学模型发展

火驱数值模拟比注蒸汽驱更难,许多化学反应和相态之间的频繁变换大幅增加了控制方程的数目,因此比较完善的火驱数值模拟也比注蒸汽驱出现得晚,它也同样经历一段由简单到复杂的发展阶段,火驱数值模拟的发展是由一维逐步发展成二维和三维的,相数一般为三相(气、油、水)或四相(气、油、水、固);组分数有四种,多至七种,有些组分可存在于一相或两相之中。化学反应数由最简单的一种至最复杂的四种,是否考虑油藏岩石和流体性质及重力、毛细管力的影响因素,使得数值模拟使用范围和预测效果各有差异,发展到现在已有适用于各种热采方法的多用途数值模拟。

从研究者的关注度上来看,数值模拟的研究和物理模拟有类似的规律。在一些引进商业化的油藏数值模拟软件中(如 STARS)也加入了燃烧过程的数学模型。但是总体而言,实际应用的效果并不理想。尽管在经济性上数值模拟是成本最低的研究手段,但面临的困难也很多。因此,从对火驱基本规律进行探索的角度讲,在目前条件下,室内实验研究辅助现场试验研究的方式是最合适的。

火驱的数学模型最初是于1963年由托马斯和朱杰分别提出的二维火驱数学模型。后续又有一些模型提出,模型的组分有所增减,基本都是二维模型。

直到1979年格拉博斯基(Grabowski)提出了名为 ISCOM 的全隐式通用的热采数学模型。该模型既可以模拟火驱工艺过程,又可应用于注蒸汽工艺过程,该模型可处理一维、二维及三维问题,随后陆续又有一些模型发表,火驱数学模型基本成熟。表5-1是按时间先后顺序排列的火驱数值模拟特性。随着对火驱工艺过程的认识逐步深化，特别是对化学反应的正确模拟，它的数值模拟将会越来越符合现场实际情况。

表 5-1 火驱数值模拟模型特性一览表

模型创始人，年份	维数	相数	组分数 油相	组分数 气相	化学反应数	动力学定律	重力毛细管力	原油蒸馏	气溶于油	备注
托马斯，1963	2								否	解析解，常物性
朱杰，1963	2									汽化冷凝作用
戈特弗赖德，1965	1	3			1			否	否	
库奥，1968										两个温度前缘
史密斯，法鲁克，1971	2	3	1	3	1	是	是	否	是	孤立井网
法鲁克，1977	2	3	1	3	1	是	是	否	否	IMPES
克鲁格斯顿，1979	2	4	2	5	4	是	是	是	否	ISCOM，通用
格拉博斯基，1979	3	4	n	n	n	是	是	是	否	通用
杨格伦，1980	3	3	1	4	1	否	是	可能	可能	
柯茨，1980	3	4	n	n	n	是	是	是	否	
夏本·宏，1987		4	2	5						

二、火驱数学模型的基本特点

1. 原油组分的简化处理

原油是一种混合物，由不同的组分组成。各组分的性质变化影响到原油的性质，这种变化通常会体现在原油的物性参数上，如原油的分子量、黏度、密度、碳氢比、饱和蒸汽压等。外界的条件改变后（如压力和温度等），这些参数通常会发生变化。在火驱的过程中，原油的性质是不断变化的。特别是在原油的蒸发和凝结过程中，原油的性质变化最大，这种变化通常从原油密度变化中体现。

在建立火驱数值模型时，可将原油假设为由两种组分组成的混合物，这两种组分分别是：轻质油组分，代表原油中最轻的组分；重质油组分，代表原油中最重的组分。这两种组分具有独立的性质，互不干扰，通过不同的混合比例体现原油的不同性质。这样可以简化模型，节省计算时间和降低对计算机的要求。

2. 用基本变量表示气体组分

火驱过程中存在着很多复杂的相态变化，如随着温度的升高，油层中的水和轻质挥发油会由液相变为气相，这个过程中密度、体积等参数的变化很大，如果处理不好，会影响到数值模拟求解的稳定性。在数值模型中，基本变量取气体的摩尔分数，通过这样处理可以提高求解的稳定性。通过将方程互带消去变量，能够解决将水蒸气和油蒸气的摩尔分数都作为基本变量而增加的变量个数问题。

三、火驱的数学模型

目前已经建立了许多火驱的数学模型，有许多模型是三维的，而且包括了油、水、气和固四相，而固相一般认为是焦炭。为描述火驱过程，还包括了多种成分，如水、氧气，以及惰性气体包括二氧化碳和氮气。焦炭和至少具有两种组分组成的原油，并假设化学反应包括原油的低温氧化反应、原油的热裂解、焦炭的燃烧及原油的高温氧化反应等。

这里介绍的是日本的夏本·宏开发的四相七组分数值模型。建立模型时，假设在火驱过程中，原油中的轻质组分在温度升高或降低时发生汽化、冷凝现象，重质烃既不会汽化又不会冷凝。重质组分在高温条件下氧化燃烧、裂解，裂解后产生的焦炭氧化燃烧，轻质烃既不发生裂解又不燃烧，不考虑岩石骨架中其他沉积物的燃烧；焦炭会吸附在岩石骨架的表面，不考虑它的流动过程；多相渗流服从达西定律；不考虑原油的低温氧化反应。

为了建模方便，该模型将原油简化为油 1 和油 2 两种组分。气相包括 O_2、CO_x、H_2O、油$_1$、油$_2$ 和 N_2，其中 CO_x 为 CO 与 2CO 按一定比例形成的混合物，并且忽略 xCO 的液化量。水相为 $2H_2O$，固相为焦炭。数学模型的相与组分参数见表 5-2。

表 5-2 相与组分关系表

相	饱和度	组分	摩尔分数
气相	S_g	1 O_2	y_1
		2 CO_x	y_2
		3 H_2O	y_3
		4 油 1	y_{41}
		5 油 2	y_{42}
		6 N_2	y_5
水相	S_w	3 H_2O	1
油相	S_o	4 油 1	x_1
		5 油 2	x_2
固相	φ_c	7 焦炭	

模型中的基本变量有 14 个，根据各个参数的一些内在关系进行简化，最终采用的独立变量为 p、T、y_1、y_2、y_3、y_4、y_5、x_1、S_g、S_w 共 10 个。

1. 各组分的质量守恒方程

现介绍各相各组分的质量守恒方程。

氧气的质量守恒方程：

$$\frac{\partial}{\partial t}(\phi S_g c_g y_1) = \nabla \cdot \left(c_g y_1 \frac{K_g}{\mu_g} \nabla p \right) - (\alpha_{l1} R_{c1} + \alpha_{31} R_{c2}) + (Q_{O_2} - Q_{gp} y_1)/V \quad (5-1)$$

CO_x 的质量守恒方程：

$$\frac{\partial}{\partial t}(\phi S_g c_g y_2) = \nabla \cdot \left(c_g y_2 \frac{K_g}{\mu_g} \nabla p \right) - (\alpha_{l2} R_{c1} + \alpha_{32} R_{c2}) - (Q_{gp} y_2)/V \quad (5-2)$$

水蒸气的质量守恒方程：

$$\frac{\partial y_3}{\partial t} = \frac{\partial}{\partial t}\left(\frac{p_{satw}}{p}\right) \tag{5-3}$$

油蒸气的质量守恒方程：

$$\frac{\partial y_4}{\partial t} = \frac{\partial}{\partial t}\left(\frac{p_{sato}}{p}\right) \tag{5-4}$$

氮气的质量守恒方程：

$$\frac{\partial}{\partial t}(\phi S_g c_g y_5) = \nabla \cdot \left(c_g y_5 \frac{K_g}{\mu_\sigma}\nabla p\right) + (Q_{N_2} - Q_{gp}y_5)/V \tag{5-5}$$

水的质量守恒方程：

$$\frac{\partial}{\partial t}[\phi(S_g c_g y_3 + S_w c_w)] = \nabla \cdot \left[\left(c_g y_3 \frac{K_g}{\mu_g} + c_w \frac{K_w}{\mu_w}\right)\nabla p\right] + (\alpha_{13}R_{c1} + \alpha_{33}R_{c2}) - (Q_{gp}y_3 + Q_{wp})/V \tag{5-6}$$

油1的质量守恒方程：

$$\frac{\partial}{\partial t}[\phi(S_g c_g y_{41} + S_o c_o x_1)] = \nabla \cdot \left[\left(c_g y_{41}\frac{K_g}{\mu_g} + c_o x_1 \frac{K_o}{\mu_o}\right)\nabla p\right] + (\alpha_{21}R_{c2} + x_1 R_{c1}) - (Q_{gp}y_{41} + Q_{op}x_1)/V \tag{5-7}$$

油2的质量守恒方程：

$$\frac{\partial}{\partial t}[\phi(S_g c_g y_{42} + S_o c_o x_2)] = \nabla \cdot \left[\left(c_g y_{42}\frac{K_g}{\mu_g} + c_o x_2 \frac{K_o}{\mu_o}\right)\nabla p\right] + (R_{c2} + x_2 R_{c1}) - (Q_{gp}y_{42} + Q_{op}x_2)/V \tag{5-8}$$

式中 l_o、l_g、l_w——分别为油相、气相、水相的摩尔浓度，mol/m^3；

k_o、k_g、k_w——分别为油相、气相、水相的绝对渗透率，mD；

μ_g、μ_o、μ_w——分别为油相、气相、水相的地下黏度，$mPa \cdot s$；

R_{c1}、R_{c2}——分别为氧化反应和燃烧反应的反应速率，$mol/(L \cdot s)$；

Q_{gp}——气体的产出速率，mol/s；

Q_{O_2}——O_2气体的注入速率，mol/s；

Q_{op}——油的产出速率，mol/s；

Q_{N_2}——N_2气体的注入速率，mol/s；

ϕ——孔隙度，无量纲；

Q_{wp}——水的产出速率，mol/s；

p_{satw}、p_{sato}——水、油的饱和蒸气压，Pa。

2. 能量守恒方程

将油层视为一个封闭系统，各种能量能够相互转化，但是总能量保持恒定，该系统的能量守恒方程为

$$\frac{\partial}{\partial t}[\phi(S_g c_g U_g + S_w c_w U_w + S_o c_o U_o) + U_r] = \nabla \cdot \left[\left(c_g h_g \frac{K_g}{\mu_g} + c_w h_w \frac{K_w}{\mu_w} + c_o h_o \frac{K_o}{\mu_o}\right)\nabla p\right] +$$
$$H_{r1} R_{c1} + H_{r2} R_{c2} + \nabla \cdot (\lambda \nabla T) + (Q_e - Q_{ep} - Q_{eL})/V \qquad (5-9)$$

式中 U_o、U_g、U_r、U_w——分别为气、油、岩石和水的内能，J/mol；

h_g、h_o、h_w——分别为气、油、水的比焓，J/mol；

H_{r1}、H_{r2}——分别为氧化反应、燃烧反应的反应焓，J/mol；

Q_e、Q_{eL}、Q_{ep}——分别为能量的注入量、损失量及产出量，W；

λ——导热系数，W/(m·K)。

3．其他辅助方程

1）饱和度方程

饱和度方程为
$$S_g + S_w + S_o = 1 \qquad (5-10)$$

2）孔隙度方程

模型中只考虑压力对孔隙度的影响，忽略温度的影响，原油发生裂解反应生成的焦炭将在岩石上沉积，从而导致油层孔隙度的降低，油层孔隙度的计算式为

$$\phi = \phi_0[1 + C_r(p - p_{o0})] - \phi_c \qquad (5-11)$$

式中 C_r——岩石的压缩率，1/Pa；

p_{o0}——基准压力，Pa。

焦炭在岩石中所占的相对孔隙度 ϕ_c：

$$\phi_c = \frac{M_c}{\rho_c V} W_c \qquad (5-12)$$

式中 M_c——焦炭的摩尔质量，kg/mol；

ρ_c——焦炭的密度，kg/m³；

W_c——焦炭的物质的量，mol。

3）相对渗透率

油相和水相间的相对渗透率与液相和气相间的相对渗透率：

$$K_{row} = (K_{row0} + \Delta K_{row})/(1 + \Delta K_{row}) \qquad (5-13)$$

$$K_{rog} = (K_{rog0} + \Delta K_{rog})/(1 + \Delta K_{rog}) \qquad (5-14)$$

三相中油的相对渗透率可表示为

$$K_{ro} = (K_{rog} + \Delta K_{rg})(K_{row} + K_{rw}) - (K_{rw} + K_{rg}) \qquad (5-15)$$

4）各组分的物质的量浓度

根据理想气体状态方程，气体的密度与压力、温度及压缩因子具有以下关系：

$$\rho_g = p/ZRT \tag{5-16}$$

在标准状态下：$\rho_{o0} = c_{o0}M_o$，所以，$\rho_{o0} = \rho_{o0}M^{-1}$。

水的物质的量浓度与压力和温度的关系如下：

$$c_w = c_{w0}\{[1 - \beta_w(T - T_{o0}) + C_w(p - p_{o0})]\} \tag{5-17}$$

式中 　Z——气体压缩因子，无因次；

　　　R——气体通用常数，J/(mol·K)；

　　　p_{o0}——标准状态压力，Pa；

　　　T_{o0}——标准状态温度，K；

　　　c_{w0}——基准压力和基准温度下水的物质的量浓度，mol/m³；

　　　β_{w0}——水的热膨胀系数，1/℃；

　　　C_{w0}——水的压缩系数，1/MPa。

油蒸气的密度与原油的密度和温度关系的经验关系式：

$$\rho_{og} = -398.33 + 1.267\rho_{o0} + 0.10021T \tag{5-18}$$

原油物质的量浓度关系式如下所示：

$$c_o = c_{o0}[1 - \beta_o(T - T_{o0}) + C_o(p - p_{o0})] \tag{5-19}$$

标准状态下原油物质的量浓度与模型中油的摩尔分数的关系为

$$c_{o0} = 1/(x_1/c_{o1} + x_2/c_{o2}) \tag{5-20}$$

式中 　c_{o1}——油 1 的物质的量浓度，mol/m³；

　　　c_{o2}——油 2 的物质的量浓度，mol/m³；

　　　ρ_{og}——标准状态下气体的密度，kg/m³。

5）油的摩尔分数

本模型中，假设原油是由油 1 和油 2 两种组分组成的混合物，用下式表示：

$$x_{o_1} + x_{o_2} = 1 \tag{5-21}$$

6）油蒸气的饱和蒸气压

油蒸气的饱和蒸气压是原油密度及温度的函数，经验关系式为

$$p_{sato} = a + b(T - 273.15)^3 \tag{5-22}$$

系数 a、b 值可由下式求得

$$a = 1/(8.8886 \times 10^{-2} - 1.861 \times 10^{-4}\rho_{o0} + 9.776 \times 10^{-8}\rho_{o0}^2) \tag{5-23}$$

$$b = \exp\left(\frac{28741}{\rho_{o0}} - 36.098\right) \tag{5-24}$$

根据水的饱和蒸气压表可以查得水的饱和蒸气压 p_{satw}。

7) 气体的摩尔分数平衡方程

油蒸气的气相摩尔分数可由汽化后油蒸气的密度及油蒸气的总摩尔分数计算：

$$y_{41} = \frac{\rho_{o2} - \rho_{og}}{(\rho_{o2} - c_{o2}M_{o1}) - (1 - c_{o2}/c_{o1})\rho_{og}} y_4 \tag{5-25}$$

$$y_{42} = y_4 - y_{41} \tag{5-26}$$

$$\sum_{i=1}^{5} \frac{\partial y_i}{\partial t} = 0 \tag{5-27}$$

8) 油相的摩尔质量及 H/C 比

油蒸汽的摩尔质量可以用下式求得

$$M_4 = M_{o1}\frac{y_{41}}{y_4} + M_{o2}\frac{y_{42}}{y_4} \tag{5-28}$$

原油的摩尔质量为

$$M_4 = M_{o1}x_1 + M_{o2}x_2 \tag{5-29}$$

原油的氢碳原子比用下式求得

$$n = n_1 x_{o_{21}} + n_2 x_{o_{22}} \tag{5-30}$$

式中 M_{o1}——油1的摩尔质量，kg/mol；

M_{o2}——油2的摩尔质量，kg/mol；

n_1——油1的 H/C 原子比；

n_2——油2的 H/C 原子比。

9) 黏度

气相的黏度比液体小得多，一般情况下在 0.01mPa·s 左右。假设气相的黏度和压力、组分无关，可按照下式计算：

$$\mu_g = 0.0136 + 3.8 \times 10^{-5}(T - 273) \tag{5-31}$$

水相的黏度可以通过实验测得，也可以用如下关系式：

$$\mu_w = A \cdot \exp^{B/T} \tag{5-32}$$

假设油有 i 种组分构成，油相的黏度公式为

$$\ln(\mu_o) = \sum_{i=1}^{n} x_i \ln(\mu_{oi}) \tag{5-33}$$

式中 μ_{oi}——油相中各组分的地下黏度，mPa·s；

A、B——系数。

10) 内能和反应焓

气相、水相及油相的内能分别为

$$U_g = \left(\sum_{i=1}^{5} y_i C_{vg} M_g\right)(T - T_{o0}) \tag{5-34}$$

$$U_w = C_{vw} M_w (T - T_{o0}) \tag{5-35}$$

$$U_o = C_{vo} M_o (T - T_{o0}) \tag{5-36}$$

$$U_r = C_{vr}(1 - \phi)(T - T_{o0}) \tag{5-37}$$

式中 C_o、C_g、C_w、C_r——分别为油相、气相、水相和岩石的比热容，J/(kg·K)。

高温氧化反应焓可表示为

$$H_j = U_j + p/c_j \quad (j = g, w, o) \tag{5-38}$$

4. 化学反应

在火驱工艺中，油层中发生的化学反应有燃料的燃烧反应与重质油的裂解反应两种。燃料的燃烧反应包括原油组分的燃烧与焦炭的燃烧。重质油的裂解反应是原油中的重质组分受热分解生成焦炭的反应。在此模型中忽略了低温氧化反应。

1）氧化反应

氧化反应化学方程式

$$(CH_n)_m + a_{11}O_2 \longrightarrow a_{12}CO_x + a_{13}H_2O \tag{5-39}$$

式中 n——原油中氢碳原子比；
m——碳原子的个数。

可由下式求得

$$m = 1000M_o / (1000M_{o0} + n) \tag{5-40}$$

其他的系数为

$$a_{11} = \left(\frac{2 + \beta}{2 + 2\beta} + \frac{n}{4}\right)m \tag{5-41}$$

$$a_{12} = m \tag{5-42}$$

$$a_{13} = m \cdot \frac{n}{2} \tag{5-43}$$

式中 m——CO 和 CO_2 的摩尔数比。

反应速度的测定可由下式确定：

$$R_{c1} = A_1(y_1 p)^{1/2} \phi S_o c_o \exp\left(-\frac{E_1}{RT}\right) \tag{5-44}$$

式中 A_1——氧化反应的预幂率指数；
E_1——氧化反应活化能，可根据实验测定，J/mol。

化学反应的发热量为

$$H_{r1} = 4.18605 \times 10^6 \left(\frac{94 + 26.15\beta}{1 + \beta} + 31.175n\right)m \tag{5-45}$$

2) 重质油的裂解反应

重质油的裂解反应化学方程式:

$$(CH_{n2})_{m3} \longrightarrow a_{21}(CH_{n1})_{m1} + a_{22}(CH_{nc})_{mc} \tag{5-46}$$

式中 n_i ($i=1,2,c$)——分别为轻质油油1、重质油油2及焦炭的氢碳原子比;

m_i ($i=1,2,c$)——分别为轻质油油1、重质油油2及焦炭的碳原子数。

$$a_{21} = \frac{m_1}{m_2}\frac{n_c - n_2}{n_c - n_1} \tag{5-47}$$

$$a_{22} = \frac{m_2}{m_c}\left(1 - \frac{n_c - n_2}{n_c - n_1}\right) \tag{5-48}$$

其热分解速度可表示为

$$R_{c2} = A_2 \phi S_o c_o x_2 e^{-\frac{E_2}{RT}}/a_{21} \tag{5-49}$$

式中 A_2——裂解反应的预幂率指数;

E_2——裂解反应活化能,可根据实验测定,J/mol。

3) 焦炭的燃烧反应

焦炭的燃烧反应化学方程式:

$$(CH_{nc})_{mc} + a_{31}O_2 \longrightarrow a_{32}CO_x + a_{33}H_2O \tag{5-50}$$

其他系数为

$$a_{31} = \left(\frac{2+\beta}{2+2\beta} + \frac{n_c}{4}\right)m_c \tag{5-51}$$

$$a_{32} = m_c \tag{5-52}$$

$$a_{33} = \frac{n_c}{2}m_c \tag{5-53}$$

其燃烧的反应速度为

$$R_{c3} = A_3 y_1 p W_c \exp\left(-\frac{E_3}{RT}\right) \tag{5-54}$$

式中 A_3——焦炭燃烧反应的预幂率指数;

E_3——裂解反应活化能,可根据实验测定,J/mol。

焦炭燃烧的发热量为

$$H_{r3} = 4.18605 \times 10^6 \left(\frac{94 + 26.15\beta}{1+\beta} + 31.175n_c\right)m_c \tag{5-55}$$

火驱数值模拟包括化学反应动力学、热力学、渗流力学和地质力学模型四个选项,同时又定义复杂的化学反应来计算火驱过程中活化能、反应速率和熵焓的变化,模型模拟从开始点火到燃烧及后续火驱进程等整个过程中的油藏温度、压力、饱和度及各组分含量的变化。油藏数值模拟发展速度很快，现在逐渐向大型化、一体化及自适应化的方向发展，如 Eclipse、CMG 等模型，尤其是 CMG 数模软件用于稠油模型比其他软件的优势更明显。

第二节　红浅1井区火驱模型的建立与评价

一、热采油藏数值模型

热采油藏数值模拟一般采用加拿大商业软件 CMG 的 STARS 模块。为了研究红浅 1 井区的注蒸汽历史，首先建立了三相二组分的注蒸汽开发模型，其基本假设条件为油藏中存在油相、水相和气相三种相态，组分包括水、油两个组分。对注蒸汽开发历史进行了拟合。在注蒸汽开发拟合的油藏参数基础上，建立火烧油层数值模型（图 5-1），该模型共有网格数为 82×25×15=30750 个，网格步长为 10m×10m×0.8m。再结合室内实验与现场试验数据的拟合结果，对火驱可采储量和采收率进行预测。

采用的火驱油藏数值模型是四相七组分的 Classic 模型，其基本假设条为油藏中存在气相、水相、油相和固相共四种相态，组分包括水、重质油、轻质油、CO_2、N_2/CO、O_2、焦炭共七个组分，化学反应包括重油裂解、重质油燃烧、轻质油燃烧和焦炭燃烧四个化学反应。

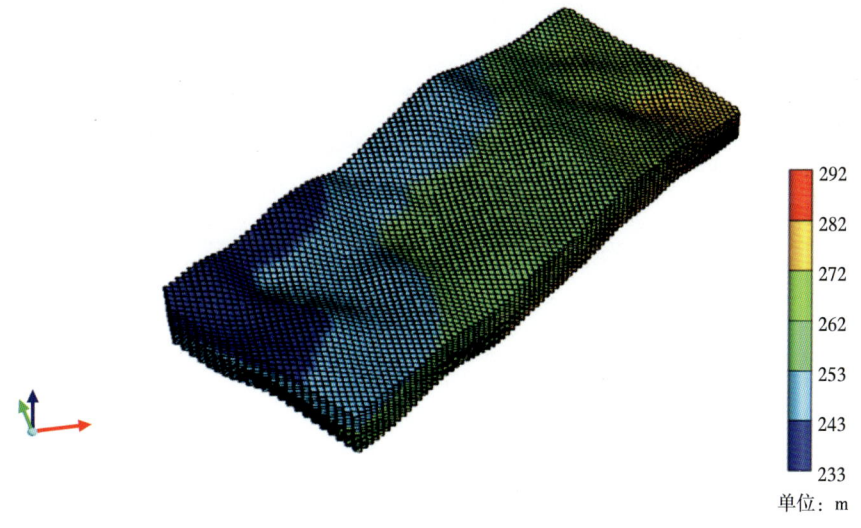

图 5-1　红浅 1 井区试验区的油藏数值模型

二、蒸汽吞吐生产动态历史拟合

试验区于 1991 年 7 月投入蒸汽吞吐开发，截至 1998 年底，90% 的生产井上返至齐古组生产；到 2000 年底，仅有 3~4 口生产井在生产，但产量已很低。在根据试验区实际资料建立的精细油藏模型上，对试验区八道湾组生产井的蒸汽吞吐动态进行历史拟合，共包括了 124 口生产井。蒸汽吞吐阶段历史拟合采取的工作制度是给定每口井各周期的最大产液量和最小井底流压，主要拟合指标为产液量、产油量和平均油藏压力。

1. 注蒸汽参数拟合

在吞吐阶段的历史拟合过程中,各井各周期的注蒸汽量、注蒸汽速度、注蒸汽时间和焖井时间是确定的,均按实际数据输入模型中,但由于井筒热损失不易确定,井底蒸汽干度是未知的,因而需要通过历史拟合确定。通过历史拟合得到蒸汽吞吐的干度在40%左右。

2. 产液量和产油量的拟合

产液量的拟合是在给定各周期的最大产液速度和最低流压下进行的。在产液量的拟合中,主要调整了最低流压和岩石的压缩系数。在产液量拟合的基础上,主要通过调整相对渗透率曲线,来拟合产油量。

表5-3是模拟区的累计产液量、累计产油量的拟合结果,图5-2、图5-3分别是模拟区的产液量、产油量的拟合曲线。可以看出,拟合结果总体较好,模拟值与实际值的误差较小,累计产液量、产油量的最大误差为4.4%。

表5-3 模拟区域内生产动态的历史拟合结果

范围	累计产油量			累计产液量		
	实际(10^4t)	拟合(10^4t)	误差(%)	实际(10^4t)	拟合(10^4t)	误差(%)
模拟研究区	36.2	34.6	-4.4	180.9	180.2	0.4

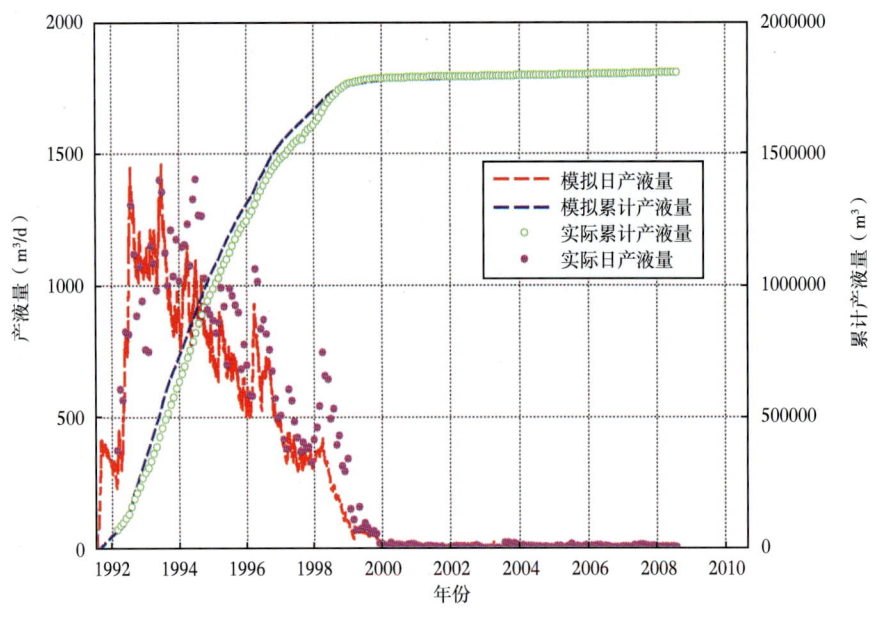

图5-2 模拟研究区域产液量动态的拟合曲线图

各井的产液量和产油量拟合结果中,有85%的生产井的拟合误差在10%以下,有15%的井拟合误差为20%,能够正确地反映注蒸汽后的油藏特征。

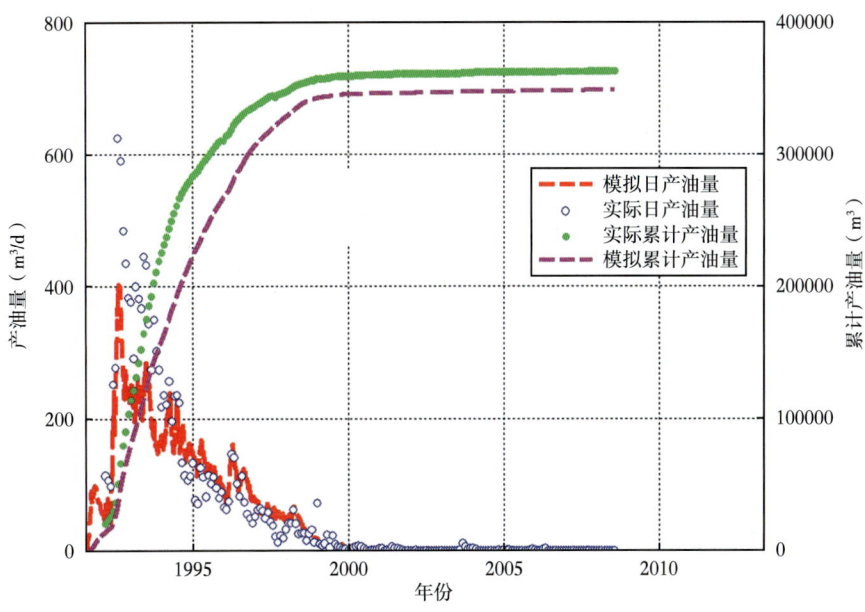

图 5-3　模拟研究区域产油量动态的拟合曲线

3. 压力拟合

在注采量拟合的基础上，对压力进行了拟合（图 5-4），根据历史拟合结果，可以看出，拟合末期试验区的平均油层压力已降至 2.7MPa。因红浅 1 井区在开发过程中，压力测试数据很少，无法与实际测试数据对比。

图 5-4　模拟研究区域油层压力的曲线

历史拟合结果表明，注汽量、产液量、产油量拟合精度比较高，模拟计算的生产动态与实际动态吻合得也比较好，所以本次历史拟合是成功的。

通过历史拟合修正了油藏参数，使油藏模型更加合理，更能代表实际的油藏特征，为火烧驱油的参数优化和动态预测提供了可靠的基础。通过历史拟合修正后的相对渗透率曲线参数见表5-4及主要油藏参数见表5-5。

表5-4 历史拟合后的饱和度和相对渗透率端点值

温度（℃）	S_{wr}	S_{row}	S_{gr}	S_{rog}	K_{rwro}	K_{row}	K_{rgw}
17	0.27	0.26	0.01	0.15	0.050	1.00	0.14
177	0.28	0.23	0.01	0.11	0.055	1.00	0.14
337	0.30	0.20	0.01	0.08	0.060	1.00	0.14

注：N_w：3.6；N_{ow}：1.6；N_{og}：1.6；N_g：1.6。

表5-5 历史拟合后确定的主要油藏参数

油藏参数	数值
平均初始油层压力（MPa）	6.4
初始含油饱和度	0.65~0.73
岩石压缩系数（1/MPa）	2.7×10^{-2}
油层岩石热熔 [kJ/(m³·℃)]	2280
油层岩石导热系数 [kJ/(m·d·℃)]	150

三、蒸汽吞吐后次生水体对火驱的影响

红浅1井区八道湾组储层先期进行过蒸汽吞吐，局部区域还进行过蒸汽驱，平均采出程度约为30%，地层中含有大量的次生水体。根据数值模拟历史拟合结果，其井间剩余油饱和度为60%左右，近井地带剩余油饱和度约为40%（图5-5）。

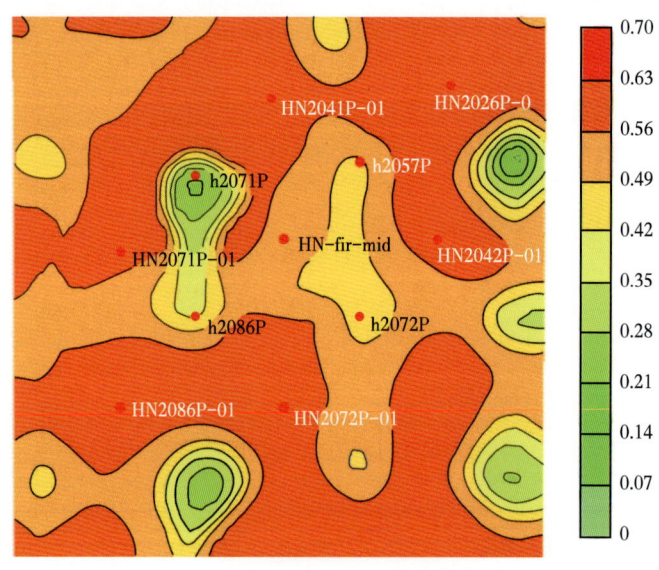

图5-5 火驱试验区吞吐后剩余油饱和度场图

从火驱试验区吞吐后饱和度场图（图5-5）可以看出，吞吐开发后的次生水体主要集中在生产井附近。对红浅1井区吞吐开发后和原始油藏条件下的火驱开发效果进行对比研究（图5-6、图5-7、图5-8）。

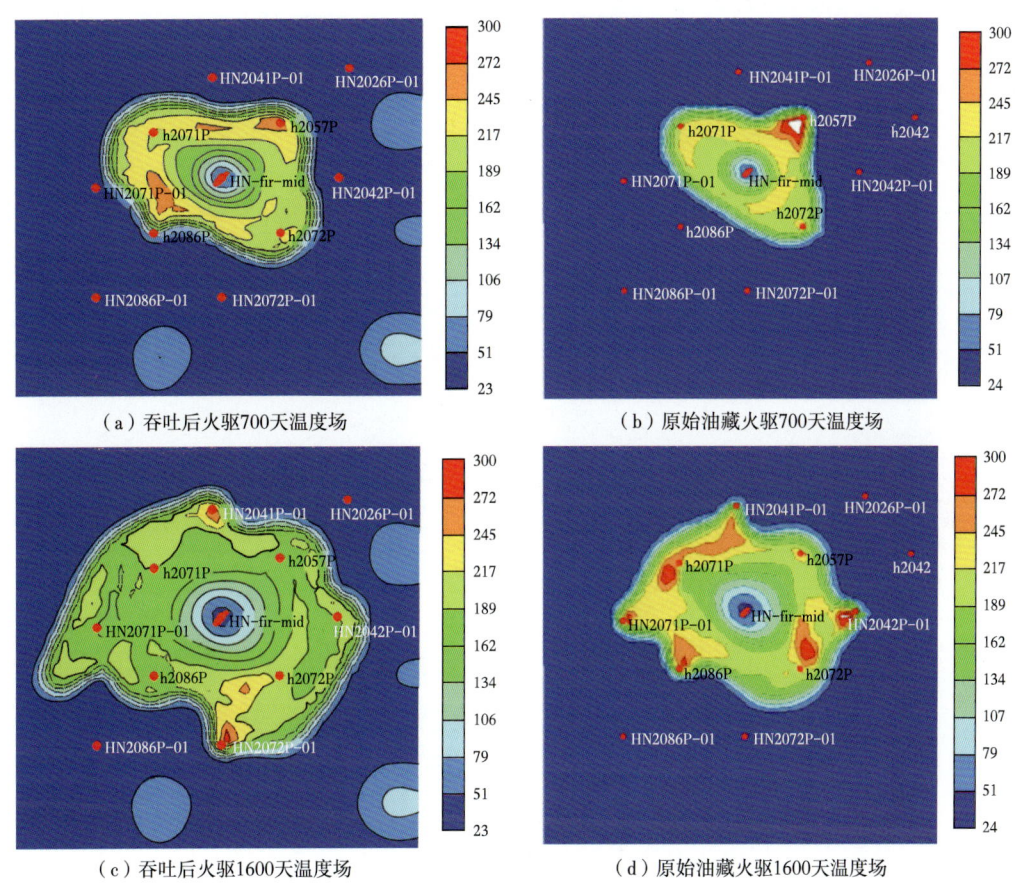

图5-6　吞吐后与原始油藏火驱温度场对比图（单位：℃）

从温度场（图5-6）可以看出，有次生水体时，同等注气量和注气时间对应的温度场波及区域大，峰值温度低；原始油藏条件下火驱前缘波及范围小、峰值温度高；说明含有次生水体对扩大热前缘的波及范围是有利的，具有湿式燃烧的特点。从生产动态曲线可以看出有次生水体时，初期综合含水率高、产水量大、累计产水量大、累计产油量较低。

将一维燃烧管实测数据与解析计算结果对比（图5-9），在高含水饱和度（42%）下，主要表现在岩心前半段即火烧前缘之后实测温度比理论计算值低，而岩心后半段即火烧前缘之前实测温度又明显高于理论计算值。直观上看，岩心管内部存在热量超越式传递的现象。

产生上述差异的主要原因是岩心含水饱和度较高（超过42%），在这种含水饱和度条件下，当燃烧比较充分时，这部分水被就地加热成蒸汽。由于蒸汽在岩心管中的推进速度比在火烧前缘快，蒸汽携带的这部分热量就以对流的方式优先传递到远端。而点火初期，燃烧生成的热量尚不能产生足够的蒸汽，其热传递方式仍以导热为主。

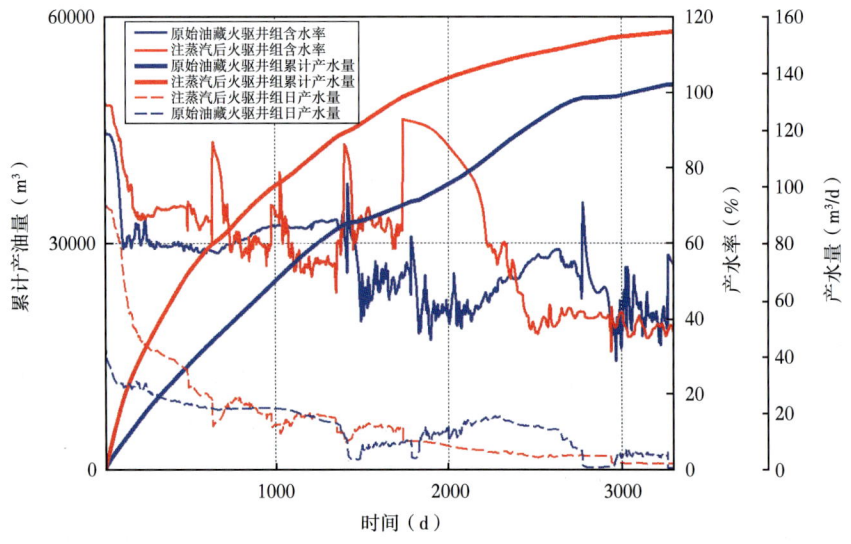

图 5-7　吞吐后火驱和初始油藏火驱产水动态

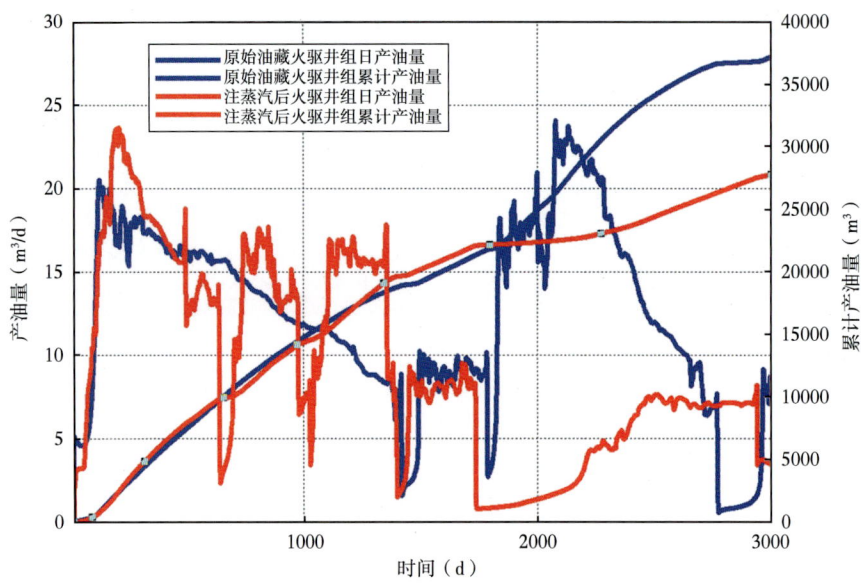

图 5-8　吞吐后火驱和初始油藏火驱产油动态

红浅 1 井区八道湾组油藏处于注蒸汽后期阶段，油藏内存在次生水体且含水饱和度高，尽管采用的是不额外补充注水的干式燃烧方式，但其燃烧过程同样具有部分湿式燃烧机理，热量向生产井方向传递呈现超越式发展特征。室内实验证明，这种热量的超越式传递可以使采油高峰期提前，改善火驱开采效果。根据红浅 1 井区蒸汽吞吐开发后的特点，建议火驱先导性试验的燃烧方式采用干式燃烧。

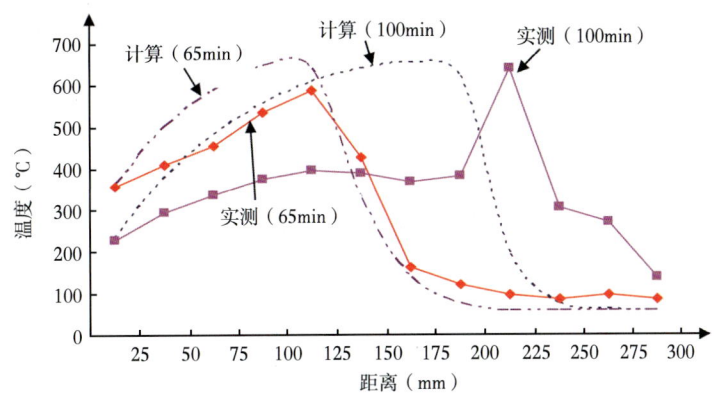

图 5-9 岩心轴向温度分布计算值与实测值比较

第三节 火驱井网优化设计方法

对于火驱开发，井网形式对开发效果的影响很大。火驱开发井网设计主要是对井网形式和井距等方面的内容进行设计计算，包括火驱注气井、采油井的排列方式，注气井（或采油井）之间的距离等。本节在借鉴国内外火驱井网设计经验基础上，以数值模拟为手段对生产井网进行优化设计。

一、井网形式优选

1. 常用井网形式及对比

在火驱矿场实践中，常用的井网形式有面积井网、线性井网和不规则井网三种，其中面积井网包括五点井网、九点井网、七点井网等（表5-6）。

在印度巴楼（Balol）稠油油田先后开展了两次面积井网的火驱先导性试验。该地层的倾角为5°~7°。先导性试验均采用正方形五点井网。第一次试验的井网控制面积为150m×150m，1口注气井（IC-1井）、4口生产井（IC-2井、IC-3井、IC-4井、IC-5井）、1口观察井（IC-6井），其中观察井与IC-5井的距离为20m。结果发现，在上倾方向是以高温氧化反应为主导，下倾方向则以低速不完全燃烧为主导。除了一些孤立的数据外，燃烧气实际上没有从下倾部位的井产出。进一步观察发现，燃烧带的移动优先向上倾方向，在下倾方向上几乎没有发生燃烧。

表 5-6 国外不同井网类型（成功的）火驱项目注气速度及开采指标

井网类型	油层厚度（m）	项目规模（注/采井数）	单井注气速度（$10^4 m^3/d$）	单井产油量（m^3/d）	空气油比（m^3/m^3）
IRR-1	9.1	1/7	2.990	9.1	470
IRR-2	39.0	5/30	3.398	8.5	515
IRR-3	15.7	3/41	5.660	1.3	3241
IRR-4	8.4	1/6	3.964	4.3	1603
I5-1	15.0	3/12	2.380	4.6	1852

续表

井网类型	油层厚度（m）	项目规模（注/采井数）	单井注气速度（$10^4 m^3/d$）	单井产油量（m^3/d）	空气油比（m^3/m^3）
I5-2	9.3	1/4	9.910	5.6	3384
I5-3	4.4	10/27	2.830	2.8	2938
I9-1	18.3	14/57	2.237	2.1	2618
I9-2	6.5	5/29	3.568	2.2	2743
I9-3	22.6	94/312	1.501	1.4	2903
LD-1	2.8	3/11	0.850~5.600	2.9	1425
LD-2	10.0	38/205	4.730	5.1	1496

注：IRR——不规则井网；I5——正方形5点井网；I9——正方形反9点井网；LD——线性井网。

第二次试验的井网控制面积为300m×300m。为了克服上倾方向与下倾方向上燃烧的差异，采用了偏心井网，即注气井IC-17井距离下倾部位生产井IC-16井和IC-19井的距离为160m，距离上倾部位生产井IC-15井和IC-18井的距离为280m。本次火驱先导性试验仍然发现，气体优先向上倾方向运移，即向IC-15井方向运移，同时发现下倾方向的重力泄油始终存在。

线性火驱能最大限度地利用重力泄油机理，由上倾方向开始，把顶部一排井作为注入井，可有效阻止空气和烟道气向上运移，从而有助于改善下倾部位生产井方向的燃烧动态。当燃烧带前缘推进到第一排生产井时，将该生产井转为注气井，同时可以关闭最先作为注气井的注气井排。如果注气井的井况条件允许，燃烧带前缘也可以越过第一排生产井（该排生产井关闭但不转为注气井），直到燃烧带前缘推进到第二排（甚至第三排）生产井时，再将生产井转为注气井。迄今为止，世界范围内取得成功的两个最大的火驱项目——罗马尼亚的苏帕拉库（Suplacu）油田火驱项目和印度的巴洛尔·桑塔尔（Balol Santhal）油田火驱项目均采用线性井网形式。

与面积井网火驱相比，线性井网火驱除了具有平面波及系数高、理论采收率高的优势外，还具有以下优势：

（1）地面设施建设及管理相对容易。线性火驱经过初期的点火和逐级提高注气速度，一旦注气井排形成相互连通的燃烧带前缘后，其燃烧界面大小基本不变。因此客观上只要维持恒定的注气速度，就能保证燃烧前缘的推进速度也恒定。这有利于地面注气压缩机站及相关供电、供水、分离、处理等配套设施的设计、建设和管理。而在面积井网火驱过程中，燃烧带扩展半径不断加大，为保持燃烧带前缘稳定推进，要求注气速度逐渐增加，这对地面设施的配套投资和管理都提出了一定的要求。地面设施能力如果不能与持续扩展的燃烧半径相匹配，就会导致燃烧带推进逐步放缓，极端情况下甚至会导致油藏灭火。

（2）油藏管理及配套工艺相对简单。由于线性火驱是从上游向下游方向、井间接替式的开采过程，与面积井网火驱相比，其动态管理的井数相对更少。以Suplacu火驱项目为例，从1975年开始基本完成了面积火驱模式向线性火驱模式的转变，形成了平行于构造等高线的燃烧前缘。1983—2010年，该项目产量一直维持在$1×10^4 t/a$，处于其动态监管之下的油藏范围是一个长 10km、宽 0.5km 的条带，动态管控的井数维持在约 500 口，即约 100 口的注气井加上约 400 口的下游生产井。依据线性火驱的特点，生产管柱只要在 6 至 8 年的有效生产期内满足要求即可。在新疆红浅火驱试验区，尽管老井井况普遍较差，但在生产井没有采取特殊防腐工艺措施的情况下，生产井仍可在有效期内满足正常生产的需要。

（3）容易实现燃烧前缘的目的性调控。对燃烧前缘的调控是火驱项目管理中一项关键内容，某种程度上决定了火驱项目的成败。矿场实践中一般通过控制各生产井的产气量来控制燃烧前缘推进的方向和速度，在线性火驱模式中，其注气井与生产井之间的对应关系相对简单，即一口注气井对应多口生产井。通过控制某口生产井产出的气量，就可以控制燃烧前缘向该生产井方向的推进速度。这在矿场实施中，目标和措施明确，其实施效果也很容易被验证。

2. 井网形式优化研究

利用红浅 1 井区基本模型参数（表 5-7），结合物理模拟结论，采用油藏数值模拟方法研究带有倾角地层五种不同井网形式下（图 5-10）火驱燃烧带展布特征及生产规律。

表 5-7　红浅 1 井区油藏参数表

油层埋深（m）	550	油层压力（MPa）	3.5
油层厚度（m）	9	地层倾角（°）	5
地层温度（℃）	23	含油饱和度（%）	0.55
渗透率（mD）	700	孔隙度（%）	26.0
50℃下原油黏度（mPa·s）	800	岩石压缩系数（MPa^{-1}）	$2.0×10^{-2}$

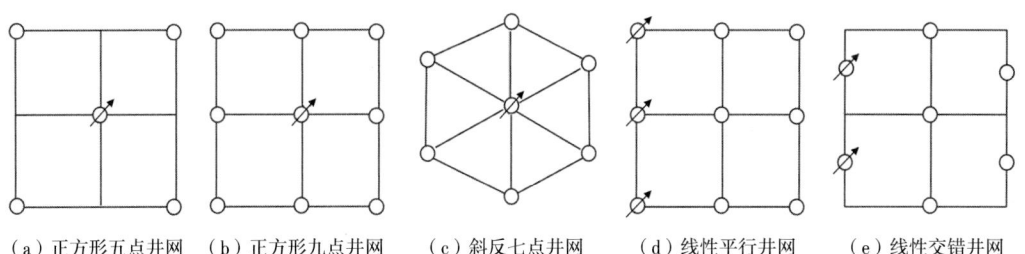

(a) 正方形五点井网　(b) 正方形九点井网　(c) 斜反七点井网　(d) 线性平行井网　(e) 线性交错井网

图 5-10　五种井网形式的注采井排布示意图

表 5-8　八道湾组油藏不同井网火驱数值模拟结果对比

井网类型	反五点井网	反七点井网	反九点井网	线性平行井网	线性交错井网
注采井距或井距/排距（m×m）	140×140	124×124	100×140	100×100	100×100
单井注气速度（$10^4 m^3/d$）	1.5	2.0	3.0	1.5	1.5
最终采收率（%）	63.0	74.8	72.0	79.0	80.0
井组产油量（t/d）	3.5	6.5	9.2	11.6	12.8
累计产油量（t）	37580	37704	42462	49360	49658
累计空气油比（m^3/m^3）	4039.4	2917.5	2713.0	2572.9	2485.0

对比红浅1井区八道湾组油藏不同井网形式火驱生产指标（表5-8），线性井网明显好于面积井网，线性交错井网略好于线性平行井网。

从表5-8中可得：

（1）上倾方向生产井或第一排生产井稳产期平均单井产量最高为12.8t/d；

（2）累计空气油比最小为2485m³/m³，经济指标最优；

（3）线性平行井网生产井稳产期单井产量达到11.6t/d，明显高于反七点面积井网的6.5t/d。

通过数值模拟研究构造高部位注气线性交错井网火驱生产规律。从温度场、含油饱和度场和氧气浓度场看（图5-11），无论是线性平行井网还是线性交错井网，均存在着一个现象，就是当火驱前缘从第一排生产井突破时，两口注气井之间的燃烧带没有完全连通，注气

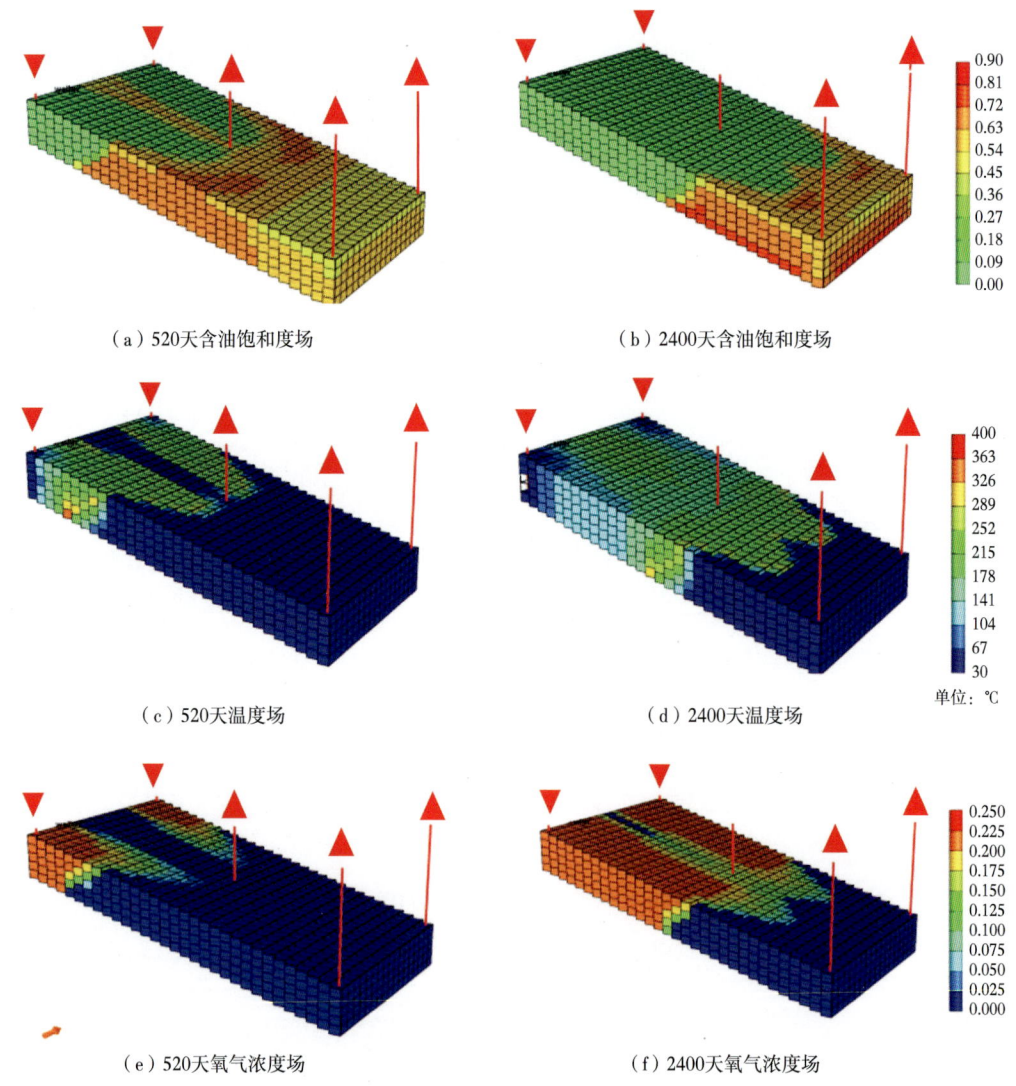

图5-11 线性交错井网火驱动态

井间存在死油区。从这个角度看，采用线性井网火驱，前期宜采用线性排列的几个面积井网，待以注气井或点火井为中心的几个面积井网火驱燃烧带连通成为一个细长的条带后，再转入线性井网火驱模式。这样可以消除注气井间的死油区，实现燃烧带前缘火线完整、平行推进。

由于是交错井网，数值模型第一排生产井只有 1 口全井，第二排生产井为 2 口 1/2 井。从图 5-12 中可以看出注气 200 天后，第一排生产井开始见效，产量持续上升。在注气 500 天后达到峰值产量 8t/d，此后产量缓慢下降到 2000 天后氧气突破关井。稳产期维持了 1500 天，远远高于线性平行井网的 800 天。第一排生产井稳产期平均产量为 6.5t/d，也略高于线性平行井网时的产量 6t/d。第二排生产井在注气后产量一直保持 1t/d 左右生产，到 1000 天左右产量升高到 3t/d；此后又缓慢下降，直到第一排生产井氧气突破关井时，第二排生产井的产量才有较大幅度提升，最终达到峰值产量 8t/d。第二排生产井在注气 3850 天后氧气突破关井，稳产期为 1200 天，稳产期平均单井产量为 6.5t/d。

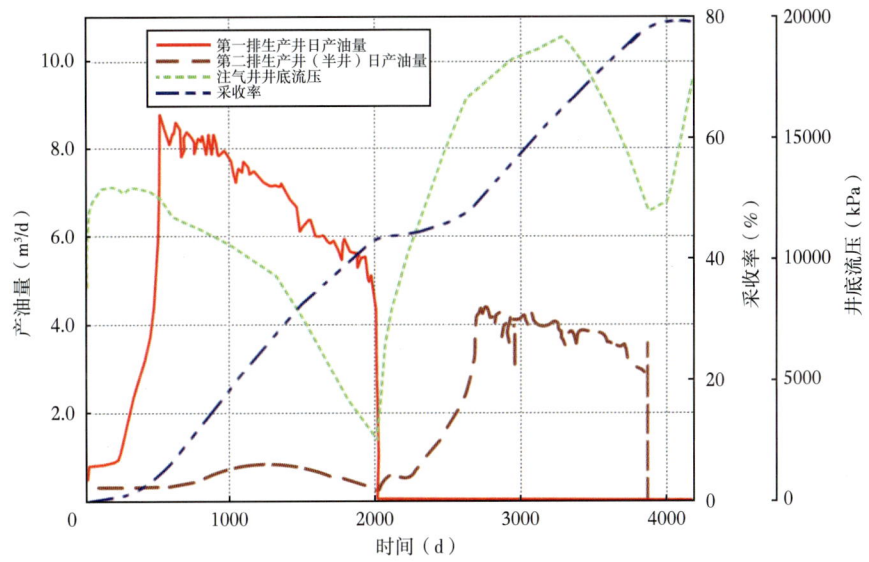

图 5-12　带倾角地层线性交错井网生产规律

同样由于是均质模型，第一排、第二排生产井氧气突破时，火驱采出程度分别达到 40% 和 80%。与线性平行井网相比，线性交错井网条件下，第一排生产井见效的时间有所提前，并且第一排生产井的稳产时间要延长 200 天以上。同时，第一排生产井氧气突破时的采出程度要比线性平行井网高 5% 以上。通过以上研究，试验区火驱井网形式推荐采用线性交错井网。

二、井距排距优化

鉴于红浅 1 井区具有一定的地层倾角，决定采用线性交错井网进行火驱试验。实施过程中在构造的高部位、平行于等高线方向部署一排注气井，再向构造低部位逐次部署生产井排。当燃烧带前缘推进到第一排生产井时（现场表现为氧气突破或热前缘突破），关闭该生产井排（视各井的井况条件再决定是否转为注气井）。因此需要进一步优化井距（同一排两口相邻注气井之间距离、同一排两口相邻生产井之间的距离）和排距（注气井排与相邻生产井排之间的距离、相邻两排生产井之间的距离）。

当地质条件一定的情况下，单井注气速度的确定主要和井网形式及其注/采井数比有关。在线性交错井网形式下，统一设定单井注气速度为15000m³/d，建立五种不同井距、排距的数值模型。模型的基本地质参数与上面相同，均以红浅八道湾组油藏为原型。六种井网井距模型（图5-13）分别为：（1）井距140m、排距140m，（2）井距140m、排距70m，（3）井距100m、排距100m，（4）井距70m、排距100m，（5）井距100m、排距70m，（6）井距70m、排距70m。

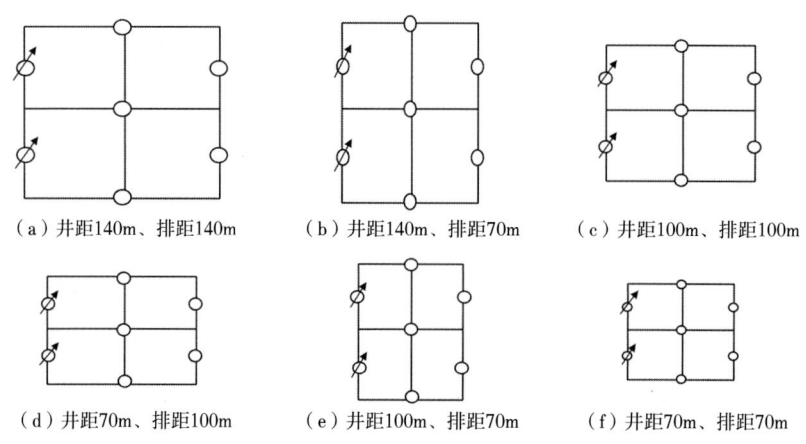

图5-13 六种井距、排距布井方案

从数值模拟结果中可以得到如下认识：

（1）在同样的注气速度下，生产井的产量递减规律和稳产期平均产量主要取决于地质参数和注气参数，而与井距、排距关系不大；

（2）缩小井距和排距均有助于缩短烟道气驱阶段的时间，使生产井见效时间提前，在同样的井网控制面积条件下，缩小排距比缩小井距更有优势；

（3）考虑到地层的吸气能力，为了维持较高的单井产量，取得较好的火驱效果，井距和排距（或相邻注/采井控制面积）不宜过大。

数值模拟计算的不同井距/排距下开发指标对比（表5-9、图5-14）。

表5-9 线性交错井网不同井距、排距火驱数值模拟结果对比

井距×排距（m×m）	140×140	140×70	100×100	70×100	100×70	70×70
单井注气速度（10^4m³/d）	1.5	1.5	1.5	1.5	1.5	1.5
第一排生产井见效时间（d）	810	430	390	260	228	170
第一排生产井稳产时间（d）	3085	1587	1511	1104	1092	774
第一排稳产期平均单井产量（t/d）	6.0	6.5	6.7	6.8	6.9	7.0

续表

井距×排距（m×m）	140×140	140×70	100×100	70×100	100×70	70×70
第一排生产井氧气突破时采出程度（%）	39	43	42	45	44	47
第二排生产井见效时间（d）	5530	2460	2507	1793	1666	1170
第二排生产井稳产时间（d）	2803	1273	1520	1010	977	655
第二排稳产期平均单井产量（t/d）	6.9	6.1	6.7	6.7	6.4	6.9
最终采收率（%）	78	70	81	83	77	81
井组日产油量（t）	5.2	5.5	5.8	6.0	5.9	6.3
累计产油量（t）	47810	21537	25173	18154	16811	12318
累计空气油比（m³/m³）	2886.4	2739.5	2621.9	2511.8	2572.9	2370.5

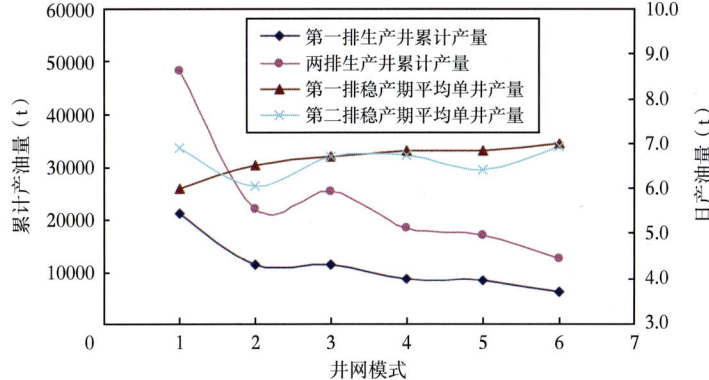

图 5-14 不同井网形式对应的平均单井产量和累计产量

从空气油比和阶段采出程度对比分析来看，70m×100m 井网形式较好；综合考虑采油速度、采出程度和空气油比等指标，充分结合红浅 1 井区老井体系，建议采用 100m×100m 的或 100m×70m 的井网形式。在全部打新井的情况下，也可以考虑采用 140m×70m 的井网形式，可以少打井。

三、开发井部署方式优化

目标区蒸汽吞吐阶段采用 100m×100m 的正方形井网开发，考虑到原有井网条件、目标区构造特征及河道展布方向，注气井设计两种部署方式进行论证，即注气井排方向与构造线平行、注气井排方向与河道平行（图 5-15）。

对于图 5-15（a）所示的部署方式，注气井排大致与构造线平行，在两口老井之间新钻一口新井作为注气井，形成注气井井距 70m、新井和老井交替分布的注气井排。如在实施过程中发现，老井由于井况问题不具备注气条件，对后期火驱开发造成影响，可在老井附近 10m 范围内打新井。

对于图 5-15（b）所示的部署方式，注气井排大致与河道方向平行，在两排老井之间钻一排新井作为注气井，注气井井距 100m，注气井排与周围生产井排排距 50m，且注气井

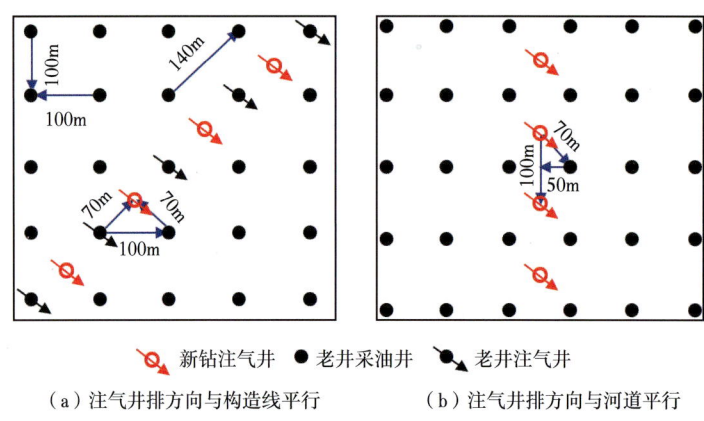

(a) 注气井排方向与构造线平行　　　(b) 注气井排方向与河道平行

图 5-15　注气井两种部署方式示意图

全为新井。

考虑到油藏倾斜方向和国外类似油藏成功经验，红浅1试验区采用注气井排方向与构造线平行的线性火驱井网布置方式。

第四节　注气参数优化设计

根据火驱油藏工程设计原则，在井网形式、井距、排距、燃烧方式等确定的基础上，对红浅火驱试验区的两个典型井组的注气速度、注气压力等参数进行优化。

一、注气量优化设计

对于一个给定的井网，火驱过程中所需要的空气总量取决于单位体积地层的耗氧量及火驱过程中的体积波及系数。其中耗氧量主要通过室内燃烧实验测得，体积波及系数为面积波及系数与垂向波及系数之乘积，也可以通过三维火驱物理模拟实验获得。

通过室内燃烧实验，得到了单位体积燃料沉积量为 27kg/m³，单位地层耗氧量为 272m³。通过三维火驱物理模拟实验，得到了火驱的体积波及系数为 37.9%。如果加上结焦带（含油层上部和下部）的体积 22.5%，其火驱波及系数达到 60.4%。但考虑到结焦带具有 15%~20% 的含油饱和度，折中计算火驱三维波及系数为 55%。

依据上述物理模拟实验结果，根据式（5-56），可以计算不同井距条件下所需要的空气总量：

$$V_{Ta} = 1.2 a^2 V_R h \tag{5-56}$$

式中　V_R——燃烧所需空气量，m³；

　　　a——注采井距，m；

　　　h——采油层厚度，m。

表 5-10 给出了不同井距对应的井网累计注气量。

表5-10 不同井距下的累计注气量和上限注气速度

注采井距（m）	累计注气量（10^4m^3）	最大注气速度（m^3/d）
70	1439	27654
100	2880	39507
140	5750	55310
200	11500	79014

注入空气的速度与燃烧带前缘推进的速度有关。一般情况下，希望燃烧带前缘推进的速度越快越好，这样可以获得最大的产油速度和最短的投资回收期，这就需要用尽可能高的注气速度。但从矿场实际看，注气速度要受到地层吸气能力、生产井的举升能力及地面对产出流体的处理能力限制。现场和实验室的经验指出，在油层厚度为6~10m的情况下，火驱燃烧带前缘的推进速度范围在3.8~15.2cm/d。

对国外不同地层条件和原油黏度条件下的单井注气速度进行统计，从统计结果（表5-11）可以看出，当油层厚度较薄时，每米地层的注气强度往往要大些；当油层厚度较厚时，折算成每米地层的注气速度往往较小。而油层厚度6~10m时所采用的单井注气速度一般在10000~30000m^3/d，折算成每米地层的单井注气速度在1400~3200m^3/d之间。

表5-11 几个典型火驱项目的单井注气速度

油田	油层厚度（m）	孔隙度（%）	渗透率（mD）	原油黏度（mPa·s）	井网类型	单井注气速度（10^4m^3/d）	每米地层单井注入速度（m^3/d）
美国格伦·亨梅尔（GH）油田	2.67	36	1000	74	线性	3.46	12900
美国中途日落油田莫科（Moco）油藏	39.3	36	1575	110	面积	3.4	865
美国南贝尔里奇（Belridge）油田的图莱里约（Tulareyo）油层	30.0	34	3000	1600	反九点	8.49	2830
罗马尼亚苏帕拉库油田	10.0	32	2000	2000	线性	3.02	3020
印度梅萨纳（Mehsana）巴洛尔·桑塔尔（Balol, Santhal）油田	6.5	28	3000~5000	1500	线性	2.06	3169
美国洛杉矶博德·贝尔维恩（Bellevne Bodcau LA）	18.0	34	700	675	反九点	2.88~4.32	1600~2400
加拿大萨克冷湖（Cold Lake Sask）	6.0	35	1200~1800	3500	反五点、七点	0.84~1.08	1400~1800

计算在不同注气速度所对应的第一排生产井不同时间的产量计和累计产量。从图5-16可以发现，随着注气速度的加大，第一排生产井见效时间、达到峰值产量的时间及氧气突破的时间均会提前。与此同时，随着注气速度的加大，氧气突破前的有效生产时间缩短、单井平均产量增大，而最终各井排的累计产量相差不大。

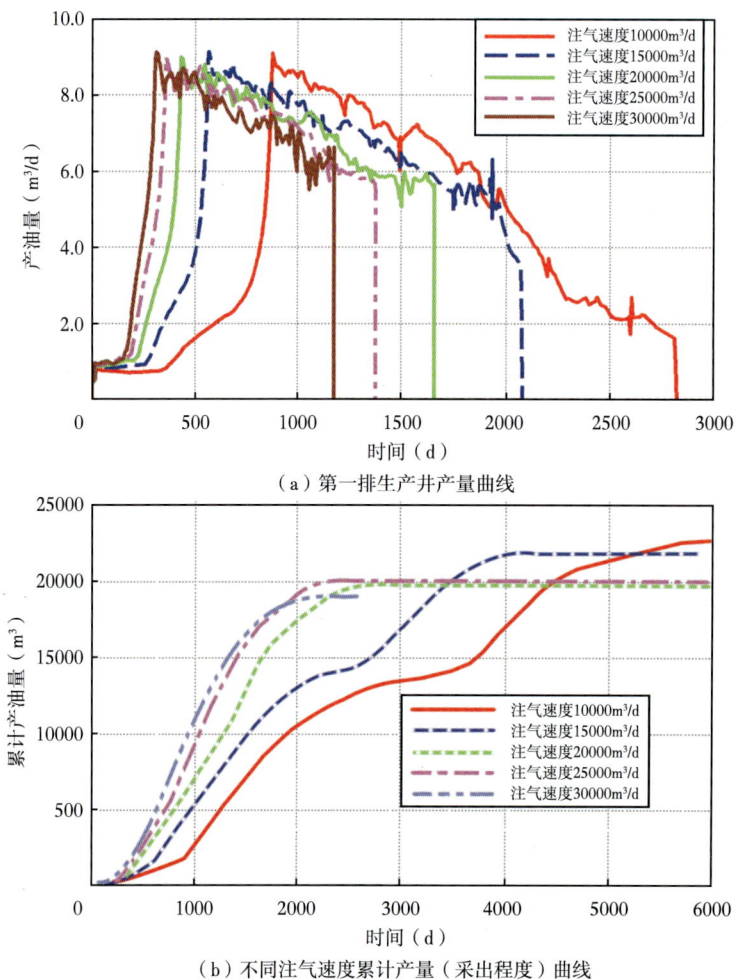

(a)第一排生产井产量曲线

(b)不同注气速度累计产量(采出程度)曲线

图 5-16 线性交错井网不同注气速度下的采油曲线

当单井注气速度低于 15000m³/d 时，采油速度下降的幅度增大。由于注气速度受地层吸气能力的限制，在地层吸气能力允许的前提下（井底注气压力不超过 12MPa），推荐单井注气速度在 15000m³/d 以上。

从图 5-17 看，如果不考虑地层吸气能力，当注气速度加大到 20000m³/d 时，第二排生产井的见效时间明显提前，而且当第一排生产井因氧气突破关井时，第二排生产井几乎同时达到峰值产量。这对整个区块的产量稳定非常有利。当注气速度在 15000m³/d 以下时，第一排生产井氧气突破关井到第二排生产井达到峰值产量且两者之间有 400 天以上的间隔。在这个区间内区块总产量会出现一个低谷。

分别线性交错井网情况下不同注气速度对应的开发指标（表 5-12），建议在采用线性交错井网火驱时，单井注气速度选择 20000m³/d。

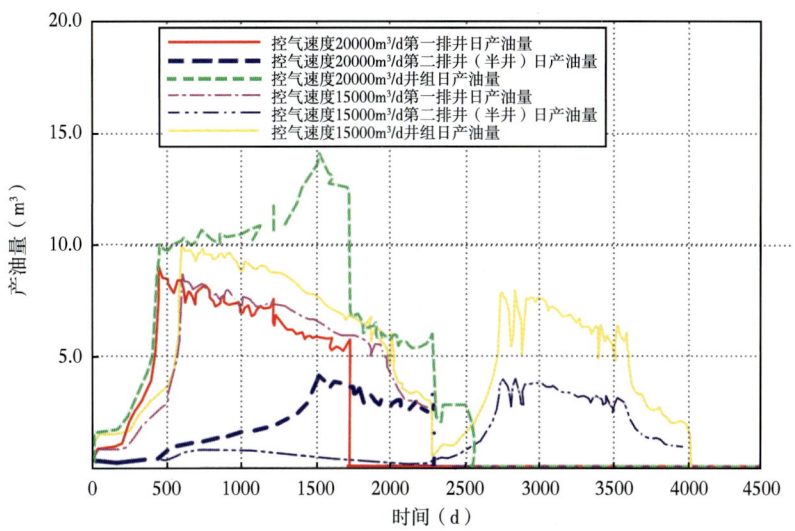

图 5-17 线性交错井网不同注气速度下的采油对比

表 5-12 不同注气速度对应的开发指标

项 目	指标				
单井注气速度（$10^4 m^3/d$）	1.0	1.5	2.0	2.5	3.0
第一排生产井见效时间（d）	630	410	300	240	210
累计生产时间（d）	5965	4034	2530	2280	1970
累计产油量（t）	21482	21769	19623	19916	18955
井组产油量（t/d）	3.6	5.4	7.8	8.7	9.6
采收率（%）	69.6	70.5	63.5	64.5	61.4
累计空气油比（m^3/m^3）	2807.5	2756.2	2578.6	2862.0	3123.2

二、注气压力优化设计

注气井的井底压力可以根据式（5-57）计算

$$p_{iw}^2 = p_w^2 + b\left(\frac{i_a \mu_a T_r}{k_a h}\right)\left(\ln\frac{L^2}{r_w v_1 t_1} - 1.238\right) \tag{5-57}$$

应用油藏工程方法计算不同注气速度下的注气压力（表 5-13、图 5-18），可以看出在注气速度为 40000m³/d 时，注气压力一般不超过 10MPa。整个火驱过程中，注气压力也不是一成不变的。

表 5-13　不同井距和注气速度对应的注入井底压力

井距(m)	井底压力（MPa）			
	10000m³/d	20000m³/d	30000m³/d	40000m³/d
100	6.68	8.01	9.15	10.17
200	6.85	8.30	9.53	10.62
300	6.95	8.47	9.75	10.88

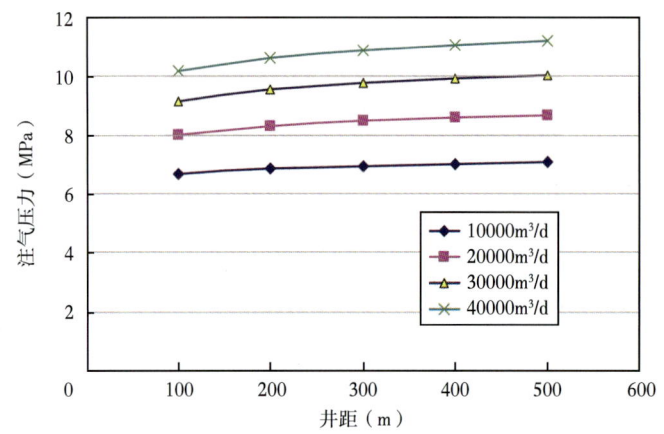

图 5-18　不同注气速度下的注气压力预测

根据数值模拟计算在恒定注气速度下不同时间的注气压力（图 5-19），计算采用的是一排注气井、三排生产井。可以看出，注气速度在整个火驱过程中不是恒定不变的，注气井底

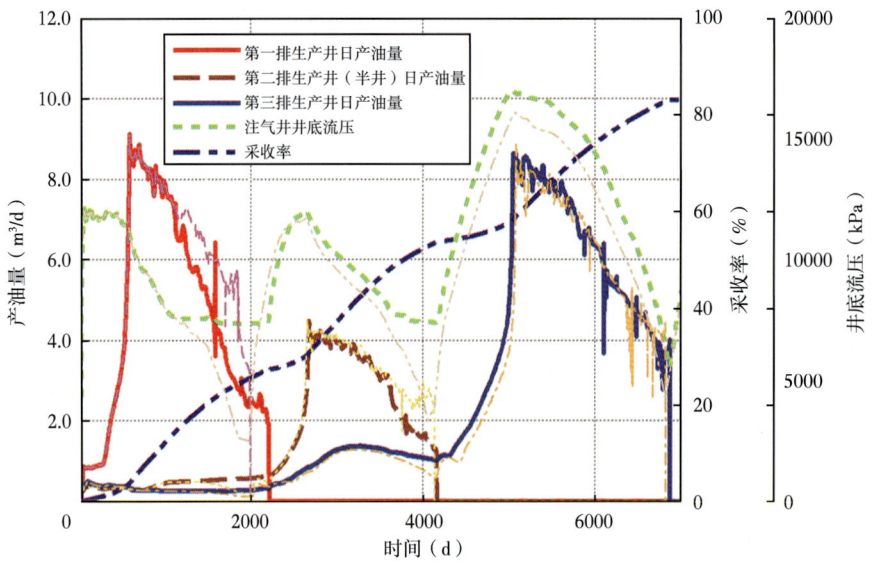

图 5-19　恒定注气速度下不同时间的注气压力预测

压力保持在8~10MPa时"油墙"可以保持并稳定推进，生产井可以实现稳产。自第一批生产井到达产量高峰起，注气井井底压力就开始下降。当该排生产井因氧气突破关井后，注气井井底压力又开始回升，直到第二排生产井达到峰值产量后，注气井井底压力又开始下降，如此形成了注气井井底压力的周期性波动。

数值模拟计算中无法将注气井井底压力作为独立变量加以控制，因此计算结果中注气压力的周期性波动无法避免。矿场试验过程中，需要通过人为控制各生产井排的产液量、产气量及生产压差等来实现注气井底压力相对稳定。在燃烧比较充分的情况下，氧气全部转化成二氧化碳，产出气体和注入气体的摩尔数是相等的。理论上只要能控制产出气体的总量与注气量相等，就可以维持注气井底压力的恒定。

第五节　射孔优化与单井产能分析

一、注气井的射孔井段优化

在线性交错井网，注气速度为20000m^3/d的条件下，利用数值模拟方法对比了注气井三种射孔方案下的开发效果。对比方案分别设置为生产井全射开、对注气井射开油层上部（40%）或油层下部（40%）、油层全射开。

从三种方案的生产效果（图5-20、表5-14）可以看出，注气井射孔井段对火驱整体开发效果影响较小，但是油层段全射开注气，见效时间最早，开发效果最好，因此注气井全射开。

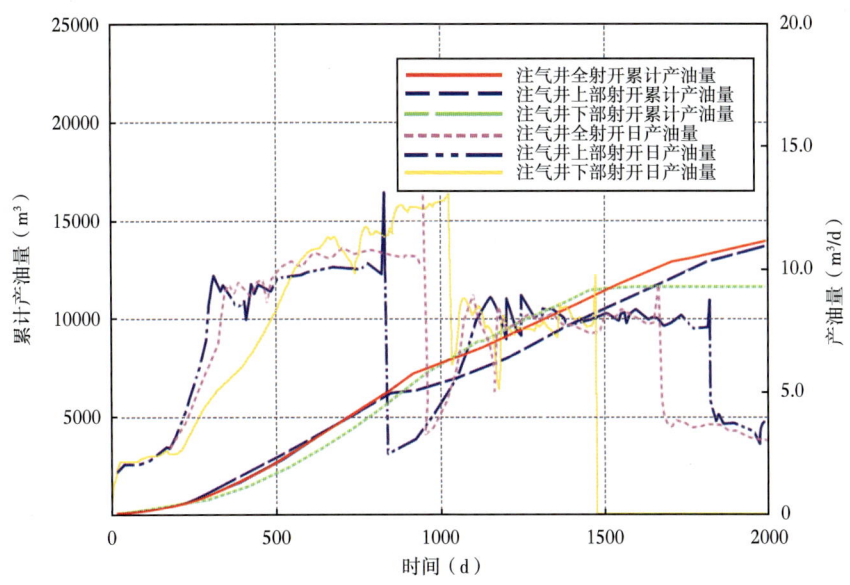

图5-20　注气井不同射孔位置开发效果图

表 5-14 注气井不同射孔位置开发效果表

射孔方式	见效时间(d)	生产时间(d)	累计产油量(t)	累计注气量($10^4 m^3$)	空气油比(m^3/t)	产油量(t/d)	采收率(%)	综合参数
全射开	250	1800	14050	3600	2562.27	7.81	56.2	1.63
上部射开	350	1780	12980	3560	2742.68	7.29	51.92	1.31
下部射开	500	1600	11000	3200	2909.09	6.88	44.0	0.99

二、生产井的射孔井段优化

在线性交错井网，注气速度为 $20000 m^3/d$ 的条件下，利用数值模拟方法对比了生产井三种射孔方案下的开发效果。对比方案分别设置为注气井全射开、生产井射开油层上部（40%）或油层下部（40%）、油层全射开。

从三种方案的生产效果（图5-21、表5-15）可以看出，油层射开底部，累计产油量和采收率最高，综合效益较高，优化生产井射开油层底部。

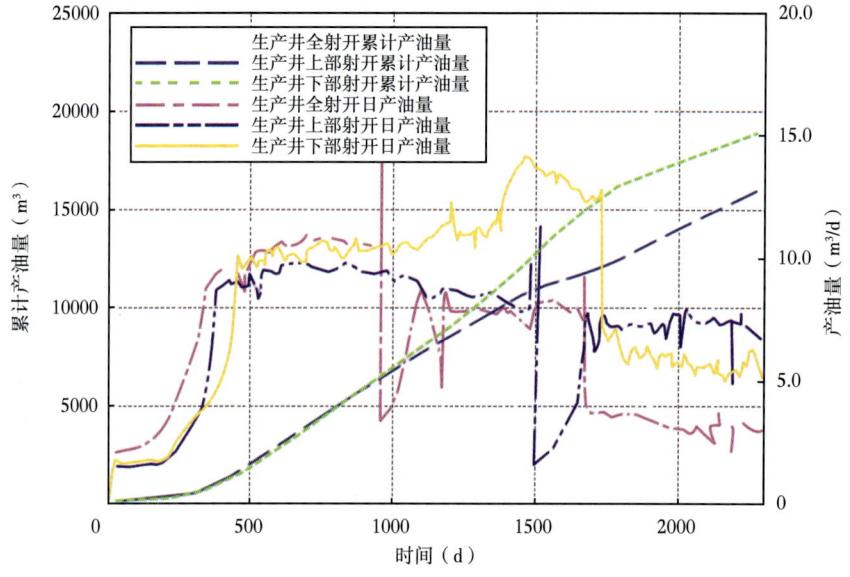

图 5-21 生产井不同射孔位置开发效果图

表 5-15 生产井不同射孔位置开发效果表

射孔位置	见效时间(d)	生产时间(d)	累计产油量(t)	累计注气量($10^4 m^3$)	空气油比(m^3/t)	产油量(t/d)	采收率(%)	综合指标
油层全射开	250	1800	14050	3600	2562.3	7.81	56.2	1.63
上部射开（40%）	300	2260	15900	4520	2842.8	7.04	63.6	1.49
底部射开（40%）	340	2250	18888	4500	2382.5	8.39	75.5	2.55

由于线性井网存在生产井和注气井之间的相互转换，因此注气井和生产井最好采用一样的射孔方式，对于连续厚度较大的油层，适当避射油层顶部1~2m。

三、单井产能分析

确定了火驱开发井网，在注采参数、射孔方式优化的基础上，进行了地质油藏参数敏感性分析之后，单井产能分析是火驱油藏工程研究的重要内容。

按照注气井与构造线平行布井，对目标区典型井组进行数值模拟研究，得到了该布井方式下每排生产井的产量指标（表5-16）。

表5-16 不同井排的生产见效情况

指标	与构造线平行布井		
	见效时间（a）	稳产时间（a）	产量（t/d）
第一排	0.5~0.7	3~4	2~3
第二排	2~3	4~5	1.5~2.5
第三排	4~5	4~5	2~2.5
第四排	8~9	4~5	1.5~2.5

注气井与构造线平行布井时，初期空气油比7000~8000m^3/m^3，稳定生产后空气油比在2000~4000m^3/m^3之间，累计空气油比为2950m^3/m^3。

第六节　红浅火驱油藏工程设计概要

一、基本参数选取

燃烧釜和一维火驱实验结果：红浅八道湾组油砂加热到420℃可以点燃油层；稳定燃烧过程中，单位空气耗量为229m^3/m^3，驱油效率89%；在燃烧过程中产生微量的硫化氢气体（1.9×10^{-6}mol/mol）和二氧化硫（小于1×10^{-6}mol/mol）。

三维火驱物理模拟实验结果：结焦带含油饱和度为10%~20%，"油墙"含油饱和度在60%以上，剩余油区的含油饱和度为40%左右，采出程度达到65.6%，最终采收率为75%以上。

点火初期单井注气速度为10000m^3/d，面积火驱阶段单井注气速度为40000m^3/d，线性驱阶段单井注气速度为20000m^3/d，井底注气压力8~10MPa。

二、方案部署与指标预测

试验区部署新井35口（含5口更新井），总进尺2.03×10^4m，利用老井20口，合计井网井55口（注气井3口、观察井3口、生产井49口）（图5-22）。一期采用面积井网井距100m，初期形成3个正方形五点井网+斜七点面积井网；二期（点火4年后）线性交错井网排距70m，注气井一期为3口、单井注气速度最高为40000m^3/d；注气井二期为4口、单井注气速度最高为 20000m³/d；目的层位 J_1b_4 段。

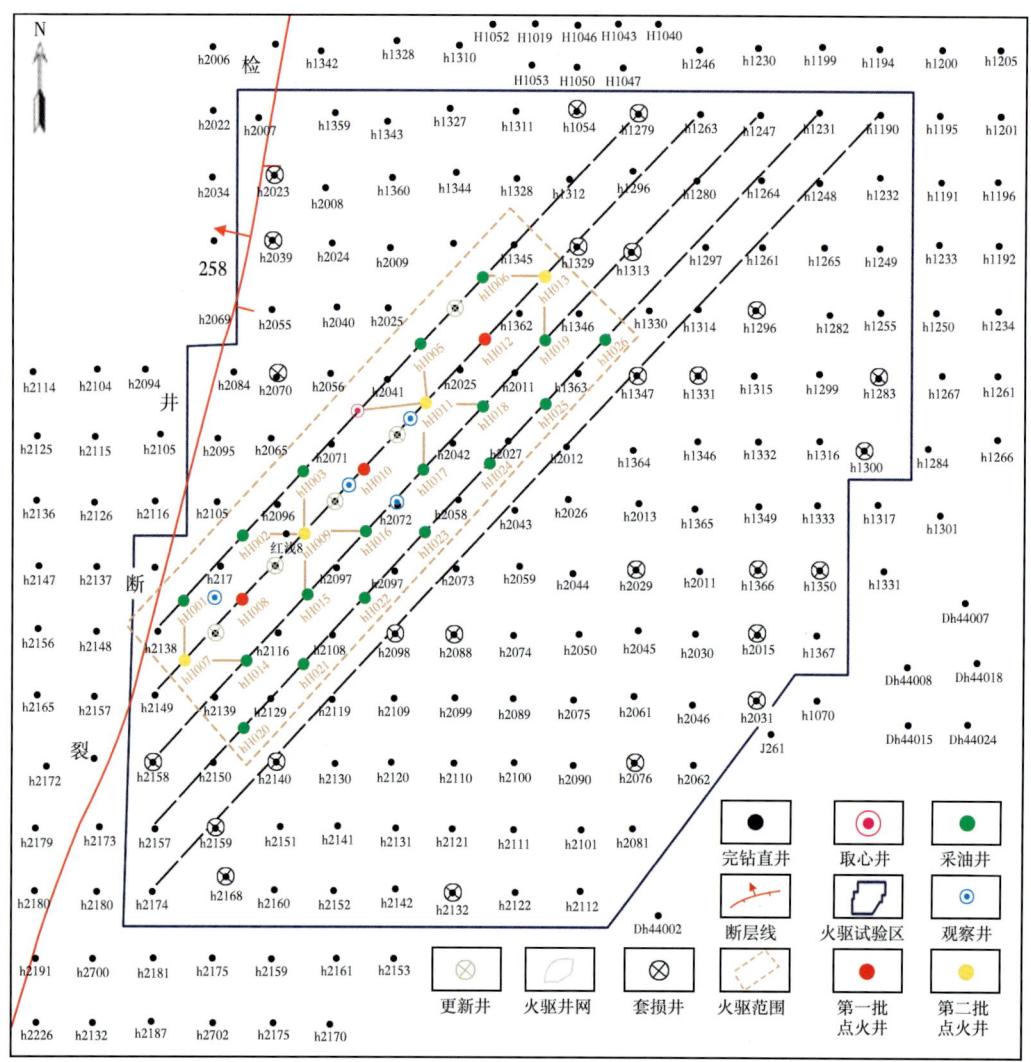

图 5-22 火驱试验区井网部署图

三个试验井组，累计生产 10 年，累计采油 15.4×10⁴t，火驱阶段采出程度 36.2%，最终采收率达 65.1%（表 5-17）。预测单井产液 10t/d，单井产气 6000m³/d，考虑到不同阶段各个生产井梯次见效，高峰期单井产液量可达 18t/d，单井产气量可达 14000m³/d，试验区高峰产气量最高可达 170000m³/d，最高产液量可达 400t 左右。根据数值模拟初步预测，火驱生产井产油高峰期到来后大约 200 天，井底附近地层温度开始上升，大约 100 天后井底附近地层温度可以达到 200℃ 左右。推算此时井口温度可能达到 120℃ 左右，在此温度之上生产时间大约 1~2 年。当产液温度超过 150℃ 时，需要密切监测产出气体组分；特别是要观察氧气浓度，氧气浓度达到 3% 时，关闭生产井。

表 5-17　红浅 1 井区火驱试验开发指标表

年度	生产井开井数	年注气量 ($10^4 m^3$)	年产气量 ($10^4 m^3$)	年产液量 ($10^4 t$)	年产油量 ($10^4 t$)	注气量 ($10^4 m^3/d$)	产气量 ($10^4 m^3/d$)	产液量 (t/d)	产油量 (t/d)	空气油比 (m^3/t)	采油速度 (%)	采出程度 (%)
1	15	3384.0	2910.2	10.10	1.04	9.40	8.08	280.5	28.98	3253.8	2.5	2.5
2	15	4120.0	3625.6	4.55	1.37	11.44	10.07	126.3	38.08	3007.3	3.2	5.7
3	27	4320.0	4017.6	5.02	1.76	12.00	11.16	139.3	49.01	2454.5	4.1	9.9
4	27	4520.0	4203.6	7.67	1.72	12.56	11.68	213.1	47.85	2627.9	4.1	13.9
5	20	5040.0	4485.6	8.77	1.66	14.00	12.46	243.7	46.03	3036.1	3.9	17.8
6	20	5040.0	5090.4	5.94	2.88	14.00	14.14	164.9	80.05	1750.0	6.8	24.6
7	20	5040.0	5140.8	4.08	1.80	14.00	14.28	113.3	49.92	2800.0	4.2	28.8
8	20	4820.0	4579.0	3.98	1.41	13.39	12.72	110.6	39.08	3418.4	3.3	32.1
9	20	3923.0	3726.9	3.81	1.05	10.90	10.35	105.8	29.22	3736.2	2.5	34.6
10	20	3340.0	3173.0	3.67	0.70	9.28	8.81	101.9	19.29	4771.4	1.7	36.2
合计	49	43560.0	43490.1	56.98	15.40	12.45	12.43	162.80	43.98	2828.6	3.6	36.2

第六章 火驱燃烧和驱油特征分析

注气井和采油井是火驱开发油藏的基本单元。随着燃烧前缘离开注气井向采油井方向推进,油层中的油、气、水始终处于不断变化的状态,这些变化通过注气井、采油井的日常生产和录取到的生产数据反映出来。这样,把不同范围内注气井、采油井的动态变化情况综合起来,就可反映出井组、区块乃至整个油藏的生产状况的变化。因此要掌握好燃烧动态,根据它们的变化趋势及时采取解决问题的措施,以维持油层均匀稳定地燃烧,实现火驱最佳经济、技术指标之目的。

由于不同的地质条件和开发条件,导致火驱采油井呈现出不同的特征,该特征体现出油井处于哪一个生产阶段,下一阶段将出现什么现象或者应注意哪些问题,这都是火驱管理者应该考虑的问题。需要结合地质条件对单井生产特征进行分类,进而确定试验区所有单井目前所处生产阶段,从而掌握生产动态特征,控制燃烧和驱替过程。

第一节 火驱生产特征与规律

截至 2018 年 12 月,红浅火驱先导试验区累计注气 $4.1 \times 10^8 m^3$,累计产油 $14.7 \times 10^4 t$,火驱阶段采出程度 34.59%,生产指标与当初方案设计值接近(图 6-1)。试验区累计见效井 42 口,见效率 95%,单井最高产油量达到 4900t,累计空气油比 $2789 m^3/m^3$ 左右。

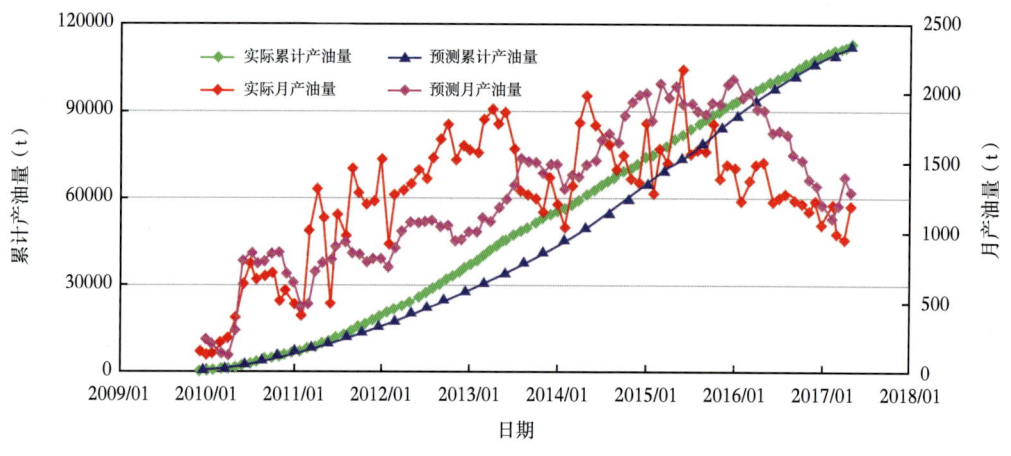

图 6-1 试验区实际与预测产油量对比曲线

本节针对累计产量、产气量和产油量关系总结红浅火驱试验区的区域生产特征,分析地质及流体等客观因素差异而导致的不同生产特征和规律。

一、注蒸汽后火驱生产特征

注蒸汽后转火驱有别于原始油藏的火驱一次开发，其特点在于：注蒸汽后造成的次生水体提供了水平通道，也提高了火线推进速度（图6-2）。

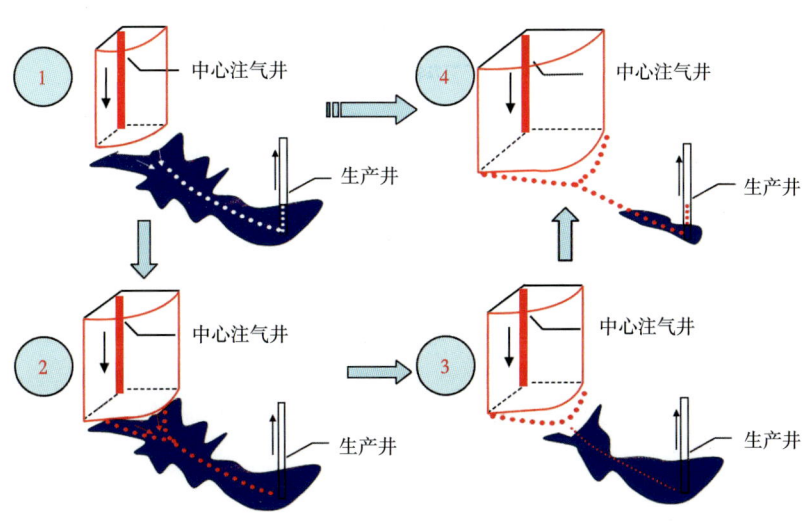

图6-2 次生水体提高了火线推进速度

次生水体导致生产井初期大量排水，中间阶段出现若干个含水率飙升的阶段。在烟道气的持续作用下，次生水体不断被赶出；当火线推进半径超过一定范围时，燃烧前缘就只剩束缚水；注蒸汽后留下的次生水体在火驱过程中只能发挥"有限湿烧"机理，要真正实现湿式燃烧，还需在注气井人工注水。

根据火驱开发特点，研究者把火驱开发阶段划分为烟道气驱、产量上升、高温稳产、氧气突破四个阶段（图6-3）。

（1）烟道气驱阶段：油层燃烧面积小，生产井附近原油黏度较高，油井尚未受到热效应影响，产量、井底温度无变化，唯有油层压力随着注气量的增加而上升，生产井产出液含

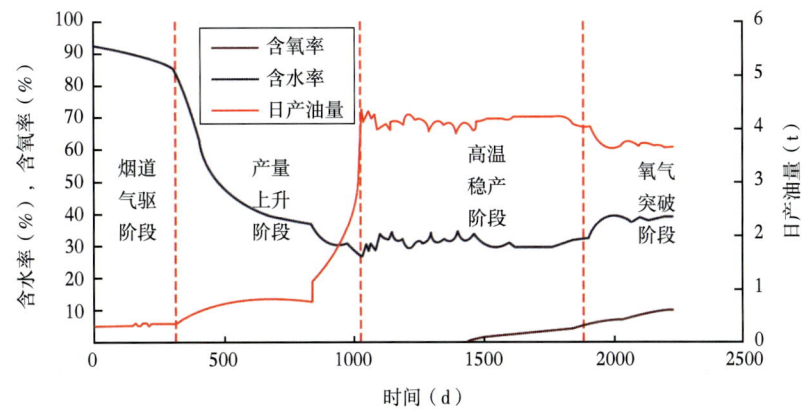

图6-3 注蒸汽后转火驱见效模式图

水率在 95% 以上，产出气中 CO_2 含量保持在 10% 以上。

（2）产量上升阶段：燃烧面积不断扩大，此阶段生产井普遍见效，产油量与第一阶段相比增加 2~5 倍，原油轻质馏分增加，密度、黏度下降，井底温度上升，油井含水率下降。

（3）高温稳产阶段：生产井附近温度较高，原油改质特征明显，含水率稳定在 40% 左右，是产油高峰期。此时，游离水中 SO_4^{2-}、Cl^-、Fe^{2+} 含量增加，pH 值下降。

（4）氧气突破阶段：此阶段氧气到达生产井附近，生产井氧气含量超过 5% 的警戒线，需要关闭生产井。

红浅火驱试验区经历过面积井网到行列排状井网的转换，现有一排注气井三排生产井，整体处于高温稳产阶段。红浅火驱具有湿式燃烧特征，在高温稳产阶段后会进入一个高气液比阶段，该阶段的产生主要是大量水蒸气穿越燃烧带冷凝的结果。例如先期点火 hH008 井组、hH010 井组，通过气体组分监测及生产数据显示，生产井并没有出现氧气含量迅速上升的现象，而是表现出高温、高含水特征。因此，修正了火驱生产阶段划分，将注蒸汽开发后的油层火驱生产阶段分为排水、上产、稳产、高温高含水及氧气突破五个阶段（图 6-4），火驱生产中达到第四阶段后，加强监测，控制注气量或采取控关措施，避免发生氧气突破及各类安全事故。

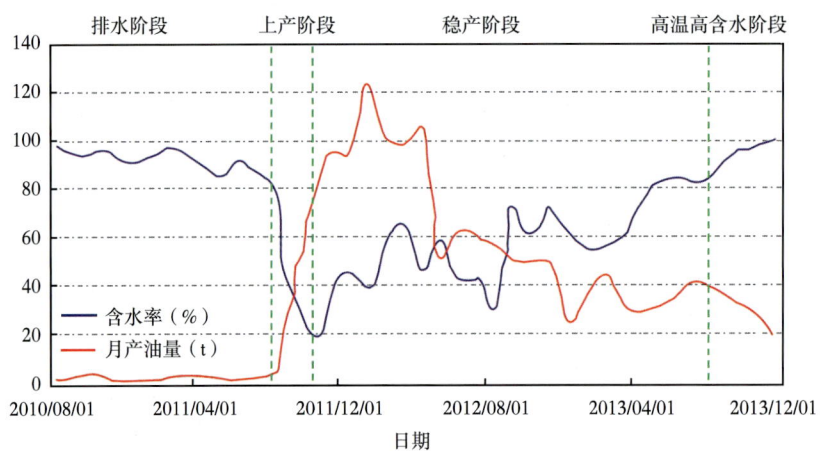

图 6-4　hH021 井实际生产曲线

试验区初期（1 年半左右）油层燃烧面积小，产量低，空气油比较高，波动较大。2011 年 10 月进入稳产阶段，生产井附近温度较高，含水率低，产液量、产油量上升较大且保持稳定，此阶段空气油比在 2000~4000m^3/m^3 之间，平均 2800m^3/m^3。

二、火驱生产动态差异及分类

需要指出的是，不同地质条件下火驱见效模式的特点是不同的，可以表现为以下几方面的差异：（1）典型阶段的持续时间不同；（2）典型阶段的变化幅度不同；（3）典型阶段的特征差异程度不同。根据产量、见效时间、含水率等生产特征，把油井分成三类（表 6-1）。

表 6-1　试验区油井生产特征统计

特征类型	产量特征	平均产量（t/d）	见效时间（月）	见效含水率（%）	持续时间（月）
Ⅰ	连续稳定	2~3	3~6	55~70	>20
Ⅱ	间出	1~2	6~10	60~70	10~15
Ⅲ	低产，见效慢	<1	10~20	75~90	8~12

一类井（图 6-5）主要位于剩余储量大、原油黏度低的区域，共 13 口，单井累计产油 1912t，单井累计产水 4884m^3。

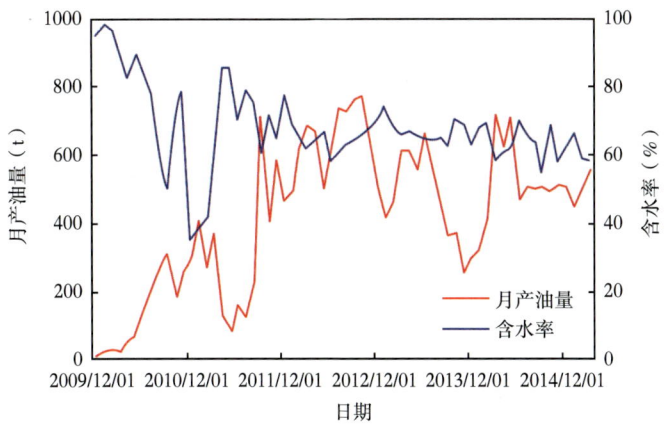

图 6-5　试验区一类井累计产量特征

二类井（图 6-6）主要地质特点为剩余储量中等，物性差异小，共 17 口，单井累计产油 1071t，单井累计产水 3564m^3。

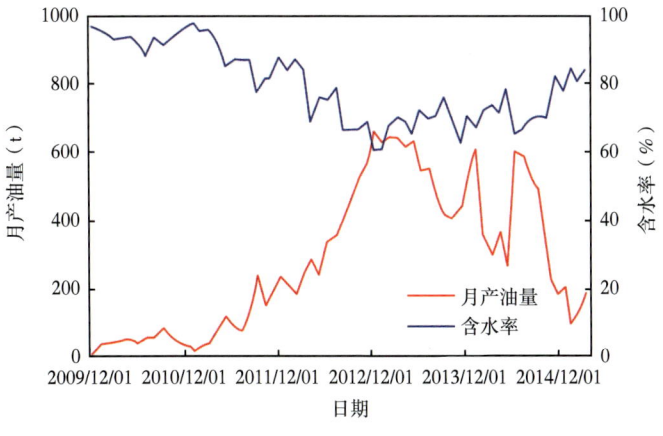

图 6-6　试验区二类井累计产量特征

三类井（图 6-7）主要是一些二线井或工程异常井等，共 12 口，单井累计产油 557t，单井累计产水 4002m^3。

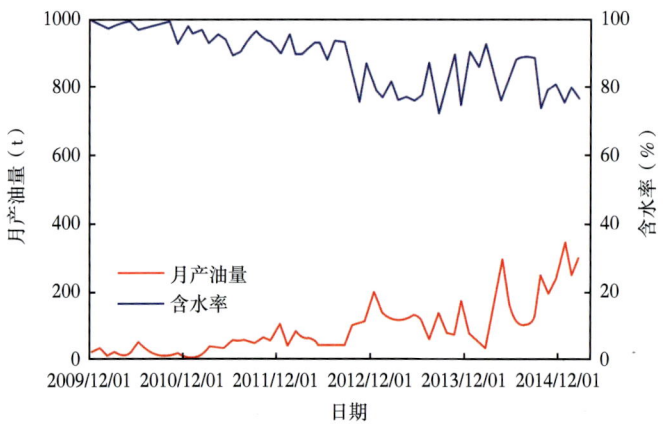

图 6-7 试验区三类井累计产量特征

从试验区剩余油饱和度与见效类型分布上可以看出，一类井多分布于含油饱和度较高区域；三类井多是二线井和边缘井，个别三类井夹杂于一类井中，主要是"油墙"通过时处于修井状态。由于地质条件和工程条件复杂，生产井见效规律还需要单独讨论。

结合火驱生产井阶段特征模式对三种类型井进行逐一分析，一类井与阶段特征模式符合程度较高，出现了明显的含水率下降和产油量上升。对一类井中所有井进行阶段归位（表6-2），结果显示大部分井位于高温稳产阶段，少部分进入高含水初期。

表 6-2 一类井阶段特征

	持续时间（月）	产量（t/d）	含水率（%）	井口温度（℃）
烟道气驱	3~6	0.5	90%	环境温度
产量上升	4~6	1~2	下降	上升
高温稳产	>20	3~5	60%	80~100
高含水期	3~5	0.5	上升	80~100

利用极值分布函数火驱井生产动态进行拟合，主要考察产量变化幅度和持续时间，极值分布函数表达式如下：

$$y = y_0 + Ae^{[-e^{(-z)}-z+1]}$$
$$z = (x - x_c)/w$$
(6-1)

式中 y——待拟合参数，产油量或含水率；

x——函数自变量，这里取月；

y_0、A、x_c、w——待定系数。

对一类井产油量和含水率动态进行拟合，得到参数拟合结果（图6-8）。

二类井与阶段特征模式符合程度较高，出现了明显的含水率下降和产油量上升，但是明显表现出高温稳产出现时间较晚，增产幅度低于一类井。

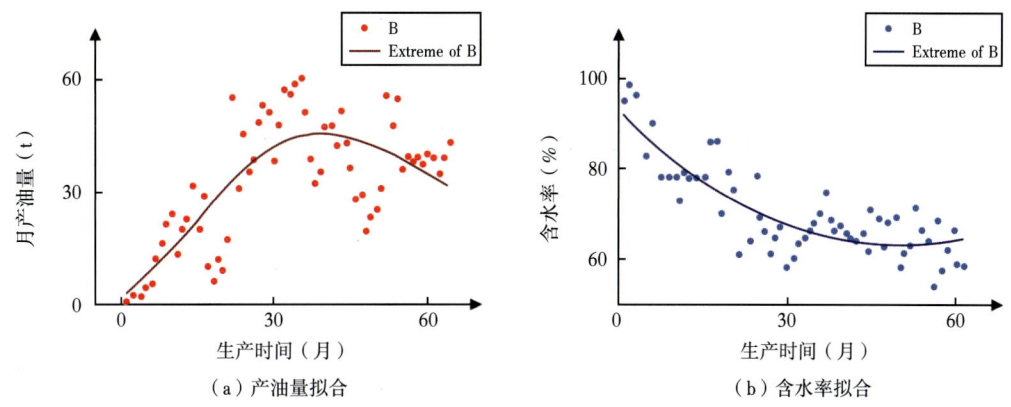

图 6-8 一类井产油量和含水率极值分布函数拟合

对二类井中所有井进行阶段归位,结果显示大部分井位于高温稳产阶段,少部分进入高含水初期(表 6-3)。

表 6-3 二类井阶段特征

火驱阶段	持续时间(月)	产量(t/d)	含水率(%)	井口温度(℃)
烟道气驱	6~10	0.5	90	环境温度
产量上升	6~8	1	下降	上升
高温稳产	>10	2~3	60	80~100
高含水期	3~5	0.5	上升	80~100

利用极值分布函数火驱井生产动态进行拟合,主要考察产量变化幅度和持续时间,得到拟合结果(图 6-9)。

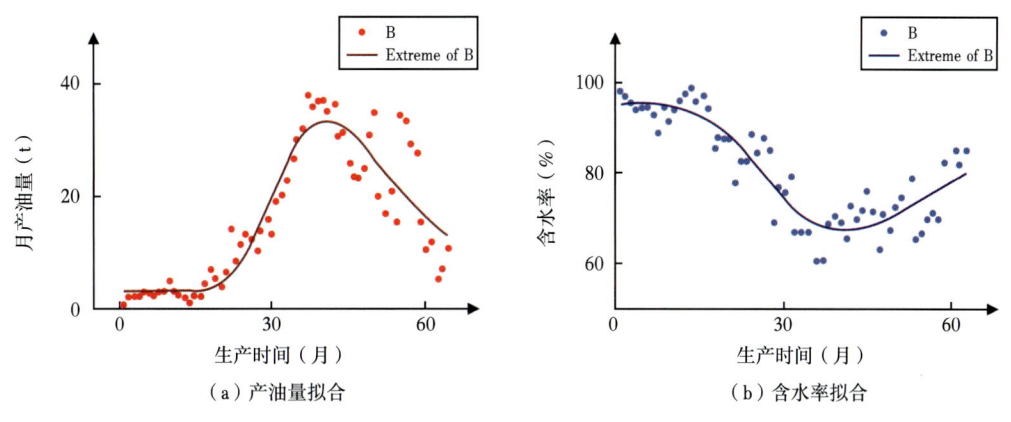

图 6-9 二类井产油量和含水率极值分布函数拟合

三类井与阶段特征模式(表 6-4)符合程度较低,没有出现明显的含水率下降和产油量上升,增产幅度低于二类井。

表 6-4　三类井阶段特征

火驱阶段	持续时间（月）	产量（t/d）	含水率（%）	井口温度（℃）
烟道气驱	>10	<0.5	90	环境温度
产量上升	6~8	1	下降	上升
高温稳产	<10	1~2	70	80~100
高含水期	3~5	0.5	上升	80~100

利用极值分布函数火驱井生产动态进行拟合，主要考察产量、含水率变化幅度和持续时间，得到结果（图 6-10）。

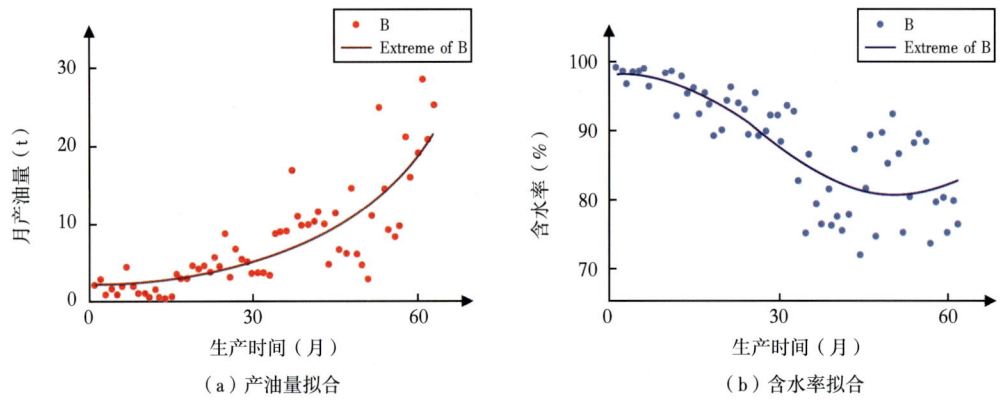

图 6-10　三类井产油量和含水率极值分布函数拟合

对三种类型生产井极值函数拟合分析结果也显示出产量峰值出现时间和峰值高度的差异，与生产井油井见效特征分类结果一致。特别是三类井，还没表现出明显的峰值特征。

第二节　火驱燃烧和驱油特征及相互关系

一、燃烧状态的判断方法

燃烧状态判断需要结合火驱的特点进行分析，在火驱过程中原油、水、产出气和岩矿都会发生变化，如果某一指标是生产特征的综合体现，那么从中分离出火驱特有的状态和阶段性特征的参考性就比较弱。下面分别从产出原油、产出水、产出气和岩矿四方面进行分析。

1. 产出原油性质诊断

产出油族组分分析结果（图 6-11）显示，原油中饱和烃上升，芳香烃、胶质、沥青质的含量下降，体现出火驱对原油改质作用。红浅火驱产出原油黏度（20℃下）由 16500mPa·s 降至 3381mPa·s，下降幅度较大。

为了考察改质作用与火驱阶段性之间的联系，分别统计了多口井在火驱阶段原油族组分构成的变化，结果显示随火驱的进行，产出原油组分阶段性变化趋势不明显（图 6-12）。

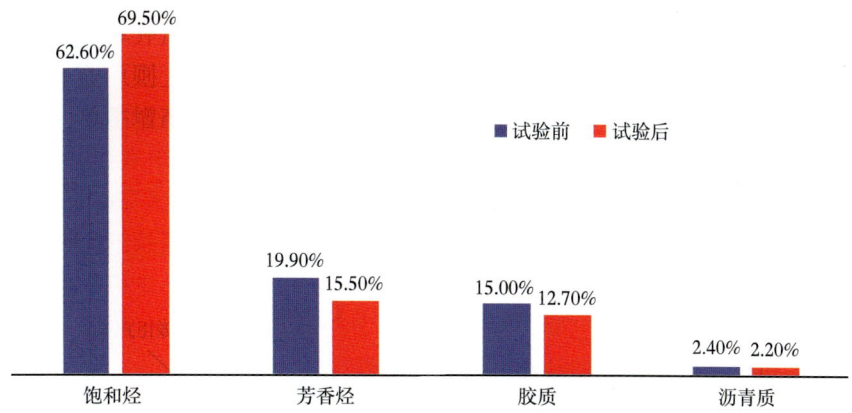

图 6-11　试验区原油物性化验结果对比图

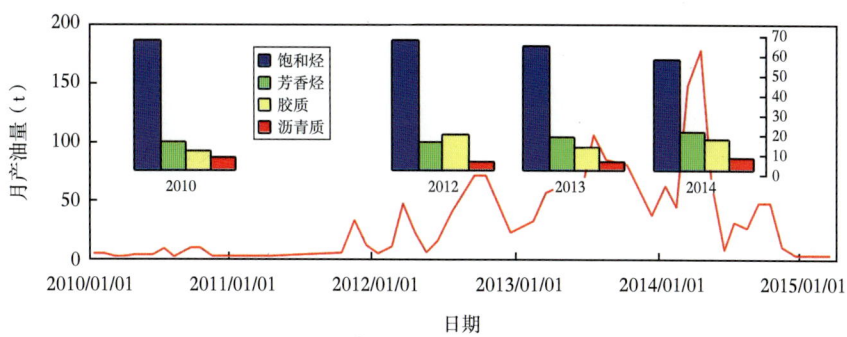

图 6-12　h2108 井产出油族组分变化

火驱井组产出油酸值明显高于外围井（图 6-13），区别于蒸汽吞吐酸值降低的特征（孙川生，1991）。

图 6-13　hH021 井原油酸值变化特征

火驱氧化过程还产生部分酸醛酮等产物，主要是因为石油酸（$C_{10} \sim C_{20}$）沸点主要集中于 200~400℃之间。对连续监测酸值变化的两口井统计发现，产出油随火驱进行酸值呈现逐渐升高的特征，但是多井对比发现酸值井间差异大，考虑到地下氧化状态和火线距离等因素都是该指标的制约因素，故酸值指标适合于单井时间序列对比。

实验室条件下可以检测到火驱原油物性变化，总体规律与矿场开发一致。但由于实验室环境和火驱现场条件存在差异，该结果不能量化使用直接推广到火驱现场，主要是由于火驱改质油与原始油区长时间混合及复杂运移规律使原油物性变化规律有别于实验室得出的结果。

为了进一步验证火驱见效井油样中轻质烃含量增加是否是受高温裂解作用造成的，对油样进行了红外线色谱分析（图6-14、图6-15）。结果表明：h2107A 井和 h1345 井油样脱水前后官能团结构图未发生变化，也就是说脱水过程中并未发生轻质组分蒸馏作用，否则官能团会发生变化，即火驱饱和烃增加主要是高温裂解作用造成的。

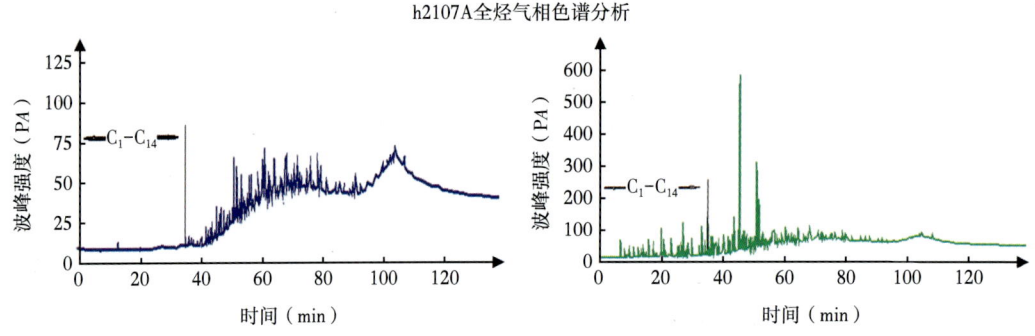

图6-14　火驱试验区改质油全烃气相色谱分析图

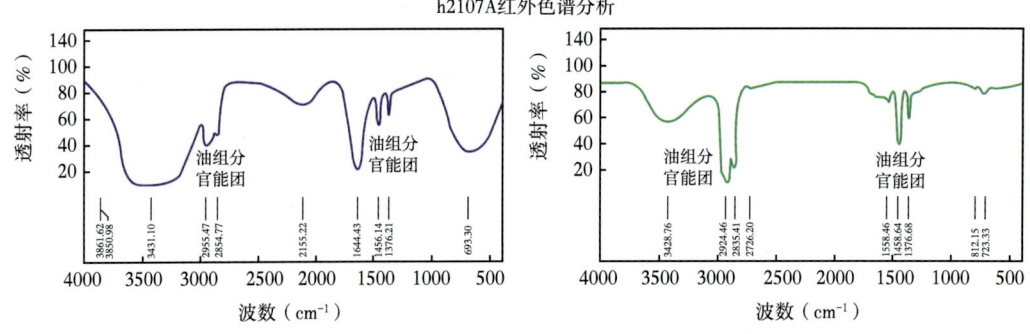

图6-15　h2107A 油样红外色谱分析结果

2. 尾气组成诊断

原油的氧化反应一般认为有两种：低温氧化反应和高温氧化反应。所谓低温氧化反应是指原油在注空气过程中生成了以酸、醛、酮为主的有机化合物；而高温氧化反应就是通常所说的火烧油层，原油中的重质成分作为燃料和氧气反应，生成了 CO_2、CO、H_2O，由于反应不完全等原因，也有部分 O_2 排出。系统温度是造成两个不同反应的决定因素。

火烧油层的产出气体主要有 CO_2、CO、N_2、O_2 等，N_2 不参加反应，O_2 是整个火烧油层过程中氧化剂，参与燃烧反应产生 CO_2，故各 O_2 含量变化可以反映出火烧油层的不同阶段。

如果凭借某一监测指标的变化来判断火烧油层的状态往往会出现偏差,所以用多种产出气体综合判断的方法来实现。

目前对于尾气组成判断燃烧状态的方法有视氢碳原子比法、氧利用率法和 N_2/CO_2 法;根据反应公式的不同视氢碳原子比有不同的表达,基于高温氧化反应(燃烧)的表达如下:

$$X = \frac{1.06 - 3.06CO - 5.06(CO_2 + O_2)}{CO_2 + CO} \tag{6-2}$$

式中　X——视氢碳原子比,无量纲;
　　　O_2——尾气中的氧含量,%;
　　　CO_2——尾气中的二氧化碳含量,%;
　　　CO——尾气中一氧化碳含量,%。

一般认为,在低温氧化反应主导的加氧反应模式下,其氢碳原子比介于 3.0~10.0 之间;在高温氧化反应(燃烧)主导的断键反应模式下,其氢碳原子比则介于 1.0~3.0 之间。

试验区初期 X 值在 3.0 以上(图 6-16),主要为低温氧化反应(燃烧);随着燃烧半径逐渐加大,产生的热量越来越多,火驱前缘温度增加,X 值逐渐降低,在 240 天左右红浅 1 井区监测的视 H/C 原子比 1.37 左右,氧气利用率大于 97%,表明了试验的地下燃烧进入高温燃烧阶段。

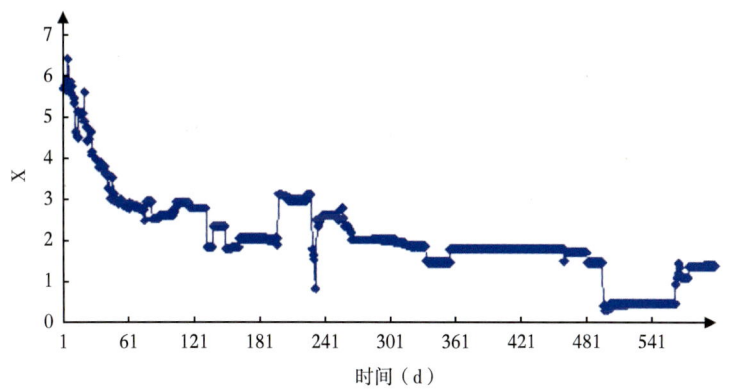

图 6-16　试验区视氢碳原子比变化曲线

氧气利用率法主要考虑了尾气中氧的含量,其表达式为

$$Y = \left(1 - \frac{79O_{2g}}{21N_{2g}}\right) \times 100\% \tag{6-3}$$

式中　Y——氧气利用率,%;
　　　O_2——尾气中的含氧量,%;
　　　N_2——尾气中的含氮量,%。

试验区氧气利用率保持在 97% 以上,目前室内实验和矿场实践已经证明,氧利用率指标只体现出氧气被消耗这一现象,不能表征氧化状态和氧化阶段性(图 6-17)。

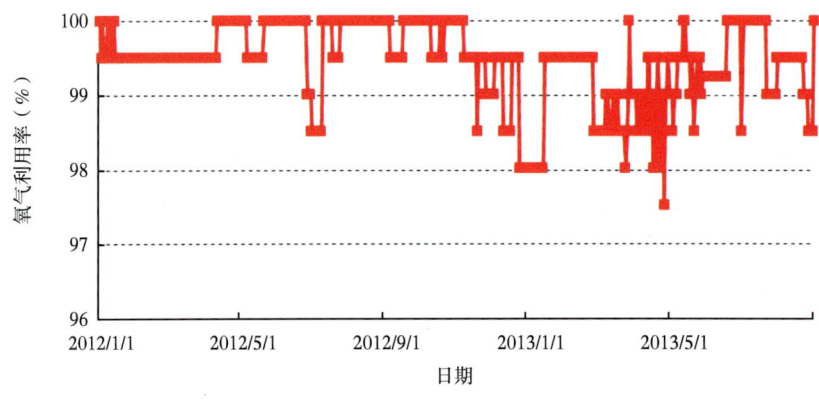

图 6-17 试验区氧气利用率变化曲线

基于以上分析,为了更加详细地刻画不同的反应阶段,引入 O_2 含量导数 $v'_{(O_2)}$ 的概念,定义如下:

$$v'_{(O_2)} = \frac{\Delta v_{(O_2)}}{\Delta t} = \frac{v_{(O_2)_n} - v_{(O_2)_{n-1}}}{t_n - t_{n-1}} \qquad (6-4)$$

式中　$v'_{(O_2)}$——O_2 含量导数,1/t;

　　　$\Delta v_{(O_2)}$——O_2 含量变化;

　　　Δt——时间变化,h;

　　　n——时间序列,$n=1$,2,…。

如果 $v'_{(O_2)}$ 趋于0,那么可以认为 O_2 在系统中含量稳定,稳定燃烧和燃烧结束时都会出现这种情况,$v'_{(O_2)}$ 急剧变化是因为 O_2 在系统参与了燃烧反应,这样根据 O_2 含量、$v'_{(O_2)}$ 的曲线变化转折点来划分燃烧阶段。

选取一组室内燃烧管火驱实验,分析分别代表 $v_{(O_2)}$、$v'_{(O_2)}$、$v_{(CO_2)}$ 的三条曲线的变化。根据曲线综合特征把火烧油层划分为五个典型阶段(图6-18):

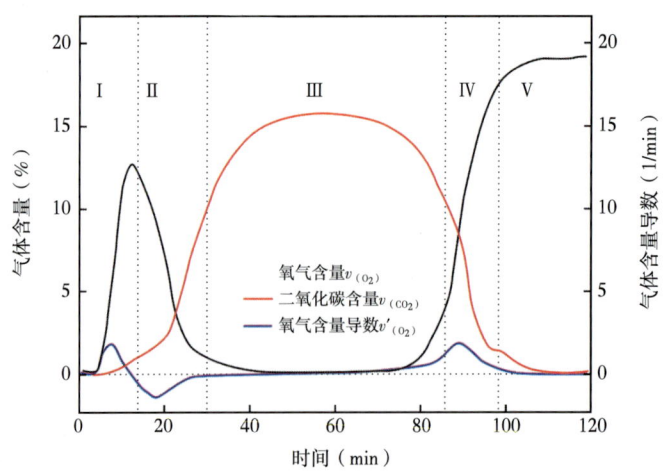

图 6-18 火驱阶段划分示意图

(1) 通风阶段（Ⅰ）：这一阶段过程中，注入端连续注入空气，O_2 和原油接触面积增大，但是还没有开始火烧油层的化学反应，故 $v_{(CO_2)}$ 很少。产出端检测到 $v_{(O_2)}$ 逐渐上升，并在一段时间保持平稳，$v'_{(O_2)}$ 曲线呈大于 0 的凸起状，这一平稳段的结束点作为该阶段的分界点。

(2) 点火阶段（Ⅱ）：在这一阶段中实现了火烧油层反应的开始到稳定。$v_{(CO_2)}$ 逐渐上升，表明火烧油层的化学反应已经开始。$v_{(O_2)}$ 迅速下降，$v'_{(O_2)}$ 曲线呈小于 0 的下凹状，两条曲线都趋近于 0 时就是火烧油层反应趋于稳定时候。所以这一阶段的分界点就确定在两条曲线都趋近于 0 的时候，但是不必严格界定在 0 点上，通过实验发现 $v_{(CO_2)}$ 在 10% 以上就是比较稳定的燃烧状态，所以一般界定在 $v_{(CO_2)}$ 为 10% 这一点上。

(3) 稳定阶段（Ⅲ）：经历了点火阶段，火烧油层已经进入了稳定燃烧阶段，这一阶段明显的特征是 $v_{(O_2)}$ 和 $v'_{(O_2)}$ 都趋近于 0，$v_{(CO_2)}$ 在 15% 左右。

稠油大部分都是长链碳氢化合物，所以可以近似地用化学式 Coke 来表示，剧烈的裂解反应生成 CO 和 CO_2，则火烧油层燃烧化学反应可以用下式表示：

$$Coke + O_2 \longrightarrow H_2O + CO_2 + CO$$

在整个燃火过程中 CO 和 CO_2 是燃烧的主要产物，随着不同的燃烧阶段有不同的含量特征，N_2 不参与反应，这里引入气体指数（GI）来作为燃烧阶段的辅助判断指标：

$$GI = \frac{v_{(CO+CO_2)}}{0.269 v_{(N_2)} - v_{(O_2)}} \tag{6-5}$$

式中　$v_{(CO+CO_2)}$——产出气体中 CO 和 CO_2 的体积含量，%；

　　　$v_{(N_2)}$——注入气体中 N_2 的体积含量，%；

　　　$v_{(O_2)}$——产出气体中 O_2 的体积含量，%。

该气体指数（GI）体现了实际产出废气和理论产出废气之间的比值，在火烧油层的初始阶段，因为没有生成 CO_2，所以 GI=0；随着化学反应的进行，GI 值逐渐增大，在火烧油层稳定燃烧阶段，产出端气体指数 GI 会趋近于某一定值；在火烧油层的结束阶段气体指数 GI 会逐渐下降到 0。可以简单地认为 GI 增大阶段是火烧油层点燃阶段，GI 减小阶段是火烧油层熄灭阶段。

那么 GI 的稳定值受什么影响呢？这里就有必要讨论参加反应的 Coke 是什么物质，如果 Coke 以碳为主要成分，那么最终产物中没有 H_2O，燃烧稳定时供应燃烧的 O_2（GI 表达式分母项）完全生成了 CO 和 CO_2，显然此时 GI 值等于 1；如果 Coke 中主要成分是长链的碳氢化合物，近似用 $(CH_2)_n$ 表示，那么就要生成部分水，GI 值就会小于 1，经测算完全长链为主的 Coke 稳定燃烧时气体指数 GI 在 0.66 左右。某次实验测得 GI 最高值达 0.8，介于 0.66~1 之间，间接地说明了反应物中焦炭和长链烃各占一定比例。

(4) 衰减阶段（Ⅳ）：随着燃烧反应的不断进行，燃料消耗殆尽，燃烧前缘到达产出端。这一阶段的气体监测曲线特征和第二阶段相反，$v_{(CO_2)}$ 逐渐下降，因为燃料不足，更多的 O_2 在产出端产出。$v'_{(O_2)}$ 呈大于 0 的凸起状，这一阶段的开始界定在 $v_{(O_2)}$ 为 10% 这一点上。

(5) 熄灭阶段（Ⅴ）：这是火烧油层结束后的状态，这一阶段的主要特征是各条曲线都是常数，不随时间变化。

表 6-5　火烧油层各燃烧阶段特征

参数＼阶段	通风阶段（Ⅰ）	点火阶段（Ⅱ）	稳定阶段（Ⅲ）	衰减阶段（Ⅳ）	熄灭阶段（Ⅴ）
$v_{(O_2)}$	上升至高点	从高点下降趋近于 0	稳定，近于 0	从 0 附近上升	稳定
$v'_{(O_2)}$	凸起状，>0	下凹状，<0	稳定，近于 0	凸起状，>0	稳定，近于 0
$v_{(CO_2)}$	0	缓慢上升	稳定在 15% 左右	从 10% 开始迅速下降	趋于 0
GI	0	上升	平稳	下降	0

GI 指数评价火驱状态和阶段性的适用条件为：(1) 利用单井产气组分组成数据；(2) 火驱燃烧启动到结束各阶段；(3) 单井方向的燃烧状态诊断。

单井 GI 值阶段性明显（图 6-19）：呈现先见 CO_2，后见油的特征，而且 GI 值稳定在 0.6 以上能指示高温燃烧。

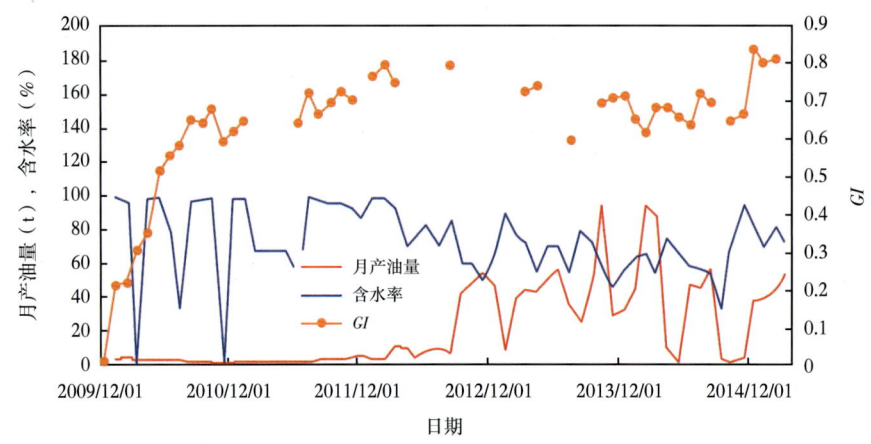

图 6-19　hH016 井的单井产量与 GI 检测结果

表 6-6　GI 值与单井产量存在相关性

GI 范围	燃烧阶段	生产特征
0<GI<0.6	点火燃烧启动	含水率稳定，产量略升；烟道气驱作用阶段
0.6<GI<1.0	高温燃烧	产量上升，高温稳产阶段

根据氧气利用率、视 H/C 原子比、GI 指数等表征火驱状态的原理，对其进行对比分析（表 6-7），可见 GI 指数界限明确，是较为理想的诊断参数。

表 6-7　尾气组成判断火驱状态方法对比

方法	低温氧化反应	高温氧化反应（燃烧）	备注
氧气利用率（%）	>95	>95	无明显界限
视 H/C 原子比	3~10	1~3	依据燃烧方程
N_2/CO_2	>8	5.6~6.6	经验
GI 指数	<0.6	>0.6	界限明确

3. 温度变化

原油处于不同的反应温度下会发生相应的氧化反应，可以分为三个明显的区带：低温氧化反应区、结焦区、高温氧化反应区（图6-20）。观测燃烧温度是判断燃烧状态的最直接手段，温度监测井能捕捉到热流体和火线通过。

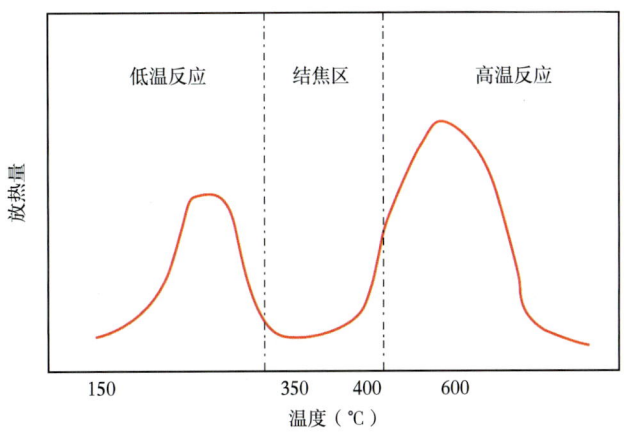

图6-20 原油反应放热规律示意图

试验区内部署温度观察井5口（图6-21）：新井3口（hH001井、hH002井、hH003井），老井2口（h2071井、h2072井，老井也可作为生产井），其井底温度压力应实现实时传输采集。但是仅有的5口观察井是不能覆盖整个试验区的，这种监测方法受到温度观察井数量的限制。

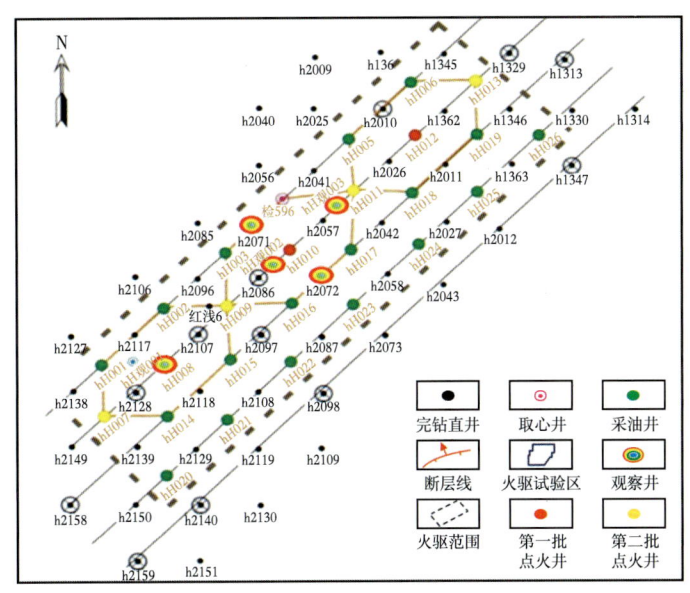

图6-21 温度观察井布置图

4. 产出水性质变化

经过对火驱前后产出水矿化度的分析，总矿化度是火驱前的 1.73 倍（表 6-8），发现火驱后产出水矿化度明显上升（图 6-22）。主要体现在钙镁离子含量的上升，结合对岩矿分析结果认为，钙镁离子的增加主要是岩矿迁移的结果。

表 6-8　地层产出水矿化度及主要离子含量对比表

	矿化度 （mg/L）	阴离子		阳离子	
		HCO_3^-	Cl^-	Ca^{2+}	Mg^{2+}
火驱前	5435	1520	2445	39.84	21
火驱后	9395	2040	3786	142	61
升高倍数	1.73	1.34	1.55	3.56	2.90

红浅火驱产出水性质变化规律国外火驱油田一致，伴随着火驱推进，产出水性质没有持续的规律出现。

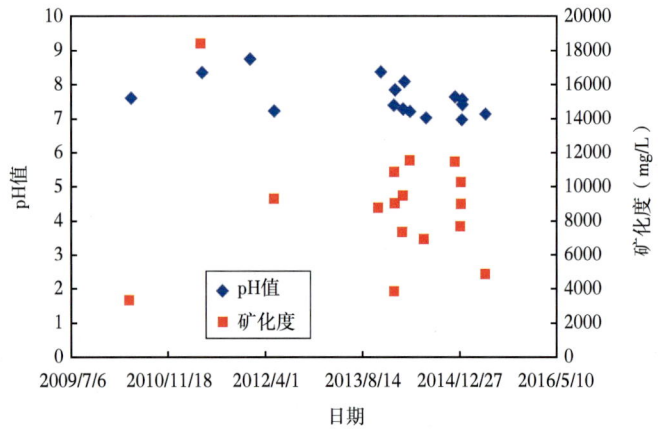

图 6-22　红浅火驱试验区产出水性质变化

火驱后发生明显的岩矿迁移，高岭石转为伊利石、蒙皂石，可以指示岩石经过 350℃ 高温。产出水含盐量变化是岩矿迁移的结果，与火驱阶段性关联差。

经过以上分析，总结各指标评价燃烧状态适应性（表 6-9）。GI 指数与视氢碳原子比法都能诊断燃烧状态，GI 指数揭示火驱阶段性更明显，可以作为燃烧状态判断主要指标。火驱对原油改质作用明显，改质与火驱阶段性无明显关联，酸值升高与火驱阶段性有关，需要单井持续监测作为燃烧状态判断的辅助指标。而岩矿分析和温度分析虽具有明显的现象，但受井数限制，难以实现。水性质变化明显，可作为燃烧状态判断，阶段性规律不强，不推荐。

表 6-9 燃烧状态监测手段对比表

指标	实验	现场	结论
油性质	性质随时间变化	有改质，与实验室有差异，受流体迁移影响	可作为燃烧状态佐证，阶段性规律不强
气体指数	能连续监测，能反映燃烧状态	能连续监测，与实验室相符	能表征燃烧状态，具有阶段性
温度监测	能连续监测	监测井监测，直观	可作为燃烧状态判断，受井限制
水性质	非监测指标	监测简单	可作为燃烧状态判断，阶段性规律性不强，不推荐

二、燃烧与驱油的作用和协调关系

1. 驱动能量的贡献

为了研究燃烧和驱油之间的关系，利用数值模拟方法研究在相同生产动态条件下以下三种情况的结果并进行对比：

（1）纯烟道气驱动，无燃烧反应，该过程直接体现出气体驱动对生产的作用；

（2）注空气火烧油层，该过程体现出气体驱动和火驱热力综合作用；

（3）注减氧空气，该过程体现出气体驱动和火驱弱热力综合作用。

从累计产量角度分析，注空气累计产油 78563t，气体携带（气驱）作用在整个火驱过程中产油 20084 吨，占比约为 25.5%（图 6-23），减氧空气累产占比约为 48.22%，这个作用会随着原油黏度的下降而上升，但是原油黏度的下降需要依靠火驱热力作用。火驱形成油墙后能够稳步向前推进并且气体的换油率较较纯气体（无热力作用）驱动高，约是 3 倍。

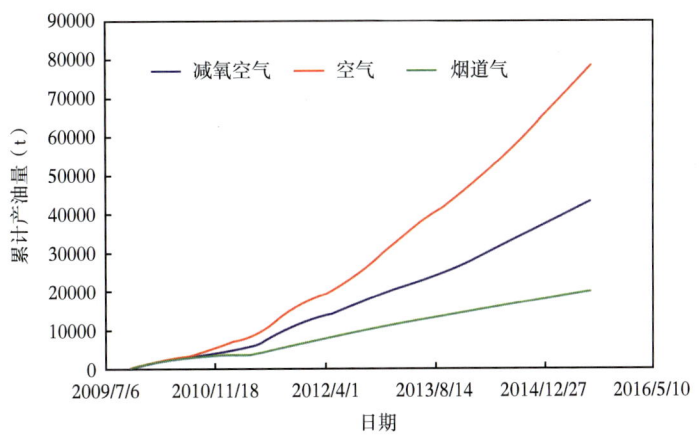

图 6-23 不同驱替方式下的累计产量对比

2. 原油的燃烧特征

火烧油层过程中发生的各种反应是随着温度区间的变化而改变的。国内外学者将这些反应简化为三个阶段。

1) 低温氧化反应阶段

稠油低温氧化反应是指在原油燃点以下，稠油与空气中的氧气发生反应生成 H_2O、CO_2、烃类化合物（羧酸、酮、醛、过氧化氢物等）的反应。

原油低温氧化反应的宏观特性包括消耗氧气、温度升高、产生热量及生成气态产物；微观特性包括官能团和自由基的变化，Kok 等发现在低温氧化反应过程中，饱和烃和芳香烃的反应活性比胶质和沥青质高。

原油组成一般用四组分来表示，包含饱和烃、芳香烃、胶质和沥青质。火烧油层过程中的低温氧化反应过程十分复杂，反应机理如式（6-6）所示。

$$R\!-\!CH_3 \xrightarrow{+1/2O_2} R\!-\!CH_2OH \xrightarrow{+1/2O_2} R\!-\!CHO+H_2O \begin{array}{c} \xrightarrow{+1/2O_2} R\!-\!CO^*+HO^* \rightarrow R^*+CO \\ \xrightarrow{+O_2} R\!-\!CO_3H \rightarrow ROH+CO_2 \end{array} \quad (6\text{-}6)$$

可以看出低温氧化反应将长碳链拆分，将烃类分子与氧原子合并在一起，生成醇之后再继续氧化生成酮、醛等化合物，随着反应的进一步进行，这些产物会继续被氧化为 CO、CO_2 和 H_2O 等。可以用两步的简化反应来表示低温氧化反应的过程。

设参与氧化反应的 H/C 原子数之比为 x，O/C 原子数之比为 y，CO 和 CO_2 的物质的量比为 β，则简化的两步氧化反应方程式分别为

$$R\!-\!CH_x + \frac{y}{2}O_2 \rightarrow R'\!-\!CH_xO_y \quad (6\text{-}7)$$

$$R'\!-\!CH_xO_y + \left[\frac{2+\beta}{2(1+\beta)} + \frac{x}{4} - \frac{y}{2}\right]O_2 \rightarrow R' + \frac{1}{1+\beta}CO_2 + \frac{\beta}{1+\beta}CO + \frac{x}{2}H_2O \quad (6\text{-}8)$$

x、y 和 β 随着原油性质不同而各异。其中，CH_x 被称为燃料，CH_xO_y 被称为极性化合物，CH_x 由原油部分氧化而成，生成的 CH_xO_y 主要是醛、碳酸、酮和醇。第一步反应一般被称为"加氧反应"，CH_x 消耗氧气生成 CH_xO_y。后者是"键裂解反应"，CH_xO_y 与氧气发生反应生成碳的氧化物。其中，"键裂解反应"是火烧油层技术取得成功的关键。低温氧化反应最主要进行的是"加氧反应"，因而会消耗大量的氧气，生成的二氧化碳含量较少。

2) 燃料沉积阶段

随着油藏温度的升高，原油发生的化学反应称为高温分解，有些学者称为燃料沉积，因为在这个温度区间内该反应会形成焦炭，为后续的燃烧提供燃料。燃料沉积反应的过程是吸

热的，主要有浓缩、脱氢和裂解三种方式。

有国外学者描述燃料沉积阶段沥青发生的反应如图6-24所示。

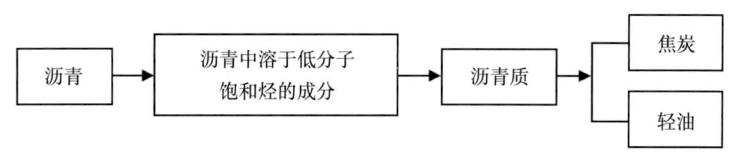

图6-24 沥青反应流程图

3）高温氧化反应阶段

有文献表明，当温度高于343℃时，氧气会和原油中的有机燃料发生高温氧化反应，即燃烧，生成CO、CO_2和水等基本产物。该反应可以使碳链断裂，消耗的氧气可以用生成的氧化物来平衡，可以说此时的油层中燃料在燃烧，而低温氧化反应发生时燃料是被氧化，不是燃烧。

高温氧化反应可表示为

$$CH_x + (1 - 0.5m' + 0.25X)O_2 \longrightarrow (1 - m')CO_2 + m'CO + \frac{X}{2}H_2O \qquad (6-9)$$

式中 X——单位碳原子的平均氢原子数，称为H/C原子比；

m'——CO/(CO+CO_2)摩尔比。

火驱现场产出的气体除了气态烃，还有N_2、CO_2、CO、H_2、Ar、H_2S和O_2等。根据高温氧化反应过程的分析，N_2、O_2和Ar被认为是来自注入的空气，碳氧化物被认为是燃烧产物，H_2被认为是在缺氧区内由原油的热裂解释放出来的，H_2S被认为是缺氧区内脱硫反应产出的。

埃菲尔比于2006年提出了一种基于SARA反应模型的裂解反应方程。

$$\begin{aligned} S &\longrightarrow Gas+Light\ ends+A \\ A &\longrightarrow Gas+Light\ ends+S+R \\ R &\longrightarrow Gas+Light\ ends+S+R+Asp \\ Asp &\longrightarrow Gas+Light\ ends+A+A+R+Coke \end{aligned} \qquad (6-10)$$

式中 S——饱和烃；
　　　A——芳香烃；
　　　R——树脂；
　　　ASP——沥青；
　　　Light ends——轻烃；
　　　Coke——焦炭。

可见，低温氧化反应遵循石油—树脂—沥青的路线，黏度密度增大；燃料沉积段是低温氧化反应和高温氧化反应转化的门槛，温度升高和氧气流量增大可以推动低温氧化反应转向高温氧化反应。

红浅试验区经过前期的蒸汽吞吐过程，地下有一定量的存水，前期研究认为地下存水会对火驱产生干式注气、湿式燃烧的特征。

长期监测的温度观察井有 h2071 井、hH 观 001 井及 h2072 井三口井，其中 h2071 井温度监测图表明，试验区处于高温燃烧状态，最高检测温度达到 400℃，另外 5m 左右范围内监测温度比较均匀，说明火驱过程中火线超覆不明显，纵向波及体积较高。高温段持续 14d，随后进入温度递减段。前缘温度平均值在 400℃ 左右；上、中、下温度差距小，测温段超覆不明显。

对比布尔热于 1984 年发布的干式火驱与湿式火驱温度剖面特点，h2071 井展现出较长、较平稳的温度带（200℃）（图 6-25），通过这一特点及前期的研究结论，可以断定红浅试验区呈现高温燃烧，伴随湿式燃烧特征。

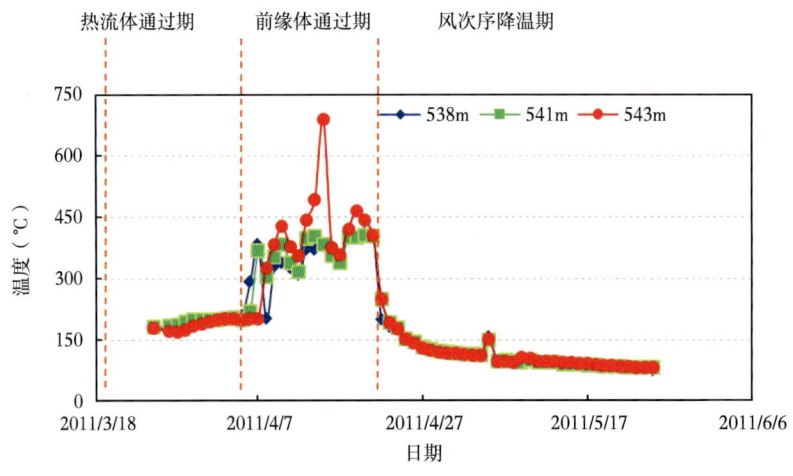

图 6-25　h2071 井监测温度

3. 火驱的驱油特征

1）取心分析火驱区带

火驱的驱油特征主要决定于火驱集油带（"油墙"）的推进，对取心井 h2071A 井（图 6-26）的分析可以清晰地认识火驱各个区带及区带内特征。C—D 处的含油饱和度较高（53.2%），验证了火驱的"油墙"效应（表 6-10）。

表 6-10　区带特征及描述

区段	描述	特征
A—B	厚 5.64m 的砂砾岩段（占总长度 40%）	砖红色
B—C	厚 10cm 的焦炭沉积段	孔隙度和渗透率均低，胶质+沥青质含量大于 40%
C—D	厚 1.05m 的黑色油斑砂砾岩段，"油墙"（未受火驱影响）	S_o = 53.2%
D—E	厚 4.4m 的灰色油斑砂砾岩段（未受火驱影响受前期注蒸汽冷凝水影响）	S_o = 21.4%

【第六章】 火驱燃烧和驱油特征分析

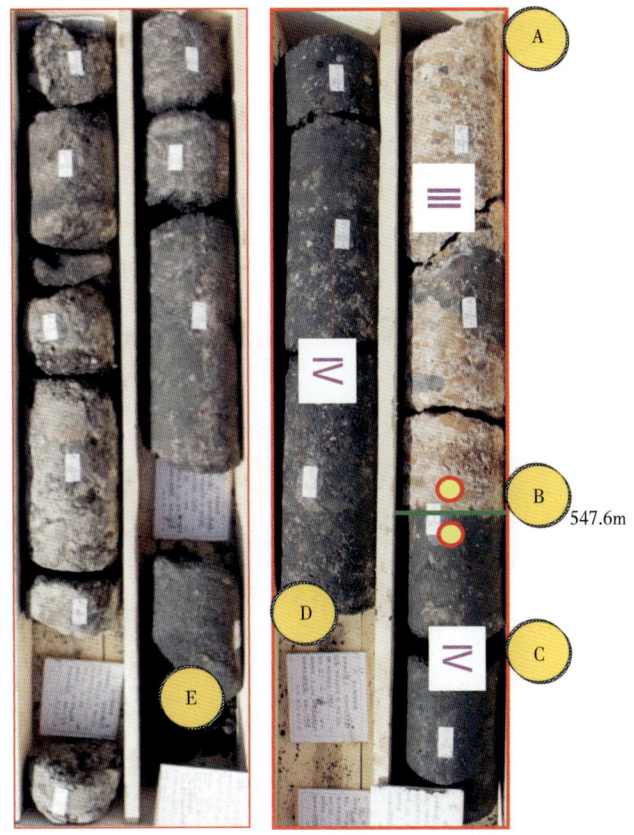

图 6-26　h2071A 井取心区带划分示意图

图 6-26 中的 B—C 段是燃烧段和"油墙"的中间结合带,对这一部分的认识决定了火驱状态的最终结论,所以需要对结合带界面上下进行物性分析。

首先进行肉眼观察,界面处油质呈现亮色,多处有反光,钻取时岩心胶结较已燃区和原始油区紧密,证明这一区带内已经发生了原油的改质,并且原油失去了流动活性。

进而对图 6-26 中的界面 B 上下进行热解、压汞、族组分分析,以建立孔隙度、渗透率和原油组分以及所经历热史之间的关系。

图 6-26 中的界面 B 处深度为 547.6m,对界面 B 以下 547.74m 的某处的压汞分析得到其孔隙度、渗透率和毛细管半径都大幅变小(表 6-11),分析认为是焦炭沉积导致孔隙变小,最终影响了渗透率和毛细管半径。

表 6-11　界面 B 附近压汞分析

深度（m）	孔隙度（%）	渗透率（mD）	毛细管半径（μm）
546.26	26.7	1170	17.40
547.74	20	23.3	0.63

进而对图 6-26 中的界面 B 下 547.74m 的某处进行原油族组分分析,结果显示胶质和沥青质综合含量大于 40%(表 6-12),远远高于红浅区原油的平均水平 18%。由此可以说明该区带经过高温并已经发生了燃料沉积。

表 6-12 族组分分析 (单位:%)

位置	饱和烃	芳香烃	胶质	沥青质
BC 段	40.99	19.48	30.23	9.88
原始	62.6	19.9	15	2.4

为了断定该区带经历高温历史,对 B—C 处火烧后和未燃烧段进行了热解分析,结果见表 6-13。

表 6-13 原油热解分析对比 (单位:mg/g)

S_0 90℃	S_1^1 200℃	S_2^1 200~350℃	S_2^2 350~450℃	S_2^3 450~600℃	S_4 剩余	备注
0	1.27	10.96	3.69	0.99	22.5	B—C 段
0.65	15.58	30.75	15.67	3.00	12.1	原始带

S_2^1 段和 S_2^2 段热解分析结果和原始带差异较大,界面处原油 S_4 段剩余量大,说明该区带经历过 350℃ 左右高温且重质成分多。结合各方面资料,综合判断该区带应该是焦炭沉积带,区带内不是完全的焦炭成分,属于原油和焦炭的中间体。

燃烧前缘的高温是导致原油改质降黏并聚集成墙的主要因素,通过数值模拟计算,这一特征表现得尤为明显(图 6-27)。

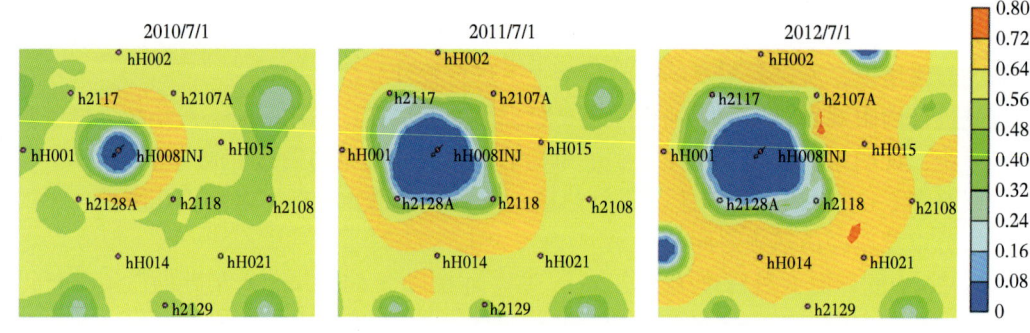

图 6-27 燃烧前缘高温形成"油墙"过程

2)注气腔压力对"油墙"的推动作用

论述火驱能量构成时发现气体携带和火驱高温联合作用才能取得最终增产效果,而这一结论也在火驱监测中得到验证。2011 年 3 月,发现火驱试验区出现气体泄漏,而附近的火驱监测井 h2072 井在同时也观测到了燃烧温度下降(图 6-28)。

气腔内压力下降 1MPa 后,热流体停止运移,检 596 井产量在这一阶段下降严重。

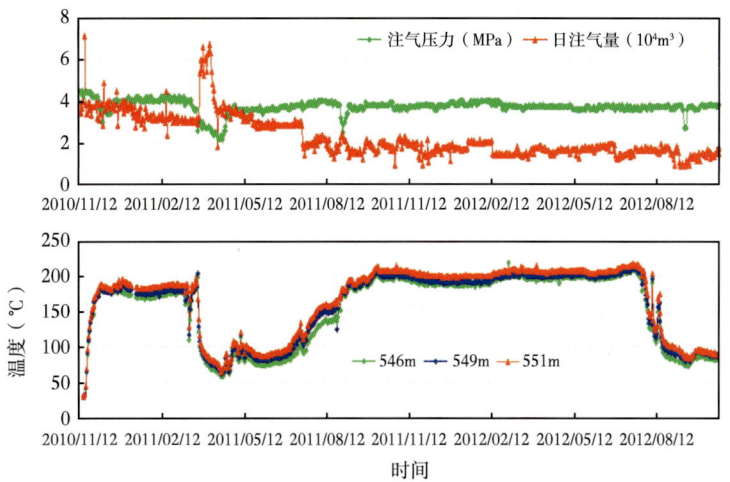

图 6-28 注气井波动引起监测井动态变化

3)"油墙"运移

从火驱储层区带分布看,在火驱前缘会形成高饱和度"油墙",且"油墙"是动态的。通过跟踪数值模拟,发现对注蒸汽后的油藏施行火驱,其"油墙"的构建和运移过程与原始油藏火驱有较大差异。对于不存在次生水体的原始油藏火驱,"油墙"在火驱前缘形成后,将保持较高的含油饱和度和宽度,并不断地向前推进运移。

但对于注蒸汽开发后的油藏,地层中形成了大小不一的次生水体(水坑),图 6-29(a)中 h2117 井附近。由于点火井(注气井)为老井中间钻的新井,点火初期注气井周围即可形成高饱和度"油墙"[图 6-29(a)],随着"油墙"向老井方向逐步推移,当其遭遇到前方水坑时[图 6-29(b)、6-29(c)],堆积起来的油墙要消耗一部分填坑;当水坑的规

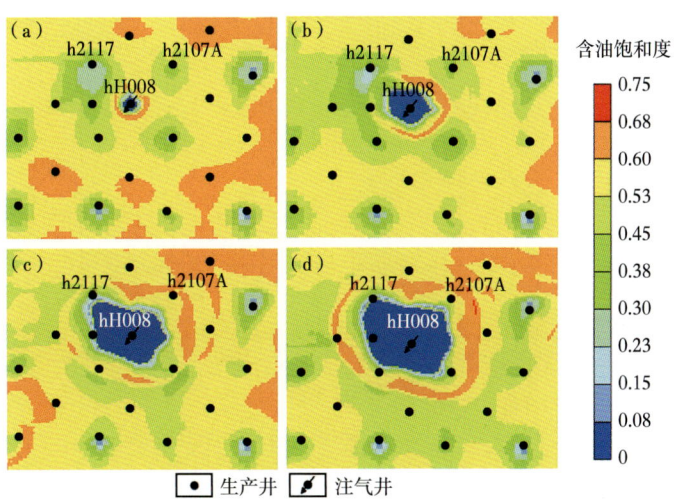

图 6-29 油层火驱含油饱和度变化图

模较小时,"油墙"只是在填坑后降低含油饱和度;当水坑的规模较大时,"油墙"就会因填坑而所剩无几只能在水坑的后面再重新构建"油墙",图6-29(d)中h2117井左前方。"油墙"的形成和运移过程给火驱动态管理带来很多启示。

首先,"油墙"的运移过程具有明显的时效性和不可逆性,这就要求油藏动态监测、修井、作业等动态管理措施必须及时、到位,确保时效性;其次,"油墙"的实质是通过火驱过程人为地将低饱和度区域的原油堆积起来形成动态的高饱和度条带;从某口油井采出的原油不一定是该井井底附近的原油,很可能是通过"油墙"从较远处甚至别的井组推移过来的原油。

因此在不同火驱井网类型条件下,对火驱矿场试验开发效果和最终采收率的评价要有一个合适的空间和时间尺度。低于这个尺度,评价结果可能偏悲观;此外,与注水、注蒸汽、注聚合物等开发方式不同,线性火驱开发是一个连续收割式的采油过程,区块产量上升、稳产、下降的周期与单个生产井不同步。区块的稳产靠单个生产井的持续稳产来实现,区块的寿命要远大于单井;对于单个生产井和某一局部来说,火驱是个高速采油过程,而对于整个区块来说则不一定,主要取决于区块的大小和生产井数的多少。这一点对火驱开发中确定合理的开发规模、稳产年限和采油速度具有重要意义。

4. 燃烧和驱油的关系

通过注气形成了燃烧,也完成了驱油,注气量小会导致燃烧不佳发热量下降,最终驱油效果差,而注气量大则燃烧效果好,驱油效果较好;但是会出现过量空气在"油墙"带内二次氧化的问题出现,最终换油率会下降。

既然注气对燃烧和驱油的影响较大,这里就需要研究最佳注气速度的问题。利用红浅试验区原油性质建立数值模拟模型,研究不同注气速度下燃烧温度和驱油效果,结果显示,注气速度的增加可以使燃烧温度趋高,达到一定注气强度 $800m^3/(m \cdot d)$ 后可以达到较高的空气换油率,称为最低注气强度。当注气强度达到 $1000m^3/(m \cdot d)$ 后采出程度几乎不再增加,可以认为这是最大注气强度(图6-30)。

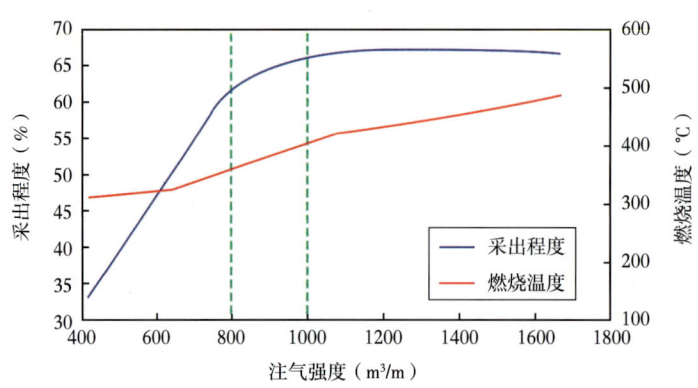

图6-30 不同注气强度下燃烧温度和驱油

除了数值模拟方法,也可以用传统的数理统计方法进行空气油比 AOR 的预测,作为评价项目运行效果评价的佐证,比较著名的就是朱杰创建的统计方法,但是朱杰创建方法没有考虑注气速度大小对燃烧效果的影响,所以这里考虑重新建立一个统计模型,重点考察地质、流体和开发三方面因素对 AOR 的影响。

整理国外成功火驱基础参数(表 6-14),建立涉及地质、流体、开发等参数的空气油比回归公式如下:

表 6-14 世界范围内较成功火驱项目基本油藏参数

指标 项目	厚度 (m)	倾角 (°)	孔隙度	渗透率 (mD)	温度 (℃)	油饱 和度	油黏度 (mPa·s)	注气速度 (m³/d)	空气油比 (m³/m³)
加利福尼亚州,布雷亚·奥林达(Brea Olinda Calif)	38.1	20	0.29	300	57.2	0.539	20	70790	1371
萨克冷湖(Cold Lake Sask)	6.5	0	0.35	4600	21	0.82	3500	450	500
东蒂亚·胡安娜(East Tia Juana)	39	4	0.392	5000	40	0.73	6000	56632	167
萨克西北部;福斯特顿(Fosterton Northwest. Sask)	8.4	0	0.288	958	51.7	0.452	13.5	39642	1603
得克萨斯州,格洛里亚纳(Gloriana, Tex.)	1.2	2.5	0.35	1000	44.4	0.533	110	66543	1690
加拿大,梅恩(Mane Granda)	5.8	0	0.35	3500	65.5	0.94	400	28317	871
加利福尼亚州,中途日落(Midway Sunset Calif.)	14.9	15	0.33	2500	43.3	0.55	2770	33979	515
加利福尼亚州,中途日落(Midway Sunset Calif.)	14.9	15	0.33	2500	43.3	0.55	2770	28316	1852
米加(Miga)	6.1	2	0.226	5500	63.3	0.75	280	274675	1870
N. Govt, Welld, Freer	6.1	0	0.32	1800	48.9	0.45	10	70792	2761
North Tisdale, WY.	15.2	0	0.197	320	18.3	0.68	40	43042	2048
ShannonWyo	10.1	0	0.233	250	20	0.6	76	14158	1145
内布拉斯加州斯劳斯(Sloss)	4.4	0	0.193	191	93.3	0.3	0.8	28316	2938
加利福尼亚州,南贝尔瑞奇(South Belridge, Calif)	9.3	3	0.36	8000	30.6	0.6	2700	99106	997
Trix Lig, TX.	2.8	0	0.28	500	58.9	0.559	26	7306	1425

$$\mathrm{AOR} = a(S_o \cdot \phi \cdot h) + \left(\frac{Kh}{\mu_o}\right) \cdot T^b + c \cdot \frac{v_g}{h} + d \tag{6-11}$$

式中 S_o——含油饱和度;

ϕ——孔隙度;

h——油层厚度,m;

K——渗透率,mD;

μ_o——地下原油黏度,mPa·s;

T——地层温度,℃;

v_g——注气速度，m^3/d。

经过参数拟合计算得到常数项 $a=-100.87$、$b=0.0828$、$c=0.0096$、$d=1237$，计算 AOR 和实际 AOR 符合程度较高（图6-31）。代入红浅试验区油藏基本参数，计算红浅试验区 AOR 为 $1118m^3/m^3$。朱杰方法得到的结果为 $1168m^3/m^3$，从这一点上可以说明红浅试验区目前的注气速度在合理范围内，如果偏离合理范围，两种计算方法得到的结果将会出现较大偏差。

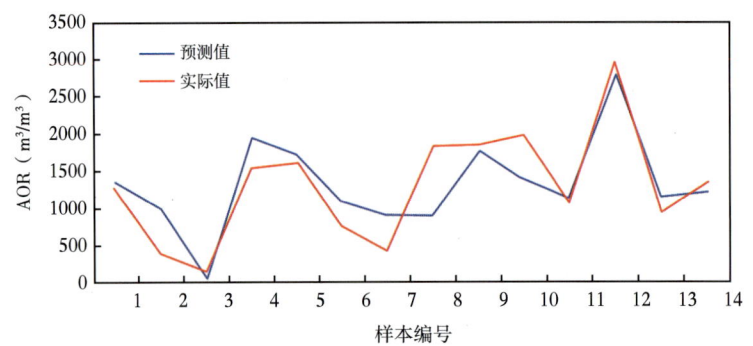

图6-31 AOR预测值与实际值对比

用于预测火烧油层 AOR 的方法还有支持向量机法，该方法属于统计学习方法，用于寻找变量之间的复杂关系。

支持向量机回归法是由 Vapnik 及其合作者提出的一种创新性机器学习方法，其理论基础为统计学习理论。支持向量机回归法包括线性回归和非线性回归。

对于线性回归，用线性回归函数：

$$y=\omega x+b \quad (6-12)$$

假设训练样本集 D_n 由 n 个样本 (x_i, y_i)（$i=1, 2, \cdots, n$；$x_i \in X$，$y_i \in R$）组成，为方便估计，保证式（6-12）曲线平滑，必须寻找一个最小的 ω 值。为此，采取最小化欧基里德空间的泛数，利用对偶原理、拉格朗日乘子法等算法，得回归函数：

$$y(x)=\sum_{i=1}^{n}(\alpha_i-\alpha_i^*)(x_i \cdot x)+b \quad (6-13)$$

式（6-13）中，$(\alpha_i-\alpha_i^*) \neq 0$ 时对应的样本数据即是支持向量。

对于非线性支持向量机回归，其基本思想是通过一个非线性映射将数据映射到高维特征空间（Hilbert空间），并在这个空间进行线性回归，这样低维空间的非线性回归问题就对应于高维特征空间的线性回归问题。具体算法如下：

$$\max\left[-\frac{1}{2}\sum_{i=1}^{n}\sum_{j=1}^{n}(\alpha_i^*-\alpha_i)(\alpha_j^*-\alpha_j)k(x_i, x_j)-\varepsilon\sum_{i=1}^{n}(\alpha_i^*+\alpha_i)+\sum_{i=1}^{n}y_i(\alpha_i^*-\alpha_i)\right]$$

$$(6-14)$$

使得：

$$\sum_{i=1}^{n} \alpha_i^* = \sum_{i=1}^{n} \alpha_i$$
$$\alpha_i^*, \ \alpha_i \in [0, \ C] \quad (i = 1, \ 2, \ \cdots, \ n)$$

其中，C 是一个正常数，可以称为惩罚因子，如果 C 值很大，说明对于拟合偏差的惩罚大，此时回归函数可以表示为

$$y(x) = \sum_{i=1}^{n} (\alpha_i^* - \alpha_i) k(x_i, \ x) + b \tag{6-15}$$

当 $\alpha_i \in (0, \ C)$ 时：

$$b = y_i - \sum_{i=1}^{n} (\alpha_i^* - \alpha_i) k(x_i, \ x) + \varepsilon$$

当 $\alpha_i^* \in (0, \ C)$ 时：

$$b = y_i - \sum_{i=1}^{n} (\alpha_i^* - \alpha_i) k(x_i, \ x) - \varepsilon$$

采用 Polynomial 核函数的支持向量机模型（$d = 4$，$C = 500$，$\varepsilon = 0.01$）对火烧油层试验样本预测点与样本点的对比（图 6-32）。

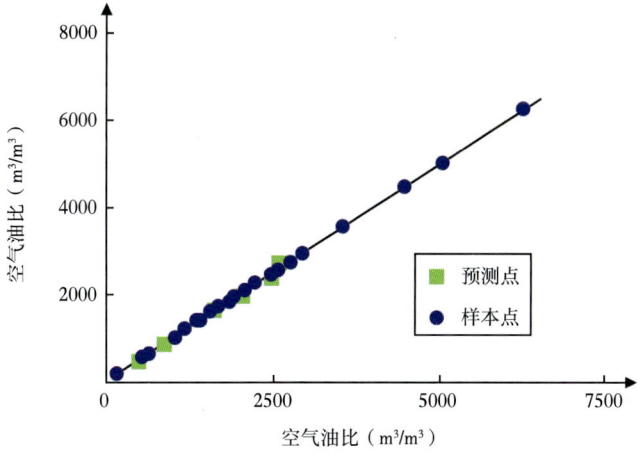

图 6-32　空气油比预测点与样本点示意图

代入红浅试验区油藏基本参数，计算红浅试验区 AOR 为 1972m³/m³。对比三种 AOR 的预测方法可以发现，统计方法快捷简单，SVM 方法相对准确率高于统计方法。2018 年试验区月空气油比 2625m³/m³，处于经济 AOR 范围内，但是稍高于预测值，估计与部分注入气体泄漏到上层系有关，实际用于火驱的空气体积少于注入体积。

依据国外成功火驱实例的采注比对红浅试验区的气体泄漏量进行测算，Suplacu 油田的采注比为 0.85，Oklahoma 油田的采注比为 0.8，Pavlova 油田的采注比为 0.9，2018 年红浅试验区的采注比为 0.67。以 0.85 为理想状态采注比值测算，试验区有 20% 左右的气体泄漏。

试验区 2018 年的单井注气量约为 788m³/(m·d)，如果考虑 20% 的泄漏，实际可利用量是没有达到最低值 800m³/(m·d) 这一指标的，所以建议试验区提高注气量到 1000m³/(m·d)，以保证良好的燃烧和驱油效率。对燃烧和驱油关系研究总结如下：

（1）沟通燃烧与驱油的媒介是注入气；红浅试验区气体驱动贡献的产量占比 25%，热效应贡献的产量占比 75%。

（2）从监测数据分析，红浅火驱具有高温燃烧、湿式燃烧特征；"油墙"形成于高温，受气体推动，调节注气速度是燃烧状态和驱油效果协同增效的途径。

（3）从实验、统计和油藏工程方面分析，试验区单井平均注气量应控制在 8000m³/d 以上，以发挥燃烧和驱油的协同作用。

第三节　火线推进规律及影响因素

红浅火驱试验区实施的是干式正向燃烧又称正燃法，是指燃烧前缘从注入井向生产井推进，前缘推进方向与注入空气的流动方向一致。随着燃烧前缘离开注入井向生产井推进，形成了火烧油层物理模式，构成了干式向前燃烧驱油的各种作用机理。

一、火线推进规律

1. 火线纵向推进规律

从实验室燃烧管火线推进规律（图 6-33）分析，同一断面上端热电偶最先检测到升温，依次向下分别再检测到温度升高。由于重力影响，气体在岩心上部推进较快，燃烧产生超覆现象，超覆面角度随时间增大；在超覆燃烧过程中，近管壁处的温度峰值在同一断面上相对较低，主要是因为燃烧管壁存在一定的热量损失。

注气速度是燃烧能否维持的重要因素，空气注入速度的选择对火烧油层非常关键。实验中采用在同一实验内改变瞬时注气速度的方法观察温度及产液量对注气速度的响应，可更直观地观察火烧油层对注气速度的敏感性。

在实验进行中，改变注气速度，同时采集温度及产液量等数据。实验结果显示（图 6-34）：温度场对注气速度十分敏感，随着注气速度的变化，温度峰值前缘相应变化；产液速度对注气速度亦十分敏感，随着注气速度的增加而增加。

2. 火线平面波及规律

通过室内实验、数值模拟观察火线平面波及规律，大致和纵向上的推进规律一致，受到火线加热作用，"油墙"在不断构建并推进（图 6-35）。

可以发现，火线呈条带状推进，宽度约为 80mm；通过火线在不同时刻所到达的位置，测算火线初期推进速度快（10.1cm/h），中期速度慢（8.4cm/h）。

火线前面还有一个次高温带，根据火驱原理，这一区带应该是热流体带，为了进一步验证推断，利用 hH008 井组数值模拟对这一段进行细致的观察（图 6-36）。模拟发现由于热流体速度比火线推进快，油墙径向增厚，但是递增速度逐年减缓，分析认为是由于恒定注气使燃烧体积径向拓展速度变慢所导致。

通过取心井观察发现火驱纵向上的波及面积差异较大，h2118A 井波及面积达 80%，而

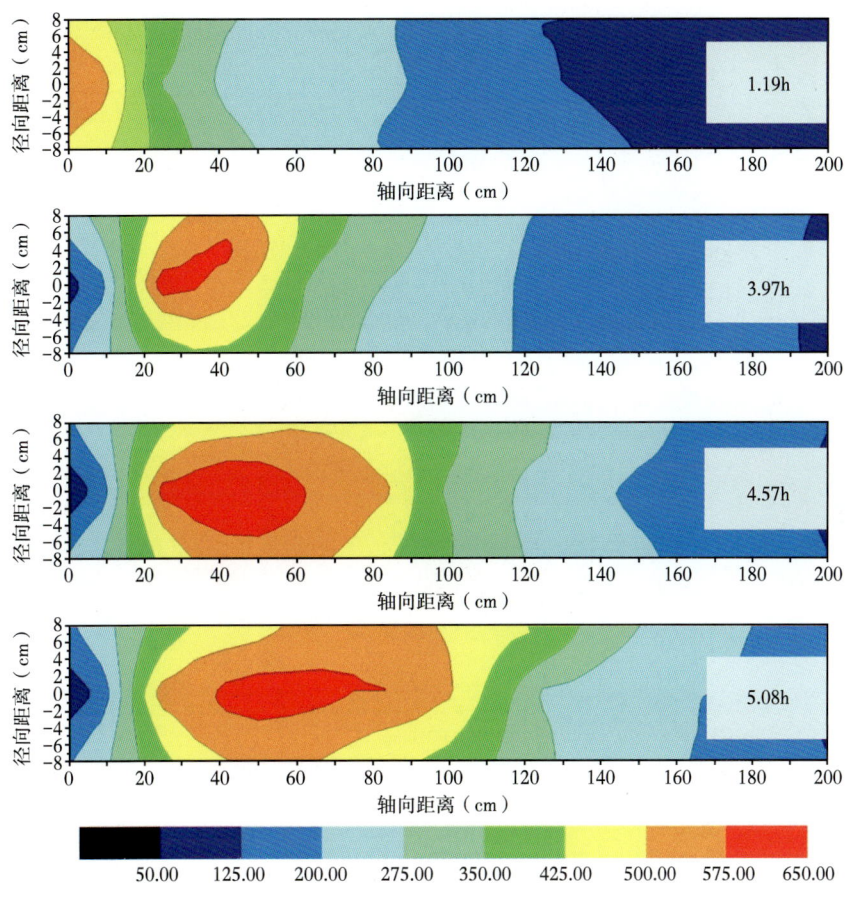

图 6-33 实验室燃烧管描述火线动态

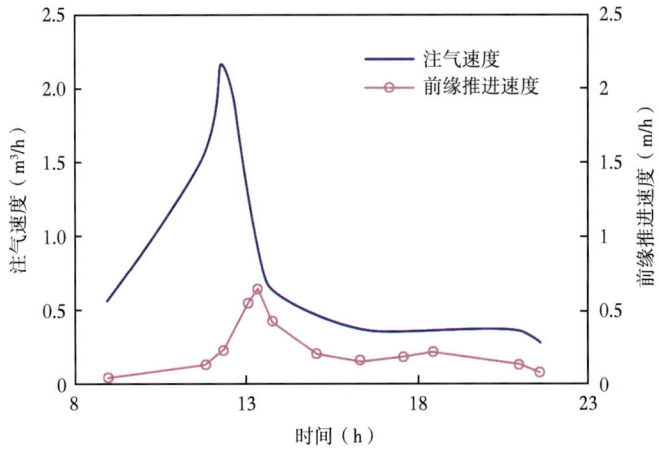

图 6-34 注气速度与前缘推进速度的关系

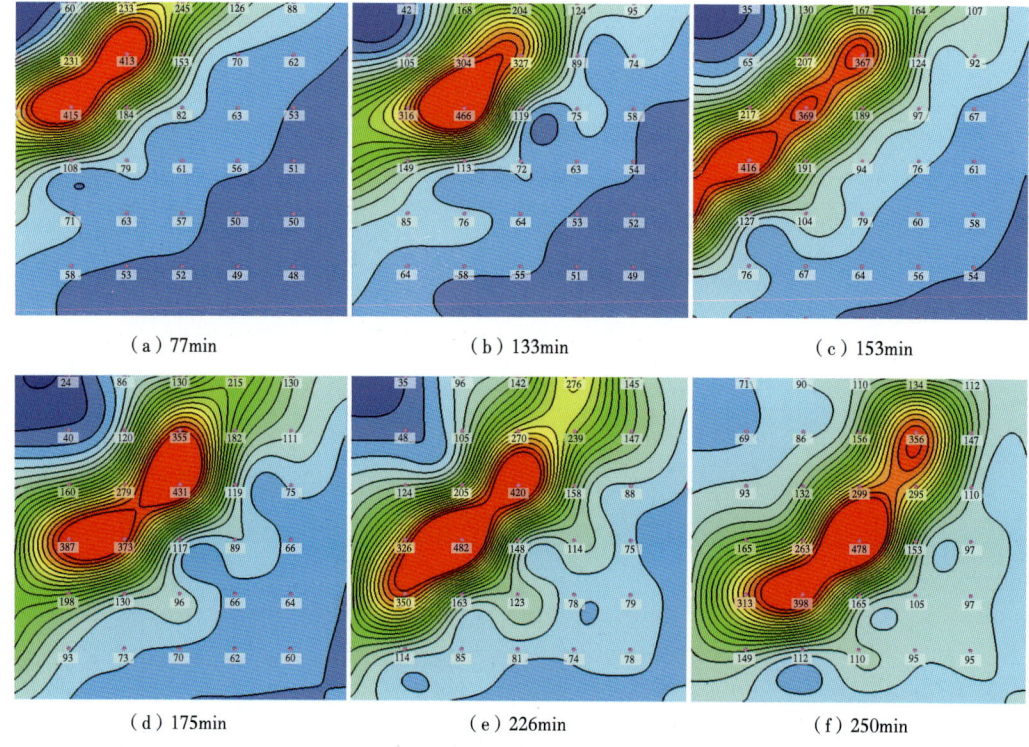

图 6-35　室内实验不同时刻温度剖面

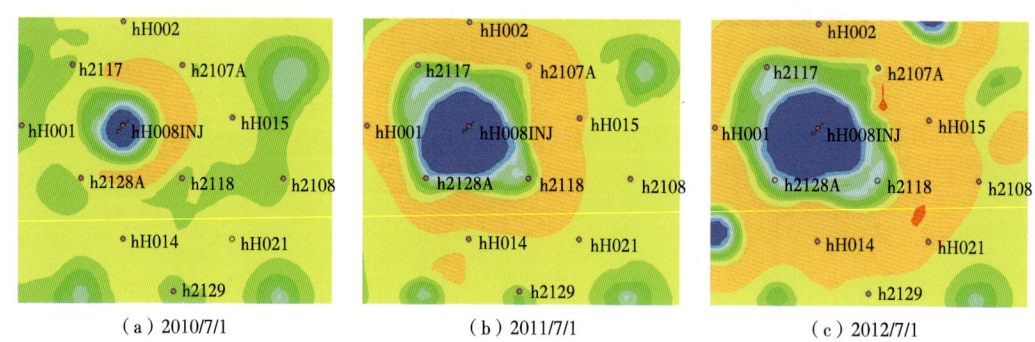

图 6-36　数值模拟不同时间饱和度剖面

h2071A 井的波及面积只有 50%。结合数值模拟（图 6-37）、温度观测及生产动态结果可以发现火驱平面波及方向性明显。

试验区上倾方向见热流体明显早于下倾方向，如 h2071 井 456 天见热流体，而 h2072 井则为 651 天；同属于下倾方向一排的观测井 hH014 井尚未见达到 200℃ 以上的高温；注气井连线方向上见热流体时间更晚，目前 hH003 井刚刚出现热流体信号，该井距离最近点火井 hH011 井点火已经过去 1195 天。主要是因为注气井间没有生产井泄压，气体携带液体前进的作用弱于一线井、二线井。由此可见，火驱前缘推进的方向性由物性和井网决定。

【第六章】 火驱燃烧和驱油特征分析

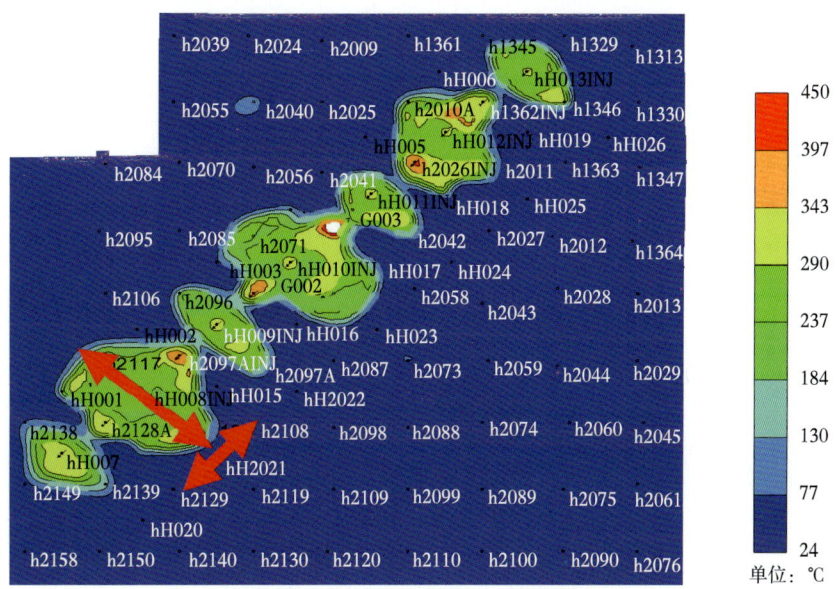

图 6-37 试验区已燃区温度场模拟结果

二、火线均匀推进影响因素的关联分析

1. 火线均匀推进影响因素

影响火驱效果的因素众多，归结起来有油藏地质因素、油藏开发状况因素和工程因素三方面。这三方面涵盖了几乎所有的火驱影响因素，其中大部分是非人为可控的，还有部分影响因素正是需要调整改造的对象，它们不同程度地影响了火驱的效果。

1) 油藏地质因素的影响

油藏的地质因素是火驱过程中所面对的不可控因素。对于这种不可控因素，需要在制订方案前对油藏地质因素进行严格筛选并加以克服。一般认为，火驱油藏筛选时所要考虑的定量化地质因素有埋深、厚度、倾角、渗透率及流体性质等。

考虑到温度、压力和井的成本三方面，油藏埋深要在 100～3000m 之间，埋深过浅或过深都会造成工程技术上的困难；要求储层厚度适中才能避免气体超覆及顶（底）层热损失过大，一般要求在 1.5～15m 之间为宜；构造倾角是选择火烧井位的重要因素，注入空气和燃烧前缘朝上倾方向运移将比朝下倾方向快，所以通常注气井位于构造高部位；渗透率值对火烧的影响很小，在渗透率小于 10mD 的碳酸盐岩轻质油油藏中已有经济性上成功的火驱（Miller，1995）。对渗透率的唯一要求是在盖层条件允许的压力下能将空气注入油层。火驱在稀油油藏和稠油油藏中都有过成功先例，原油在地下可流动是对原油性质的最低要求。

2) 油藏开发状况的影响

中国油田主要将火驱应用于稠油油藏，而且大多稠油油藏处于蒸汽吞吐后期，长时间的蒸汽吞吐必将导致储层参数变化，所以有必要讨论油藏的开发状况对火驱效果的影响。常用来表征油藏开发状况的参数有蒸汽吞吐或其他开采方式后的油层压力、含油饱和度、地层温度等。

较低的油藏压力对开展火烧驱油是有利的，在此条件下空气压缩机注入空气时不必克服过大的阻力，可提高注气效率、减少注气成本。含油饱和度决定了油藏中原始物质的含量多少，一个油藏进行火驱项目的经济和适用情况在很大程度上受油藏中燃料的性质和数量所控制，燃料不足则不能维持燃烧，反之会带来高动力成本和低采油速度等不利情况。多年的蒸汽吞吐和蒸汽驱给地层补充了大量的热能，形成了对火驱点火和驱油有利的条件。油藏进入吞吐开发的中后期，具有较高的含水饱和度。据分析，具有一定含水饱和度的油层进行火烧驱油时会伴有湿式燃烧的特征，促使火烧前缘超越式前进，该机理有助于提高火烧油层的效果。

3）工程参数的影响

火驱运行过程中主要是通过调解工程参数来实现对地下燃烧的控制，很多项目失败是由于对工程参数的控制不当引起的，火驱过程中经常要涉及空气注入速度、水气比和注采井数比等操作参数。

空气注入速度慢直接导致燃烧不能维持，注入速度快会导致燃烧前缘发展不均衡，而且会把太多的热量带出地面，空气利用效率不高。在湿式燃烧过程中，水气比的选择尤为重要，因为水气比过高时，火线将会降温过多，从而造成灭火的后果；而水气比过低，又不能充分、有效地改善火烧油层的经济指标。

以上讨论是基于以往对影响因素的分析结论，都是对某个单一因素进行分析，缺乏各种因素横向的综合对比，火驱中哪一种因素或者哪一类因素对开发效果起关键性作用尚不是特别明确。

2. 火驱效果影响因素的关联分析

关联分析是邓聚龙教授创建的灰色理论中的重要内容，其实质就是考察曲线间几何形状的差别，依其差值大小确定其密切程度。火驱过程中各种影响因素对火驱效果的影响程度不同，而且各因素之间的关系不完全清楚，可以看成是一个信息不完全的系统（即灰色系统）。

从公开发表的文献搜索整理了国内外 34 个的火驱案例，其中包含一次火驱开发、蒸汽吞吐后的火驱开发、干式火驱和湿式火驱，相关参数涉及地质、开发和工程三大类共计 14 项，样本具有广泛性和代表性。

火驱采油是一个受多因素影响的复杂系统，也是一个多因素相互作用的复杂的不确定性系统。在这个系统中各因素之间的关联方式复杂多变，在火驱这个灰色系统中，最终要确定的就是各种影响因素（比较数列）与火驱效果（参考数列）之间的关联关系，影响火驱效果的因素很多，通过前面分析，选取埋深（Z）、厚度（h）、倾角（θ）、孔隙度（ϕ）、渗透率（K）、油层温度（T）、油层压力（$\bar{p}_r$）、含油饱和度（S_o）、原油黏度（μ）、原油密度（D）、流度（Kh/μ）、注气速度（v）、水气比（WOR）和储量系数（ϕS_o）共 14 项具有代表性的因素作为比较数列。把能够代表火驱效果的空气油比（单位：m^3/m^3）作为灰色关联分析参考数列。

将比较数列和参考数列进行归一化处理，用来消除量纲差异对分析的影响。然后对影火驱效果的正向影响和反向影响因素进行数学处理。接下来计算影响因素[比较数列$x_i(k)$]和火驱效果（参考数列x_0）之间关联度，用以考察它们之间的关联关系。

(1) 计算参考数列与比较数列各个样本处的关联系数$\xi_i(k)$，按下式计算：

$$\xi_i(k)=\gamma[x_o(k),x_i(k)]=\frac{\min_i\min_k|x_0(k)-x_i(k)|+\rho\cdot\max_i\max_k|x_0(k)-x_i(k)|}{|x_o(k)-x_i(k)|+\rho\cdot\max_i\max_k|x_o(k)-x_i(k)|}$$

(6-16)

式中 $\xi_i(k)$——第k个样本比较曲线x_i对于参考曲线x_o的相对差值，这种形式的相对差值称x_i对于x_o的在k样本处的关联系数；

ρ——分辨系数，取值在0~1之间，一般取0.5。

(2) 计算关联度：

$$r_{oi}=\frac{1}{n}\sum_{k=1}^{n}\xi_i(k)$$

(6-17)

式中 r_{oi}——参考序列与第i个比较序列的关联度；

n——比较序列i中的样本数；

$\xi_i(k)$——第i比较序列的关联系数。

为了对密切程度进行明显分级，采用关联度序列来计算密切对比度，然后根据指定分级标准进行分级处理，得到由十分密切、密切到较密切三个级次（表6-15）。分析不同级次内因素的组成，进而筛选出主要因素，在下一步的区块筛选和工程操作过程中对这些因素进行重点考虑。

表6-15 比较序列与参考序列的关联度、密切对比度及评价

影响因素	关联度r_{oi}	关联级β_{oi}	排序	密切级
平均注气速度	0.518	1.000	1	十分密切
流度	0.510	0.985	2	十分密切
渗透率	0.509	0.983	3	十分密切
孔隙度	0.505	0.976	4	十分密切
含油饱和度	0.495	0.955	5	十分密切
储量系数	0.483	0.932	6	密切
埋深	0.462	0.893	7	密切
原油黏度	0.456	0.880	8	密切
油层温度	0.452	0.872	9	密切
油层厚度	0.421	0.812	10	较密切
油层压力	0.415	0.801	11	较密切
原油密度	0.406	0.784	12	较密切
倾角	0.404	0.781	13	较密切
水气比	0.371	0.716	14	较密切

根据关联分析结论，选取十分密切级和密切级参数作为影响火烧油层的主要因素。影响火烧油层的地质因素主要有深度、厚度、倾角、储量系数、储层温度、油藏压力、原油密度和黏度；工程因素主要是平均注气速度。

需要特别强调的是，结合试验区实际火线推进影响因素需要对地质情况进行深入研究。

三、试验区火线推进影响因素

1. 相带及岩性

八道湾组 $J_1b_4^2$ 层属于辫状河流沉积，以河道微相和心滩微相为主（图6-38）。hH008井组位于心滩微相内，相对均质。hH010井组位于辫状河道微相内，非均质性强，渗透率级差大于20。

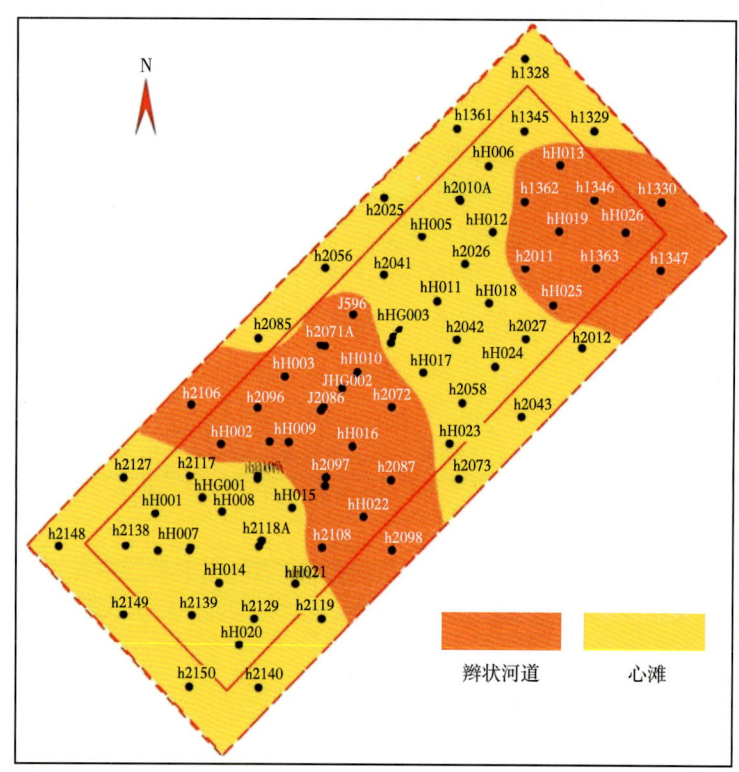

图6-38 试验区八道湾组 $J_1b_4^2$ 层沉积微相

通过对比温度剖面变化，可以发现火线推进均匀，速度适中，超覆不严重；河道内hH010井组火线推进差异大，超覆严重。

2. 渗透率

油藏的层间差异是影响开发效果的一项重要因素，基于前述基础模型，利用数值模拟方法研究了不同渗透率模式和级差下火驱的动态。

数模显示，在火驱的最初1年，火线推进距离和渗透率比值一致，随着火驱的进行，渗透率级差有所缩小（3降至2.4），这是由于高渗透层燃烧充分，"油墙"遮挡和焦炭沉积量稍多导致，但是当渗透率级差增大到一定程度后（大于15），这个遮挡作用最终不能平衡级差所带来的差距（图6-39）。

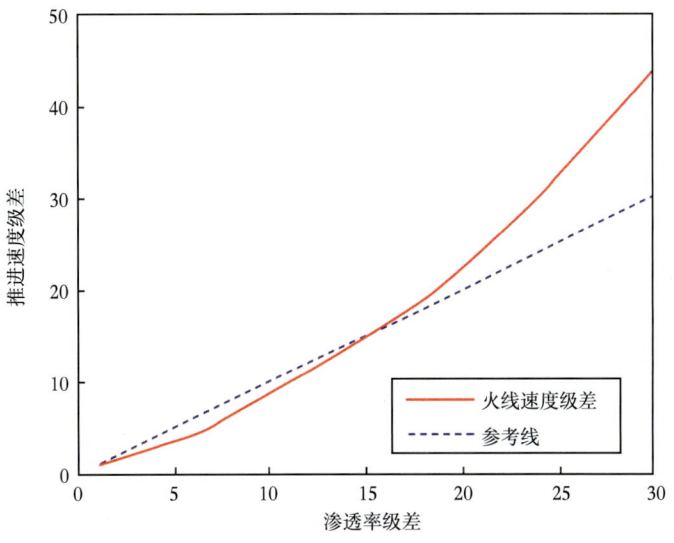

图6-39　级差导致火线发展差异（数模，4年后）

3. 油层厚度

利用数值模拟方法研究不同地层厚度下火驱特征，基于前述基础模型，设置火驱一定层厚，全井段射开。模拟发现，油层厚度主要影响火驱的纵向波及程度和采出程度（图6-40）。

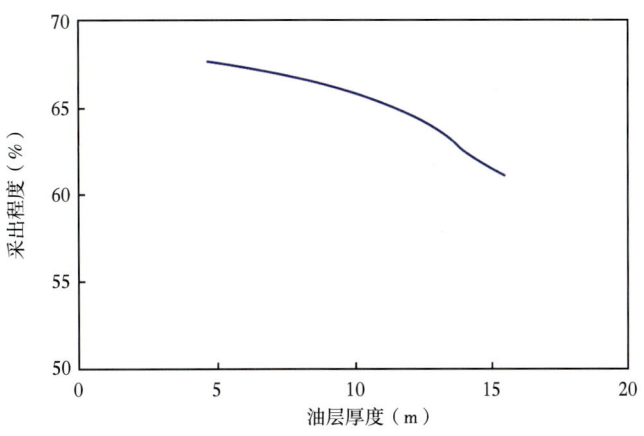

图6-40　不同油层厚度下的火驱采出程度

红浅火驱试验区油藏射孔厚度在4~10m不等，占累计产量比重最大的是7~10m部分（图6-41），因为红浅试验区油层厚度在10m以内，数值模拟和以往火驱实例表明，不会发生明显的超覆现象，所以红浅试验区油层厚度对火线的波及程度不是主要影响因素。

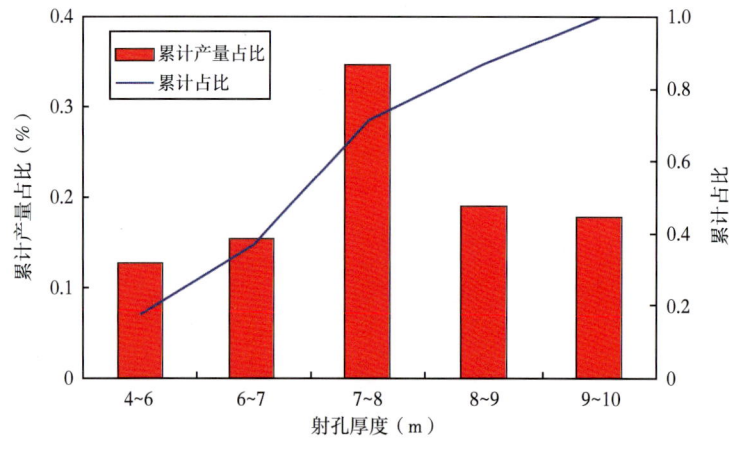

图 6-41 试验区射孔厚度与产量关系

4. 饱和度

随剩余油饱和度的降低,油层中的燃料含量也随之减小,而含油饱和度过高和黏度过大会导致局部高温和原油消耗量过大的问题出现。含油饱和度高会造成油藏系统热传递效果变差,局部高温和热传递受限是原油消耗大的直接原因。

火驱试验区是蒸汽吞吐后油藏,火驱开发必然受到开发历史的影响。在试验区内相对均质的 hH008 井组内进行数值模拟,研究火驱开发时含水饱和度对生产的影响。

火线推进受吞吐后存水影响,延缓见效时间,当"油墙"回填"水泡"至含油饱和度为 0.32 左右,生产井开始见效。"油墙"在饱和水区是"油墙"向前推进的结果(图 6-42),也有水区中存水受气体带动进入生产井原因。

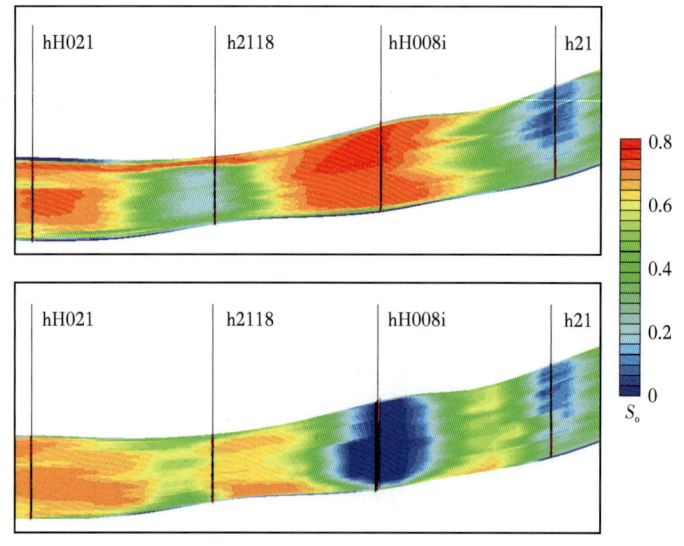

图 6-42 试验区 hH008 井组"油墙"运移模拟结果

5. 原油黏度

随着原油黏度的增加，火驱前缘推进速度也趋缓。主要原因是由于黏度增加会导致流动性变差，热传递也受到限制，所以火线推进速度会趋缓（图 6-43）。

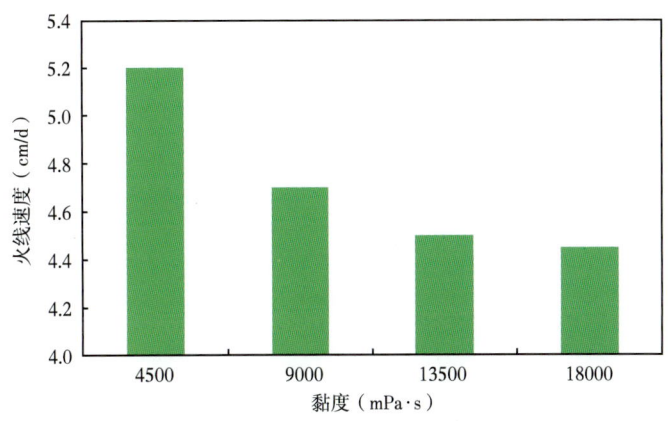

图 6-43　不同黏度下的火驱前缘推进速度

50℃下黏度在 300~600mPa·s 的 hH008 井组以 I 类井为主，产量较高；50℃下黏度在 900~1200mPa·s 的 hH012 井组以 III 类井为主，开发效果较差。

6. 注气速度

火线的发展受燃烧腔内气体推动，实验结果显示，随着注气速度的变化，温度峰值前缘推进速度相应变快。

如果注气速度下降，随之而来是燃烧温度的改变和火线速度的下降，试验区内注气井 hH008 井的注气速度在 2011 年 8 月调减。注气量调整后火线温度由 409℃ 下降至 330℃；与 hH008 相距 100m 四口生产井 CO_2 浓度出现波动（图 6-44），hH008 井向 h2017 井方向的火

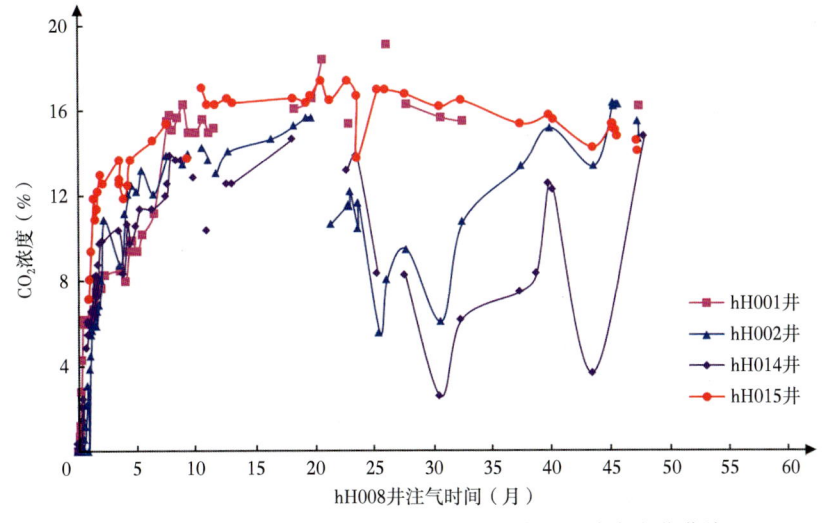

图 6-44　与 hH008 相距 100m 四口生产井 CO_2 浓度变化曲线

线发展减缓,两大方向上火线跨度比开始接近。

所以,无论在实验室内还是在火驱现场,注气速度对火线推进速度的快慢、燃烧温度的高低的影响是至关重要的。如果想保证试验区火驱的燃烧和驱油状态,注够气保证燃烧持续、注好气保证火线推进稳定是必由之路。

油层厚度因素在前面的研究中被认为是相对比较适宜火驱的,油层倾角虽只有5°左右,但不是试验区火驱效果的主控因素;红线西南区的累计产量最高,相比于红浅中部区的主要优势在于其渗透率级差较小,油层相对均质,黏度略低,原油可流动性稍好。除去红浅1区中较固定的因素(厚度和倾角),对其余地质因素进行综合比较(表6-16)。

表6-16 红浅试验区区域影响因素差异

影响因素	西南区	中部区	东北区	重要程度
相带	心滩	河道	心滩	A
渗透率级差	<20	>20	<20	A
厚度(m)	8~10	8~10	6~8	C
含油饱和度(%)	40~50	40~50	30~40	B
倾角(°)	5~8	5	5	C
黏度(mPa·s)	900	1200	1500	B
注气速度	满足	漏气,不满足	满足	A

试验区火线推进影响因素顺序:沉积相带、渗透率级差和注气速度影响最强;含油饱和度、黏度影响较强;倾角和厚度影响最弱。

第七章 火驱前缘的监测与调控

火驱前缘也被称为火线,从现场的试验过程来看,根据火驱状态对地下燃烧情况进行控制和调整尤为重要,只有掌握了火线位置和形态,才能针对其表现出来的问题采取有针对性的调整措施,也就是通常所说的控火和管火。火线的位置及形态是整个火驱过程的重点问题,实验室内通过一系列的温度、压力监测手段来还原火线动态,但是在火驱现场不能照搬实验室内的手段和思路,需要结合火驱现场特点探索出便捷且高效的监测办法。

准确客观地掌握气窜及地下燃烧状态需要对火驱机理进行深入的研究,并且要根据火驱特点借助油藏监测方法取得地下信息。本章主要介绍红浅1试验区火驱监测方法与动态调控的手段。

第一节 火驱前缘监测方法

确定火线位置的方法有很多种,按照获取方式差异可以分为直接测试法和计算法。

一、测温元件直接观测火线推进

用测温元件直接观测火线推进情况。这种在试验区观察井、生产井内采用热电偶(阻)和高温计定期测试油层温度剖面,用温度变化来判断火线位置的方法的优点是简便、易行、及时。但这种方法绘制等温图时,如观测点不够,需用插值计算,导致准确度较差,而测温井布置过多又不经济。

在红浅1火驱试验区,专用温度观察井及生产观察井中应用电子压力计与热电偶组合测试工艺技术,实现井下油层段多点温度、单点压力的实时监测。截至2017年,红浅试验区共有观察井8口,其中,专用观察井3口,生产观察井5口,图7-1为温度观察井的监测情况示例。

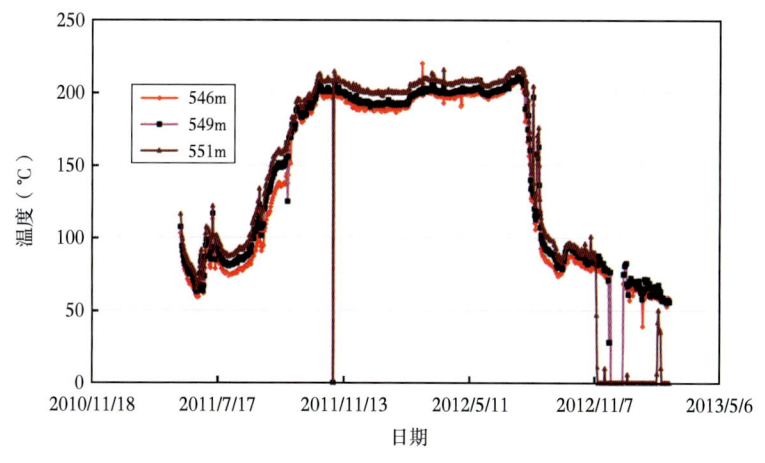

图 7-1 h2071 井温度监测数据

温度观察井成功监测到了火线的运动方向，为地面注气参数调控、火驱生产过程机理研究提供了依据。

二、示踪剂监测技术

井间示踪剂测试是从注入井注入示踪剂段塞，然后在周围生产井监测其产出情况，并绘出示踪剂产出曲线，不同的地层参数分布和不同的工作制度均可导致示踪剂产出曲线的形状、浓度、到达时间等不同。示踪剂产出曲线里包含了油藏和油井的信息，对于一些特殊的井间示踪剂测试，如气窜监测和人工裂缝监测等更需要通过对示踪剂产出曲线对地层参数的分布及数值进行分析和判断。

井间示踪剂测试与解释技术是近年来发展起来的一种确定井间地层参数分布（平面上可以包括单井组、多井组范围，垂向上可以包括单层、多层、层内范围）的较为先进的技术。其技术含量高，解释参数可靠性好，近年来在世界范围内得到了较为广泛的应用，并有一系列有关的解释原理与方法问世，形成了一套较为完整的理论体系。

监测流程依次为：示踪剂筛选、示踪剂注入、油井取样、样品示踪剂检测、数据分析整理、示踪数值模拟、综合解释及结论。

理想的示踪剂应溶于注入流体，且以注入流体的速度运移。因此，所选择的示踪剂一般应达到以下要求：（1）背景浓度低，用常规分析方法就可实现检测；（2）岩石表面吸附量少，同油藏流体无化学反应和同位素交换；（3）与示踪流体配伍性好；（4）无毒性或毒性较低；（5）价格合理等。

表 7-1　示踪剂见剂响应统计

井号	示踪剂	见剂井号
hH009	F11	hH002、hH015
hH010	F12	未见剂
hH011	F6	检596、hH005、h2041
	T-Tracer-C	检596、hH005、h2041
	T-Tracer-H	检596、hH005、h2041
	MT8	检596、hH005、h2041

结合实际生产情况，对红浅1井区火驱试验区监测井组进行确定，气体示踪剂监测 hH009 井组、hH010 井组、hH011 井组，温控型（大于 430℃）示踪剂监测 hH011 井组，水示踪剂监测 hH011 井组。

2013 年 5 月 31 日，hH009 井组和 hH011 井组检测到了示踪剂产出，共有 64 个井层段组合见剂。

hH009 井组有两个方向见气体示踪剂（图 7-2），从示踪剂见剂参数来看，hH015 井示踪剂峰值浓度大、速度快，见剂持续时间长，是井组的主要气窜方向。

hH010 井组监测期间未见到气体示踪剂产出，产出气样分析表明，CO_2 含量在 12% 以上，CO 浓度在 0.1% 左右，在对一些井控关以后，井组内保持了较好的燃烧状况。

hH011 井组共有三个方向见气体示踪剂（图 7-2），从示踪剂的峰值浓度和峰值速度来

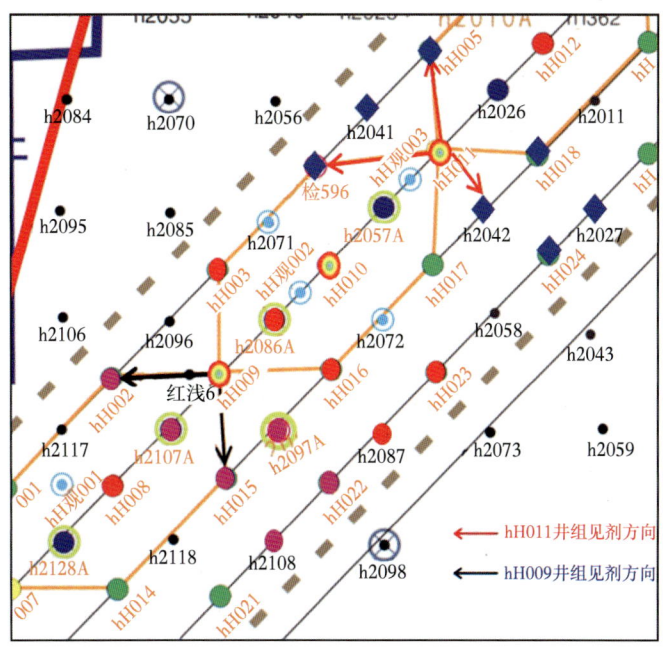

图 7-2 示踪剂见剂方向

判断，检 596 井方向是井组的主要气窜方向。检 596 井和 h2042 井所见示踪剂为原物质 T-Tracer-C，说明这两个方向存在局部燃烧不完全的状况；而 hH005 井所见示踪剂为分解物 T-Tracer-H，说明 hH005 井方向燃烧状况良好。

hH011 井组共有三个方向见水示踪剂，检 596 井和 hH005 井示踪剂回采率较高，峰值浓度、峰值速度均大于 h2042 井，这两口井的方向是井的组的主要去水方向。示踪剂监测结果表明，试验区整体处于良好的燃烧状态，井组局部区域存在气窜及燃烧不完全的状况，气窜主要存在于 hH009 井组和 hH011 井组，hH011 井组存在燃烧不完全区域（图 7-2）。

示踪剂方法可以方便、快捷地监测火烧油层区块的井间连通情况，但是目前能够应用于火烧油层的示踪剂非常有限，而且获得的资料有限，不能反映火烧油层前缘的动态演化过程，并且抗高温的示踪剂材料不易获取。

三、电位法监测技术

早在 20 世纪 70 年代末，电位法测试技术就开始在油田开发中应用，如美国能源部的桑弟亚实验室应用该技术测定大型水利压裂裂缝方位。20 世纪 80 年代初，研究人员在充分调研国内外有关资料的基础上，也开展了这方面的研究工作，即电法测定油井压裂裂缝方位。

在莫尔多夫·卡尔马斯克耶（Mordovo-Karmalskoye）油田进行的先导性试验研究结果表明，磁法和电位法在监测火烧油层前缘动态是十分有效的。

井间电位法监测火驱火线原理：火驱过程中油层燃烧形成温度场差异，随着温度的变化，使得油层内部各种物性发生改变，引起的目标地层电阻率的变化，导致地表电位分布变化。井间电位法以电磁场基本理论为依据，通过测量由火烧产生的热量和气体所引起的地面电磁场的变化,并根据这些变化反演出目的层的电性参数变化,来达到解释推断目的层段火线前缘位置、推进速度及推进方向的目的。

电位法原理简单,能够直观地对监测数据进行分析。但是这种方法的测量信号受地面电力设施和电子设施的影响,特别是在地层较深的情况下,传递到地面的电位信号会大幅度衰减,影响对地下情况的掌握程度。

根据前人研究的结果,在火烧情况下,孔隙流体性质及温度的变化引起的地层电阻率的变化可用如下关系描述:

$$\frac{R_{t2}}{R_{t1}} = \frac{C_1}{C_2}\left(\frac{T_1 + 21.5}{T_2 + 21.5}\right)\left(\frac{S_{w1}}{S_{w2}}\right)^n \tag{7-1}$$

式中 R_{t1}、R_{t2}——分别为火烧前后的地层电阻率;
  C_1、C_2——分别为火烧前后孔隙流体电导率(与矿化度有关);
  T_1、T_2——分别为火烧前后的地层温度;
  S_{w1}、S_{w2}——分别为火烧前后地层的含水饱和度;
  n——饱和度指数。

火驱过程中区带温度变化,使物性和电阻率发生明显变化,区带、温度和电阻率匹配关系如图7-3所示。

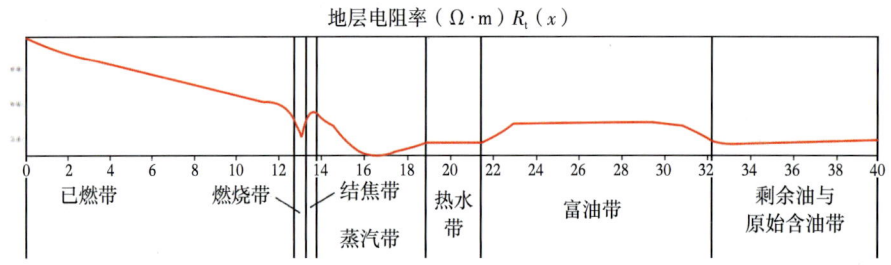

图 7-3 完整火驱各带电性模型(路径曲线)

红浅试验区于 2011 年对试验区内井间电阻率进行监测,得到如下结果:

(1) 火驱各区带电阻率变化特征。

已燃区为高电阻率区域,燃烧带为高电阻率区域中夹持的相对低电阻率区,结焦带为高电阻率区,蒸汽带为相对低电阻率区,热水和轻质烃带与原始含油区电阻率相同,"油墙"为相对高电阻率区,剩余油区与原始含油区电阻率相同。

(2) 监测结果。

已燃区分布在以 hH010 井为中心的半径约 50m 的区域。

射孔段上段:两次观测期间所形成的新的火驱燃烧区分别向检 596 井和 h2057A 井两口井方向(hH010 井北部和东北部区域)有强显示。

射孔段下段:两次观测期间所形成的新的火驱燃烧区分别向检 596 井和 h2057A 井两口井所指中间方向和 hH017 井方向(hH010 井东部和东北部区域)有强显示(图 7-4、图 7-5)。

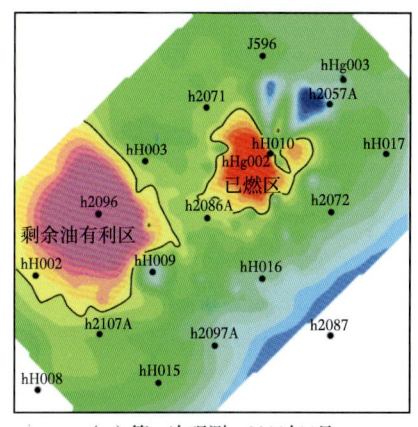
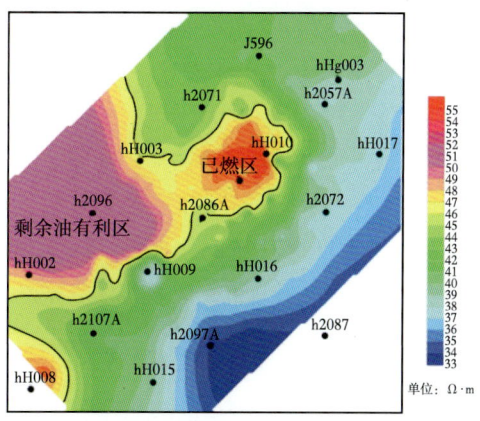

（a）第一次观测：2011年6月　　　　　　　（b）第二次观测：2011年11月

图 7-4　J_1b_4 上部射孔段的反演电阻率分布图

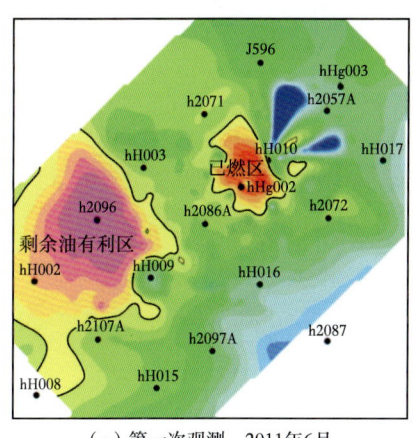
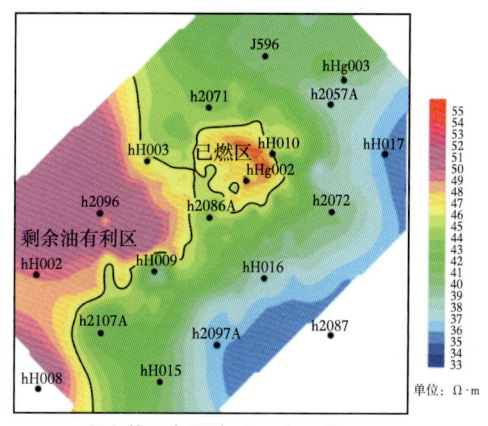

（a）第一次观测：2011年6月　　　　　　　（b）第二次观测：2011年11月

图 7-5　J_1b_4 下部射孔井段反演电阻率分布图

解释结果与生产情况验证和井底温度验证，符合率为75%，可以作为监测火驱火线前缘的方法。

直接测试法原理简单，应用方便快捷，且准确度高。但是受地层条件的限制，适用的地层范围有限，目前的检测元件及检测手段有限，有待进一步提高，要想得到高精度、高准确度的前缘检测投入较大，并且无论应用哪种方法都受到地面条件环境的影响，在地面条件的干扰下，降低了测量的准确率。

四、间接计算方法

计算方法就是在分析火烧油层机理的基础上，利用物质平衡（图7-6）、能量守恒等原理对火烧前缘

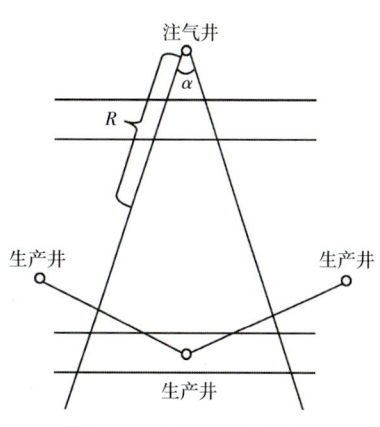

图 7-6　火线计算示意图

的计算，可以在没有直接测量资料的情况下准确分析火烧油层的发展过程。

由于油层的不均匀性，油层燃烧过程中火线的径向距离也各异，因此需按某一油井方向的动态资料分别计算。按燃烧反应的物质平衡关系推导，某一油井方向的火线位置方程：

$$R = \sqrt{\frac{360 Q_{分} Y}{\pi \alpha H A_s}} \quad (7-2)$$

式中　R——火线位置，m；

　　　$Q_{分}$——各油井方向的分配气量，m³；

　　　Y——各油井方向的氧利用率；

　　　α——各油井方向的分配角，(°)；

　　　H——各方向油层平均厚度，m；

　　　A_s——燃烧单位体积油层的空气耗量，m³/m³。

试验区内由于油藏的封闭情况，油层均匀程度的差异及注采关系不平衡，注气井的注气量随着注入压力的提高而增加，除一部分存储在试验区的地层外，还有一部分注入气由于向前扩展或层间互窜而外流到试验区外，油井各方向的外流气量分布不一致。在计算各油井的分配气量（$Q_{分}$）时，首先要统计出燃烧不同阶段的井组注气量（$\Sigma Q_{注}$）和井组产出气量（$\Sigma Q_{产}$）。然后，根据不同阶段不同方向产气量（$Q_{产}$）与井组产气量之比值，即外流气量的分配系数（K），求出各油井外流气量（$Q_{外}$），最后求得各油井不同方向的分配气量（$Q_{分}$）：

$$Q_{分} = Q_{产} + (\Sigma Q_{注} - \Sigma Q_{产}) K \quad (7-3)$$

关于 H 值，可用下式确定：

$$H (\frac{1}{3} h_g + \frac{2}{3} h) A_s \quad (7-4)$$

式中　h_g——注气井油层有效厚度，m；

　　　h——生产井油层有效厚度，m；

　　　A_s——垂直燃烧率，（按现场资料取值 0.7）。

燃烧率 A_s 值由火驱物模提供。采用物质平衡法与油井综合动态分析法两者综合确定火线位置，是目前行之有效的方法。只要各项参数准确，本方法计算结果是可行的，其误差在 ±5% 左右，可以满足实验数据计算准确率，但是实际生产中，很难取得准确的参数，地层的厚度、非均质性、原油的组分、地下裂缝及毛细管的存在等都影响氧利用率、注气分布等参数的选取。

五、示踪剂辅助综合计算红浅试验区火驱前缘

设计示踪剂辅助分析火驱前缘步骤如下：

（1）确定示踪剂在井组内的分配率及受效方向，按照分配率劈分注气井的注入气量；

（2）结合储层沉积相性质、产液量分析分析各生产井的排气状况；

（3）根据排气情况核算该井的来气量和来气方向；

（4）确定生产井的来气方向和气量计算燃烧距离；

(5) 画出井组内燃烧前缘的位置等值图。

根据示踪剂检测结果，计算测试井组示踪剂分配率（表7-2）。

表7-2 测试井组示踪剂分配率

井组	井号	分配率（%）	速度（m/d）
hH009	hH015	79.34	7.8
	hH002	20.66	10
hH010	h2086A	69.87	6.7
	hH003	30.13	5.6
hH011	J596	69.21	10
	hH005	15.87	6.4
	h2042	14.92	5.6

整理气体和液体示踪剂测试结果发现，气液流动路径相同，但是流量不同。气体示踪剂突破速度大于水敏（温敏）示踪剂，基本反映了地下油气水运动状态（图7-7）。

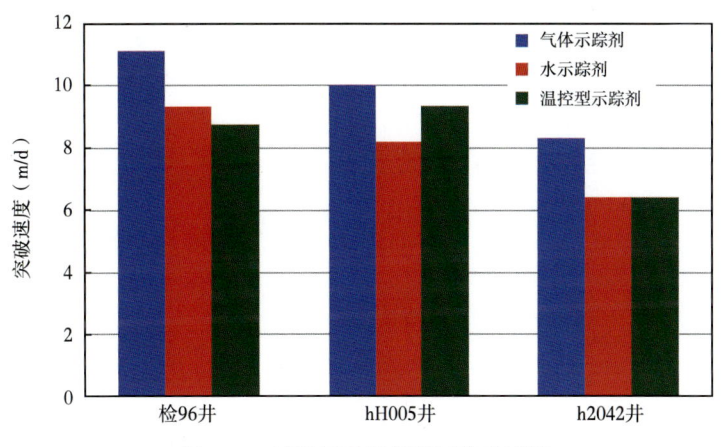

图7-7 试验区示踪剂测试突破速度

分析气液运动方向和分配率结果发现，水示踪剂和气体示踪剂方向一致，速度相当，分配率差异明显。

根据累计产液量和累计产气量呈现很强的相关关系，对全区生产井的产气量进行劈分。利用物质平衡法计算历年来燃烧前缘位置分布，绘制历年燃烧前缘分布图（图7-8）。

结合历年燃烧前缘分布图，分析试验区燃烧前缘发展特征：

（1）方向性差异明显；

（2）火线已越过或接近部分一线井，部分井躺井错过了高产期，如h2118井、h2096井；

（3）东北部高黏度区火驱波及明显小于其他区；

（4）部分燃烧腔贯通，第三批注气井对其贯通起重要作用。

示踪剂辅助物质平衡方法得到的结果和数值模拟方法得到的燃烧前缘大体波及范围一致。

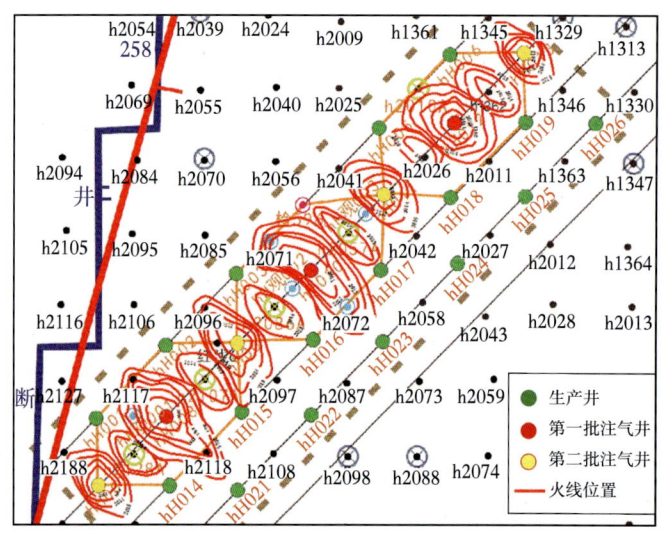

图 7-8 历年燃烧前缘分布图

因为计算方法易实施、及时、经济，因此，计算方法种类繁多，在理想的条件下大部分方法计算结果比较准确，而实际应用中也可能存在误差，主要原因是相关的计算模型及方法所考虑的动态因素很多，而且是趋于理想化的考虑，但实际地层条件的不确定因素较多，诸如地层非均质性、地层裂缝分布、断层、毛细管力等的影响，因此所选择的参数就不够理想，计算的结果难免存在误差。

对火烧油层的监测应实时监测观察井的温度、压力数据，定期采用示踪剂、电位法监测，火线形态结合计算法精细刻画。

第二节 火驱前缘调控技术

随着油田现场试验的深入，如何有效地调整控制地下燃烧和前缘推进，是现场亟待解决的问题。在室内实验原油燃烧参数和特征确定的基础上，积极干预地下燃烧状况，具有进一步提高稠油油藏采收率的战略意义。本节在火驱前缘预测与监测技术确定火驱火线前缘位置、推进方向和速度的基础上，建立了以注气井为主的火驱生产调控技术。

一、火线稳定均匀推进的调整对策

1. 矿场常见的生产矛盾

结合产量区域分布、燃烧前缘发展形态、生产井工程状态等方面的特征，总结目前影响红浅火驱先导性试验区运行状态的因素（表 7-3）。

针对目前暴露出的矛盾，制订三大协调对策如下：

（1）地质差异与生产协调：以火线均匀推进为原则调整注气和产气，局部吞吐引效；

（2）井网转换与燃烧协调：以燃烧腔均匀发展为原则转换井网；

（3）燃烧状态与井况协调：发挥油井最大潜力为原则配置生产系统。

表7-3 试验区运行状态影响因素

影响因素	特征	对策
非均质性	气窜严重	控关部分井
区域主控因素差异	区域效果差异大	分区调控
井网转换	火线推进方向差异性明显	调整转换时机
生产运行	错过高产期	调整管理制度

2. 地质差异与生产协调

地质差异主要体现在高渗透率薄层发育区的推进不均，还有东北部高黏度区受效慢。

针对地质差异与生产协调的问题，设计概念数值模拟模型，通过限制产气量上限用以调整燃烧前缘推进不均匀的问题。

该物性平面差异模型的渗透率分布范围为300~1800mD，如果按照不限产气的方法生产，会导致最终采收率偏低。通过限制高渗透率区排气可以使采出程度增加，AOR减小。最终设计在初始时刻不限制排气，待形成热沟通后，限制高渗透率区排气量（最高1/4日注气量），得到燃烧前缘波及（图7-9）。

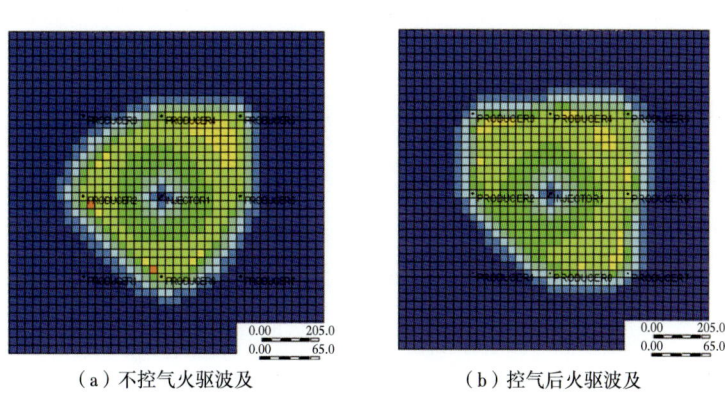

（a）不控气火驱波及　　　　（b）控气后火驱波及

图7-9　生产政策对火驱波及的影响

火驱开发机理表明，生产井附近为冷油带，如辅以蒸汽吞吐开发，必然导致井底附近的原油黏度下降，改善了火驱效果。建议在东北高黏度区开展吞吐引效。数值模拟显示，东北高黏度区火驱辅助吞吐开发后，阶段产油量会增加8789t（图7-10），达到和中部或西南部同样的开发效果。

试验区生产井也有部分进行了蒸汽吞吐引效，如h2027井分别在2011年12月和2014年4月进行了两次引效作业，生产动态上都见到了明显增产效果。

3. 井网转换与燃烧协调

试验区2009年最初一期点火3口井（hH008井、hH010井、hH012井），采用斜七点面积井网；在2011年二期点火4口井（hH007井、hH009井、hH011井、hH013井），形成九点面积井网，最后在2013年三期点火6口井（h2128A井、h2107A井、h2057A井、h2026井、h1362井），形成线性井网。

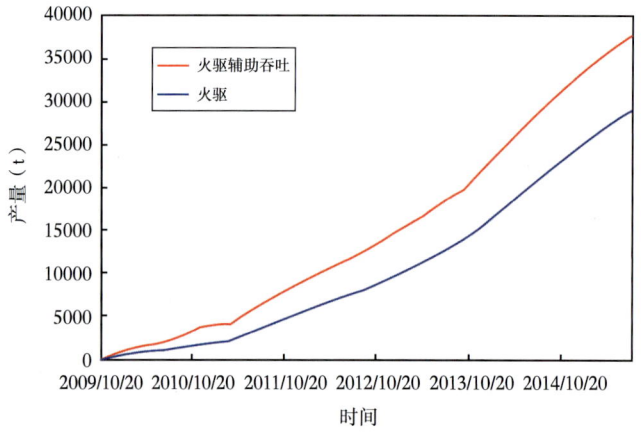

图 7-10　东北部高黏度区火驱辅助吞吐效果对比

火驱试验区经历三次点火，由面积井网转线性井网。前期的面积井网可以起到平面上拉伸火线、回收部分剩余油的效果；但是也会造成在转为线性井网后火线发展不同步的问题（图 7-11、图 7-12）。基于以上问题，利用油藏数值模拟设计同步注气、均匀提气的方式进行火烧试验。

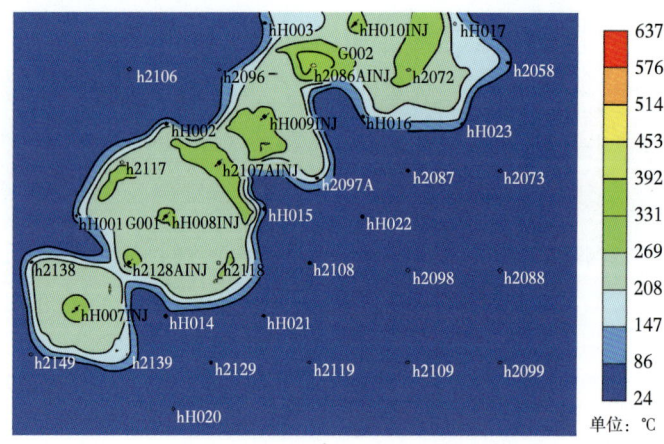

图 7-11　井网转换方式下火驱波及（面积转线性井网）

同步注气、均匀提气的方式能够在同等注气量情况下提高累计产量（表 7-4），燃烧前缘推进前缘均匀（图 7-12）。

表 7-4　不同井网转换方式下生产指标

井网转换	累计注气量（$10^8 m^3$）	累计产油量（m^3）
红浅历史	1.3305	57722
同步注气	1.3390	58934

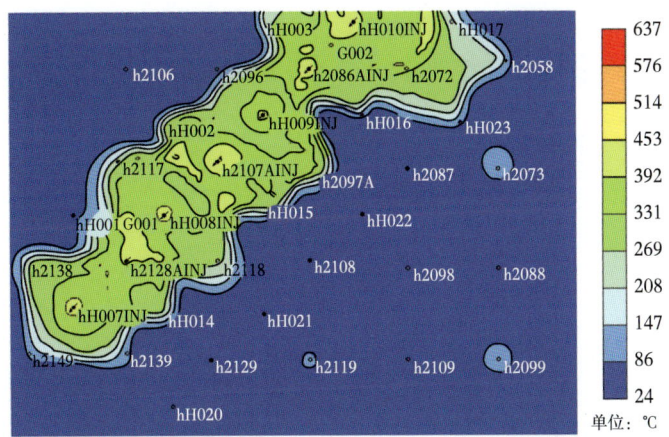

图 7-12　井网转换方式下火驱波及（同步注气线性井网）

试验区在经过井网转换过程中通过注气压力的变化来考察气腔是否贯通，得到的结果认为试验区一般在 2014—2015 年左右达到气腔贯通。气腔贯通的主要特征是：注气量不同，压力变化同步且趋近一致。

南部低黏度区 hH007 井—hH009 井 5 个井组（hH007 井、hH008 井、hH009 井、h2107A 井、h2128A 井）自 2014 年 6 月以后，注气量不同，注气压力几乎一致，说明此时气腔已经贯通（图 7-13）。北部高黏度区 h2026 井—hH011 井—h2057 井—hH010 井 4 个井组自 2015 年 6 月以后，注气压力几乎一致（图 7-14）。

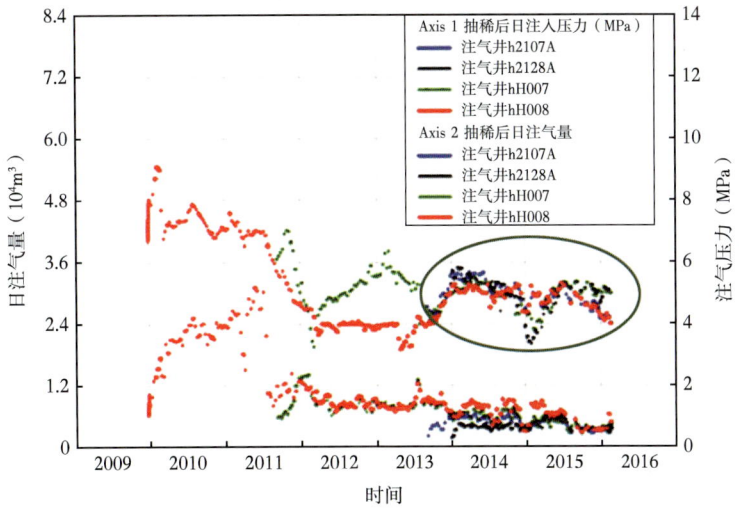

图 7-13　不同注气井组井注入压力与注入量曲线图（南部）

如果采用所有注气井同时注气，气腔在 2012 年 12 月底即达到了贯通，开始等速同步推进。可见，采用同步注气时气腔贯通时间更早，可在等量注气条件下提高整个试验区的累计产油量。

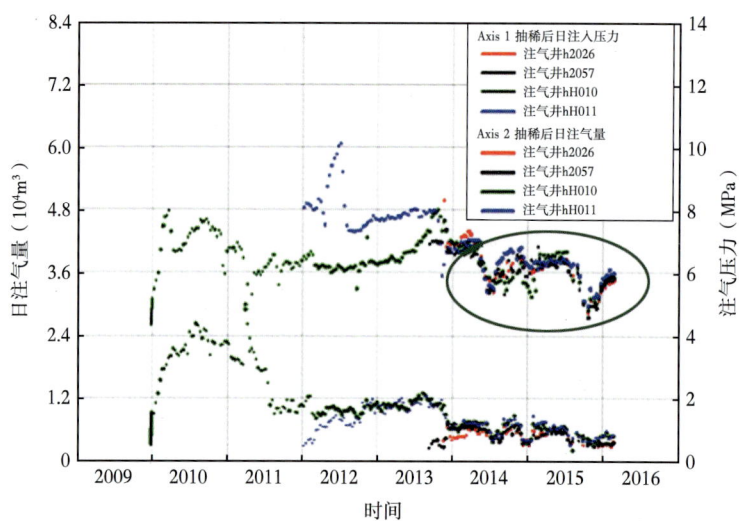

图 7-14 不同注气井组井注入压力与注入量曲线图（北部）

在考虑射孔方式对油田生产影响时，主要设计了上部射孔、下部射孔、均匀射孔三种方式。模拟结果发现，上部射孔会导致局部过早贯通，下部射孔的波及体积最小；10m 厚的油层采取避射不利于扩大波及和最终提高采收率。

进而对上疏下密射孔方式和等密度射孔方式进行了对比，变密度射孔可以减少上部气体注入量，增加下部气体注入量（表7-5），抑制超覆的发生和发展，相应的变密度射孔也会导致油藏上部累计产量变少，油藏下部增加的产量可以对这部分产量进行弥补。两种射孔方式最终总产量相当，从上部超覆发展和油藏整体协调方面来看，变密度射孔方式是可取的。

表 7-5 均匀射孔与变密度射孔情况下油藏上部和下部生产动态

射孔方式	上部		下部	
	累计注气量（$10^8 m^3$）	累计产油量（m^3）	累计注气量（$10^8 m^3$）	累计产油量（m^3）
均匀射孔	0.4046	14674	0.1178	7746
变密度射孔	0.3549	13839	0.1663	8452

红浅试验区的生产井 h2071 井在下半部未射开，导致 h2071A 井的岩心显示出下半部未波及，鉴于火驱非常强的热力作用产生的"无差异驱替"，射孔段尽量避免长对短（注气井全射开，对应生产井下部未射开）。如果假设 h2118 井下部避射，数模结果显示，火驱后 h2118 井也出现了下部剩余油富集现象，其剩余油饱和度大于 50%（图7-15）。

4. 管控与生产阶段相协调

火驱试验区生产运行过程中发现，部分井在高温稳产阶段出现修井和控关。热流体通过时，井口温度和产量相关性极强，停井可能会导致热流体越过该井。如 h2096 井控关长达 36 个月以上，该井累计产量仅为 170t。参考热流体带温度（200℃），高温控关温度（60℃）可以放宽至 100℃以上。

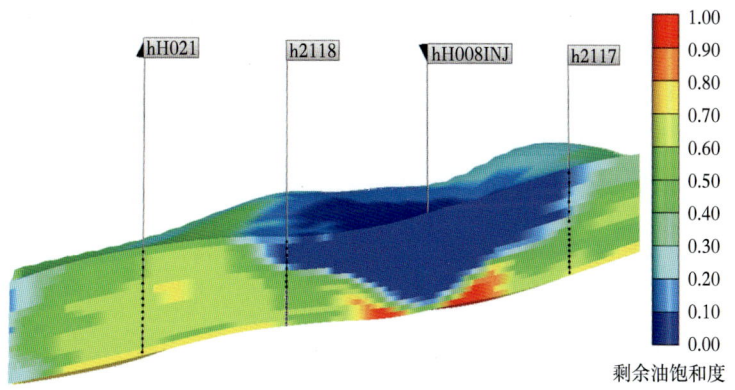

图 7-15　避射 h2118 井下部火驱剩余油分布

受地面处理的影响，气液分离器的承压能力有限，2013 年 9 月后，h1345 井油压高，关井半年（图 7-16）。后续进行工业化推广时需要注意气液分离器与生产系统协调的问题。

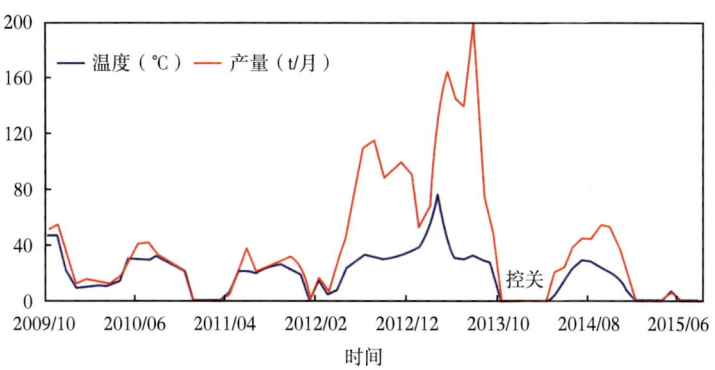

图 7-16　h1345 井生产动态

红浅 h2139 井控关效果明显（图 7-17），其修井期长达 16 个月，也使 h2139 井损失很多产量，按照修井前月产量 23t 计算，整个修井期间损失产量为 370t 左右。

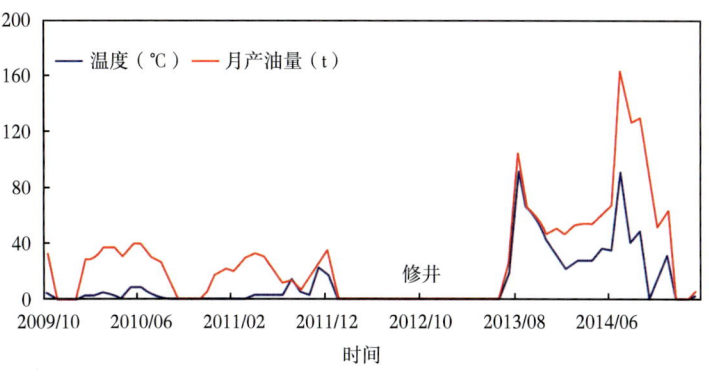

图 7-17　h2139 井生产动态

二、注气井为主的火驱生产调控方法

对于规则井网,如正方形五点井网、反九点井网等,当各个方向生产井产气量基本相同或相近时,地层燃烧带向四周推进近似于圆形。但在矿场实际火驱生产过程中,受地质条件和操作条件的影响,各个方向生产井的产气量往往是不均衡的。在这种情况下,火线向各个方向的推进也是不均衡的。哪个方向生产井的(一般指一线生产井)产气量大,火线沿该方向推进的距离就大,反之,推进距离就小。

在两次室内三维火驱物理模拟实验中(图7-18),三维模型中设置4口模拟井(1口注气井、3口生产井——2口边井、1口角井),模拟的是正方形反九点井网的四分之一。火驱试验过程中通过强制灭火,然后将燃烧过的油砂和未发生燃烧的油砂移出模型,在模型中只剩下结焦带部分(以焦炭形式黏附在砂砾表面形成坚硬的条带),结焦带的内侧刚好对应着火驱试验结束前模型内部的火线前缘。

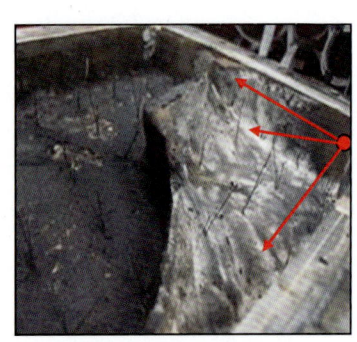 

(a)第一次实验形成的结焦带　　　(b)第二次实验形成的结焦带

图 7-18　通过控制生产井产气量控制火线的三维物模实验

第一次试验2口边井的产气量相等,且为角井的产气量2倍。如图7-18(a)所示,此时火线沿2口边井方向推进的距离基本一致,沿角井方向推进的距离较小。

第二次试验在前期与第一次试验相同,2口边井产气量相同且为角井产气量2倍。当两口边井方向的火线推进到井筒附近快要形成突破时,通过温度场监测角井方向的火线刚刚到达模型中心位置。之后关闭2口边井,烟道气全部从角井产出,燃烧带则加快向角井方向推进,当该方向热前缘快要到达角井时结束实验。如图7-18(b)所示,火驱后期火线被强制拉向角井,形成明显的人字形结焦带。这说明火线沿某生产井方向的推进距离与该方向生产井的产气量直接相关,也说明通过控关生产井、控制产气量可以实现调整火线推进速度和方向的目的。

在火驱过程中,高温裂解形成的焦炭黏附在岩石颗粒表面作为后续燃烧的燃料。在完全燃烧的情况下,1mol 的 O_2 与 1mol 焦炭 C 发生氧化反应生成 1mol 的 CO_2,空气中的 N_2 在地层中不发生反应。如果不考虑烟道气在地层流体中的溶解,那么燃烧产生的烟道气(N_2+CO_2)总量等于火驱燃烧过程消耗的空气总量。因此,哪个方向上排出的烟道气总量多,就意味着该方向上消耗掉的空气量多、燃烧带推进半径大。

设注气井周围有 N 口一线生产井(对应 N 个方向),在某一时刻各生产井累计产出烟道

气总量为 Q_1、$Q_2 \cdots Q_N$。对于注气井到各一线井非等距的井网，引入分配角的概念。例如图 7-19 所示的一个斜七点面积井网，中心注气井位于 O 点，A 为生产井 1 和生产井 6 的中点，B 为生产井 1 和生产井 2 的中点，C 为生产井 2 和生产井 3 的中点。则生产井 1 的分配角为 $\angle AOB = a_1$，生产井 2 的分配角为 $\angle BOC = a_2$。生产井距离注气井越远，分配角越小。设火线沿第 i 口井方向推进的距离为 R_i，根据前面的分析，该方向消耗空气量等于产出烟道气量：

$$\frac{\frac{\alpha_i}{360}\pi R_i^2 h A_0}{\eta} = Q_i \tag{7-5}$$

式中 α_i——第 i 口油井方向的分配角，(°)；

h——生产井油层有效厚度，m；

R_i——火线半径，m；

η——压力传导系数，cm^2/s；

Q_i——产出烟道气量，m^3。

从而，有：

$$R_i = \sqrt{\frac{360 Q_i \eta}{\alpha_i \pi h A_0}} \tag{7-6}$$

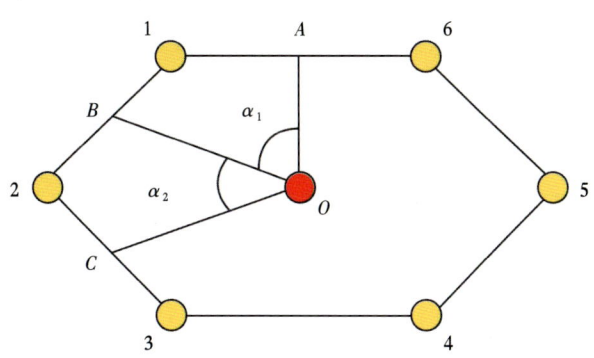

图 7-19 非等距井网生产井分配角

需要指出的是，火驱过程中会有一部分烟道气以溶解或游离方式滞留在地层孔隙和流体中，因此通过式（7-6）计算的不同方向火线半径可能比真实值偏小。在这种情况下可以将产液量考虑进来，对于同时产气和产液的生产井，根据物质平衡和置换原理，可将产液量 Q_{li} 折算为地层条件下对应的气量 Q'_i，可认为这部分气量近似相当于溶解在地层流体中或游离在地层孔隙介质中烟道气量：

$$Q'_i = Q_{li} \frac{z_p p}{p_i} \tag{7-7}$$

式中　p_i——地层原始压力，MPa；

　　　z_p——气体压缩系数；

　　　p——当前地层压力，MPa；

　　　Q_{li}——产液量，m^3；

　　　Q_i——折算为地层条件下对应的产气量，m^3。

此时，火线半径 R_i 为

$$R_i = \sqrt{\frac{360\eta Q_i}{\alpha_i \pi h A_0}\left(1 + \frac{z_p p}{G_{LRi} p_i}\right)} \tag{7-8}$$

其中，G_{LRi}——生产井累计产出气液比：

$$G_{LRi} = \frac{Q_i}{Q_{li}} \tag{7-9}$$

还需要说明的是，尽管采用式（7-8）计算某个方向上的火线推进半径可能更接近地层的火线真实情况，但在理论上却是不严谨的。

对于注采井距不相等甚至不规则的面积井网，向不同方向上推进的火线半径依据式（7-6）或式（7-8）推算。矿场试验中往往希望火线在某个阶段能够形成某种预期的形状，这时调控所依据的就是"通过烟道控制火线"的原理，即通过控制生产井产出控制火线形状。

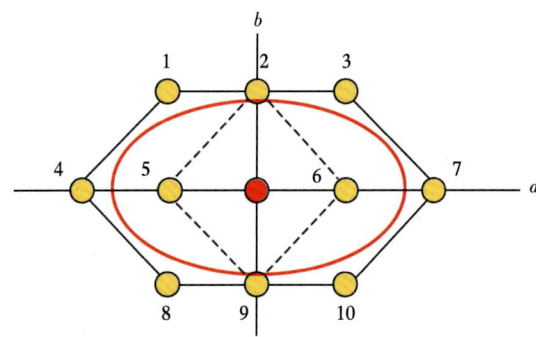

图 7-20　红浅 1 井区火驱试验井网及预期火线位置

红浅 1 井区火驱试验井网可以看成是内部一个正方形五点井网（图 7-20 中虚线所示的中心注气井加上 2 井、5 井、6 井、9 井），外围一个斜七点井网（中心注气井加上 1 井、3 井、4 井、7 井、8 井、10 井）。五点井网注采井距为 70m，斜七点井网中注采井距分别为 100m 和 140m。

油藏工程方案设计最终火线的形状如图中所示的椭圆形，且火线接近内切于 1 井—3 井—7 井—10 井—8 井—4 井几口井所组成的六边形。即面积火驱结束阶段使椭圆形火线的长轴 a 和短轴 b 分别接近 130m 和 60m。

由式（7-6）可知：

$$R_i = \sqrt{\frac{360\eta}{\alpha_i \pi h A_0}} \cdot \sqrt{Q_i} = k_0 \sqrt{Q_i} \tag{7-10}$$

通常情况下，式中 k_0 为常数。根据式（7-10），火线向任一生产井方向的推进半径与该生产井累计产气量的平方根成正比。

要实现图 7-20 中红线所圈定的火线形状，首先必须满足产气量对称性要求，即

$$\begin{cases} Q_4 + Q_5 = Q_6 + Q_7 \\ Q_2 = Q_9 \\ Q_1 = Q_3 = Q_8 = Q_{10} \end{cases} \tag{7-11}$$

同时还必须满足下式：

$$\frac{a}{b} = \sqrt{\frac{\sum_{i=1}^{N} Q_{ia}}{\sum_{i=1}^{N} Q_{ib}}} = 2.17 \tag{7-12}$$

式中 $\sum_{i=1}^{N} Q_{ia}$、$\sum_{i=1}^{N} Q_{ib}$——分别为 a 轴方向和 b 轴方向生产井总产气量。

由式（7-12），有

$$Q_6 + Q_7 + \frac{1}{2}(Q_3 + Q_{10}) = 2.17^2 \times \left[Q_2 + \frac{1}{2}(Q_1 + Q_3) \right] \tag{7-13}$$

综合式（7-12）和式（7-13），有：

$$\begin{cases} Q_6 + Q_7 = 4.7Q_2 + 3.7Q_3 \\ Q_4 + Q_5 = 4.7Q_9 + 3.7Q_8 \end{cases} \tag{7-14}$$

即长轴方向生产井累计产气量要达到短轴方向生产井累计产气量的 4~5 倍，才能使火线形成预期的椭圆形。矿场试验过程中，应该以此为原则控制各生产井的产气量。

需要指出的是，上面算式中出现的产气量均为各生产井的累计产气量。由于各井的生产周期不同，在不同阶段的各井产气速度则不一定严格按式（7-14）控制。图 7-20 中，当火线越过 5 井、6 井后，这两口井就处于关闭停产状态，该方向就只有 4 井、7 井两口井生产。考虑到 5 井、6 井的产气时间要远小于其他各生产井，为了实现图中火线推进形状，在火驱初期更应加大 5 井、6 井的产气量，后期则应加大 4 井、7 井两口井的产气量。矿场试验中对生产井累计产气量调控的方法主要包括"控"（通过油嘴等限制产气量）、"关"（强制关井）、"引"（蒸汽吞吐强制引效）等。

三、火驱前缘调控实例

1. 注气井优化调控

1）异常注气中断优化控制

注气中断是指点火成功后，连续注气火驱过程中，由于井筒、地面及压缩机等原因导致

无法继续按设计注气量向地层连续供气，造成注气暂时性中止。这种情况下，要视发生注气中断所处的火驱阶段、中断的累计时间不同，采取不同的控制措施：

（1）点火成功后 30 天以内，点火井累计注气中断时间在 12 小时以内，可直接恢复注气生产；累计注气中断时间在 12 小时以上，应考虑向原点火井注入 60~300m³ 原油，重新点火。

（2）点火成功后 31~60 天内，累计注气中断时间在 24 小时以内，可直接恢复注气生产；累计注气中断时间在 24 小时以上，该井不能再作为注气井注气，应予关井，或作为观察井。

（3）点火成功后 61~90 天内，累计注气中断时间在 36 小时以内，可直接恢复注气生产；累计注气中断时间在 36 小时以上，该井不能再作为注气井注气，应予关井，或作为观察井。

（4）点火成功后 91~180 天内，累计注气中断时间在 48 小时以内，可直接恢复注气生产；累计注气中断时间在 48 小时以上，该井不能再作为注气井注气，应予关井，或作为观察井。

（5）点火成功后 181~360 天内，累计注气中断时间在 72 小时以内，可直接恢复注气生产；累计注气中断时间在 72 小时以上，如果该井周围有已经发生氧气突破的生产井，可将该井临时作为注气井注气，等待原注气井修复后恢复注气。

（6）点火成功后超过 360 天，累计注气中断时间在 120 小时以内，可直接恢复注气生产；累计注气中断时间在 120 小时以上，可选择该注气井周围已经发生氧气突破的生产井暂时作为注气井，等待原注气井修复后恢复注气。

（7）转线性火驱期间，若注气井发生注气中断，可通过增加其他注气井的注气量，维持注气总量的基本不变。中断的注气井可在修复后恢复注气，若不能修复，应关井弃用。

2) 不同时期注气量优化控制

为达到注气井排火线快速连通实现线性火驱的目的，方案采取一期点火 3 口井，平均单井注气量 40000m³/d，二期点火 4 口井的方式，平均单井注气量 20000m³/d，后经过生产动态跟踪分析，于 2013 年 8 月进行方案调整，注气井排上 6 口生产井转注，形成 13 口井注气、38 口井采油的线性井网模式。

2. 生产井优化调控

1) 生产井助排调控

试验区东北部为高黏度区，特别是新井，在蒸汽开采时受热波及程度弱，其井底原油黏度与原始油藏接近，流动能力较弱，当火驱受热或改质流体推进到井底附近时，仍然难以进入井筒产出，造成流体绕流，无法就近采出，影响生产效果，因此，制订了生产井助排调控措施。

在火驱生产过程中，如出现如下几种情况，要进行吞吐引效、降黏等助排措施：（1）对于点火成功后 4 个月排气不畅的生产井，尤其是新井，应考虑进行吞吐引效，当一线老井单井产气量小于 4000m³/d、二线新井单井产气量小于 2000m³/d 时，可以认为该井排气不畅；（2）通过数模及油藏工程法预测油墙已经到达生产井井底附近，同时生产井处于高黏度区且出现杆卡等情况时，应采取助排措施。

吞吐引效期间单井周期注汽量 300~900m³，焖井 3~5 天；吞吐引效一般不超过 3 个周期；吞吐引效作业原则上应在点火成功后一年内完成。试验区共进行了 32 次吞吐引效、6 次化学剂降黏，单井增产效果显著（图 7-21），共增产原油 2273t。

图 7-21 典型井吞吐引效生产曲线图

2）高渗透条带井产气参数优化控制

对于处在高渗透条带上的生产井，尤其是 h2071 井和 h2072 井两口井要进行重点监控。从其生产见效到氧气突破，严格限制其排气量，上倾方向的 h2071 井的排气量控制在 6000m³/d 以内，下倾方向的 h2072 井的排气量控制在 8000m³/d 以内。

3）上倾方向井产气参数优化控制

根据国外成功火驱项目经验，带倾角地层会加强注入气超覆作用，使上倾方向火线平面上突进，最终影响生产效果，因此，在火驱先导性试验期间，上倾方向火线推进规模要控制在一个井排范围之内。为此，上倾方向各生产井（h2138 井、hH001 井、h2117 井、hH002 井、h2096 井、hH003 井、h2071 井、检 596 井、h2041 井、hH005 井、h2010A 井、hH006 井、h1345 井）从见效到氧气突破期间控制其单井排气量不超过 6000m³/d。

4）线性火驱阶段燃烧带优化调控

目前，试验区已经进入线性火驱阶段，火线已逐步接近上下倾第一排生产井，造成生产井逐渐由稳产阶段进入氧气突破阶段，产气量增大，产油量下降，为避免下倾一排生产井由于火线推进不均造成原油圈闭燃烧，促使火线向下倾方向更均匀地推进快速进入高产期，要加大以下 14 口生产井的排气强度：h2139 井、hH020 井、hH015 井、h2097 井、h2108 井、hH022 井、h2087 井、hH017 井、h2058 井、h2042 井、hH024 井、hH019 井、h1363 井、hH026 井。在保证地层和生产井安全的条件下，尽可能控制单井排气量大于 10000m³/d，一般不超过 15000m³/d。

5）生产井关井控制标准

试验区已生产 8 年以上，火线已逐渐接近部分生产井井底，进入氧气突破阶段，由于氧气突破及高温会造成安全隐患，因此，建立如下生产井关井控制标准：

(1) 当产出气体中 CO、H_2S 浓度超过安全界限,且没有相应的安全处理措施时,该生产井关井。

(2) 当产出气中 O_2 浓度超过 3% 时,该生产井关井。

(3) 当井口产液温度超过 150℃ 时,一般采取间歇注冷水方法降低产液温度维持生产,一次注水量 150~300m³,关井一周后重新开井生产;当采用注水方法无法有效降低产液温度时,该生产井关井。

(4) 当生产井管腐蚀、出砂严重时,应考虑临时关井并修复。无法修复时,该生产井关井。

6) 注气井排燃烧带连通优化控制

为使试验区火驱 4 年后火线连通顺利转为线性火驱,在维持正常燃烧状态和注采平衡的前提下,应尽可能快地使三口注气井间的火线连通,根据油藏工程方法及数模方法预测火线推进特征,确定井组注气井排生产井产气总量为上下倾方向生产井产气总量的 5 倍,因此,在保证地层和生产井安全的条件下,注气井排上倾方向生产井限制最大产气量 6000m³/d,下倾方向限制最大产气量 10000m³/d,注气井排方向限制最大产气量 15000m³/d。

7) 井组火驱前缘优化调控

火驱前缘调控预警机制:

(1) 根据测井水淹特征刻画高渗透条带;

(2) 数模跟踪监测火驱前缘变化情况;

(3) 火驱监测系统实时监测火驱动态;

(4) 根据生产变化情况进行印证。

火驱前缘调控原则应依据产量变化进行选井:

(1) 单井产气量超过 5000m³/d 且产液量低于 5t/d 的井;

(2) 单纯产气的一线井;

(3) 产液温度变化剧烈的生产井。

火驱前缘调控方法,依据产量—压力联动调控(图 7-22):

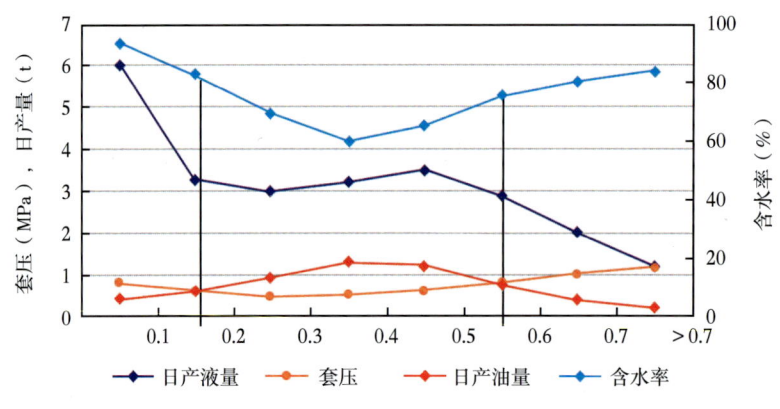

图 7-22 试验区油井产量—压力关系图

(1) 油压小于 0.2MPa、套压在 0.5~0.8MPa 左右时，油井低产、产气量大，控制套管气，避免气窜；

(2) 油压 0.2~0.6MPa、套压在 0.5~0.8MPa 时，油井高产、稳产，通过套管气调节生产；

(3) 油压大于 0.6MPa、套压大于 0.8MPa 时，降低套压，释放产能。

结合室内物模实验和现场生产数据及数模手段建立的火驱前缘预测方法，可以量化油井火驱前缘推进情况，结合现场动态生产参数手段和监测数据获取种类与频率，火驱前缘调控技术可以总结为"1234 法"，即：

(1) "调"，现场动态"调"生产参数，避免单方向气窜；

(2) "控"，数模跟踪，动静结合，"控制"火线推进方向和速度；

(3) "监测"，组分、压力和产状监测，实现调地上、控地下；

(4) "结合"，结合注气、生产、气体组分和产状变化情况，调控火线前缘。

现场跟踪调整过程中，需要密切关注火驱前缘变化情况，及时根据油井生产变化情况和注气井注气压力情况采取调控措施，保证火驱前缘尽量向四周均匀推进。

第八章 火驱效果分析及综合评价方法

从国内外火驱项目看,火驱评价一般以技术上和经济上是否成功作为一个定性的评价结论。就火驱采油技术效果来说,可以从不同侧面进行描述,如产量的变化、产出气体的组成、空气油比等。归结起来可以分为两大类,即燃烧效果评价和生产效果评价。基于这一认识,从燃烧效果、生产效果两方面对红浅 1 火驱试验区进行评价,最后通过多级模糊评判的方法建立综合评价方法,得到红浅 1 火驱试验区的分阶段分区域综合评价系统。

对火驱效果的分析及综合评价,有助于全面认识火驱并总结火驱开发过程中出现的问题,为后续获取项目的开展积累宝贵经验。

第一节 火驱燃烧效果分析方法

油层燃烧后,不只油气运移发生了变化,油层本身及其中流体性质也发生了一系列复杂变化。这些物理性质和化学性质的变化又不是一成不变的,而是受客观因素(油层差异、流体物性等)和主观因素(注气量、控制措施等)的影响。因此,在油层燃烧过程中,需根据油层的静态资料和动态资料,随时观察和分析其各种变化,也就是说要掌握好燃烧动态,然后才能根据它们的变化趋势及时采取解决问题的措施,以维持油层均匀稳定地燃烧,实现火驱最佳技术、经济指标之目的。

根据火驱生产特点,建立了直接和间接两种火驱燃烧状态评价方法。直接评价方法主要包括火驱前缘温度监测法、原油化验分析法;间接评价方法主要包括氧气利用率和视氢碳原子比法。以上两种方法相互补充、验证,可以对火驱燃烧状态进行较为客观的评价。

一、直接评价方法

1. 温度监测法

该方法监测结果可以直接反映高温还是低温燃烧。试验区 h2071 井既是一口生产井,又是一口生产监测井,用于监测火驱前缘燃烧温度。该井距离注气井 hH008 井 70m,监测结果表明随着火驱燃烧半径逐渐扩大,火驱前缘温度逐渐升高,达到高温燃烧后保持在 400℃ 以上。

2. 原油化验分析法

该方法主要检测原油组分、黏度等物性变化情况,用于判断原油改质作用强弱。化验分析结果表明(表 8-1),试验区原油改质作用强,轻质组分含量上升、黏度明显下降。饱和烃含量由 62.6% 上升到 69.5%,芳香烃含量由 19.9% 下降到 15.5%,胶质含量由 15.0% 下降到 11.5%,沥青质含量由 2.4% 下降到 2.2%;20℃时原油黏度由 16500mPa·s 下降到 3381mPa·s,降黏率 79.5%(表 8-1)。以上特征均符合高温燃烧的特点。

表 8-1　试验区火驱前后原油物性变化表

项目	酸值 w_{KOH}（‰）	$t_{凝固点}$（℃）	$w_{蜡}$（%）	$w_{胶质}$（%）	20℃下脱气原油黏度（mPa·s）
试验前	6.23	−22~8	0.91	15	16500
试验后	11.57	−14	0.66	11.5	3381

3. 气体组分监测法

该方法主要研究产出气体各组分含量及其变化，反映燃烧状态好坏。

对于火驱监测来说，一项主要任务是对燃烧气体要做 CO_2、CO、N_2、O_2 和 CH_4 等组分的常规分析。如果原油中含有硫，应该定量检验 H_2S 和 SO_2。在稠油油藏中，空气注入几周后，较重的一些烃类气体通常只是微量的，不包括在气体分析中；在轻质油油藏中，有时需要做甲烷到戊烷的烃类分析。气体分析至少每周一次，但必须是在稳定的工作时间内采集的气样。过程的转换时间也可适当增加采样的频率。

奥氏（Orsat）气体分析仪是最简单的，但往往不能满足要求，应该使用双柱气相色谱仪。要注意空气中约占 1% 的氩气，有可能与气体中的未燃氧气在气相色谱分析的同一位置，这时要对分析结果进行适当的校正。

在气体成分分析中，CO_2 含量的变化与燃烧情况有关。这是由于 CO_2 在油层的油和水中有相当可观的溶解度。点火后燃烧产生的 CO_2 大部分立即溶解在油层流体中，这时产生的气体中只含有很少量的 CO_2。在这期间可利用氧的消耗来确定燃烧效率。点燃后一段时间，如果 CO_2 急剧增加，说明注入的空气只与一部分油层体积接触，体积波及系数低；在另外一种情况下（占多数比例），CO_2 增加缓慢，说明体积扫油（波及）系数高。

还应该注意生产井井筒周围的油层压力，如果该压力迅速下降（如在修井后），这时溶解在油和水中的 CO_2 会逸出，使 CO_2 含量高达 30%~40% 的情况并非罕见现象。正常情况下采出气中 CO_2 含量在 14%~15% 之间。

红浅试验区监测结果表明，试验区产出气体 CO_2 含量保持在 14.6% 以上（高温燃烧一般 10% 以上），CO 含量维持在 0.2% 左右（图 8-1）。总体反映出试验区生产稳定，高温燃烧状态良好。

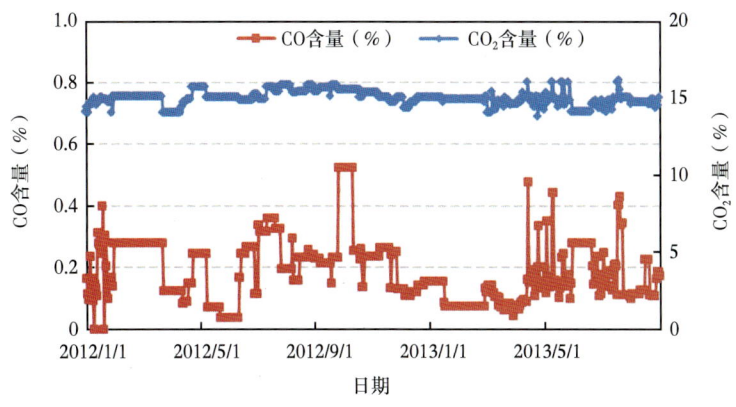

图 8-1　试验区产出气体组分含量变化曲线

二、间接评价方法

根据日常取得的注入气量、产出气量和产气中 CO_2、CO、O_2 含量的分析资料，以及火烧油层物模试验所得的燃烧率（A_s）等参数，结合油层的静态数据，可按下列方法来计算和评价各项燃烧动态指标（计算以注空气为例）。

1. 氧气利用率法

根据产出气体各组分含量，计算氧气利用情况，利用率高低用来评价燃烧好坏，氧气利用率越大，说明燃烧效果越好，燃烧好时应大于 85%。试验区的氧气利用率保持在 97% 以上，燃烧状态良好。

2. 视氢碳原子比法

根据燃烧过程分析，N_2、O_2 来自注入的空气，假设油层内矿物质和水不参与化学反应，产出气体中只有 N_2、O_2 和碳的氧化物。建立视氢碳原子比 X 值来确定燃烧类型。X 值在 3.0 以上为低温燃烧类型，X 值在 2.0~3.0 之间为低温燃烧向高温燃烧过渡类型，X 值在 2.0 以下为高温燃烧类型。

试验区初期 X 值在 3.0 以上，主要为低温燃烧；随着燃烧半径逐渐加大，产生的热量越来越多，火驱前缘温度增加，X 值逐渐降低；在 240 天左右进入高温燃烧阶段，与试验区生产监测井 hHG002 井、h2071 井监测的高温（350℃以上）时间基本一致。

3. GI 指数法

气体指数（GI）体现了实际产出废气和理论产出废气之间的比值，在火烧油层的初始阶段，因为没有生成 CO_2，所以 $GI=0$；随着化学反应的进行，GI 值逐渐增大，在火烧油层稳定燃烧阶段（高温氧化反应阶段），产出端气体指数 GI 会趋近于某一定值；在火烧油层的结束阶段，气体指数 GI 会逐渐下降到 0。可以简单地认为 GI 增大过程是火烧油层点燃阶段，GI 减小阶段是火烧油层熄灭阶段。

第二节 火驱生产效果分析方法

生产效果最大化是油藏开发的目标，累计产油量及采出程度是反映生产效果最重要的两个指标，研究中首先建立了数模法、火驱特征曲线法及火驱燃烧体积法生产指标计算方法。

一、油藏数值模拟法

这里采用的火驱油藏数值模型是四相七组分的 Classic 模型，其基本假设条件包括：油藏中存在气相、水相、油相和固相共四种相态；组分包括水、重质油、轻质油、CO_2、N_2/CO、O_2、焦炭共七个组分；化学反应包括重油裂解、重质油燃烧、轻质油燃烧和焦炭燃烧四个化学反应。新疆红浅 1 井区的火驱矿场试验生产仍在运行，对该重油区块建立了地质模型，并对火驱生产阶段进行了历史拟合和数值模拟预测。

利用 CMG 热采模块 STARS，对火驱生产阶段（$t=100~170$ 月）进行了历史拟合，拟合结果满足精度要求，接着进行了对今后火驱开采效果的预测，由于火烧油层的数值模拟运算时间很长，本模型预测时间截至 2016 年 12 月底（$t=188$ 月），油藏数值模拟结果的含油饱和度场显示火驱对地下原油的驱替效果显著（图 8-2）。

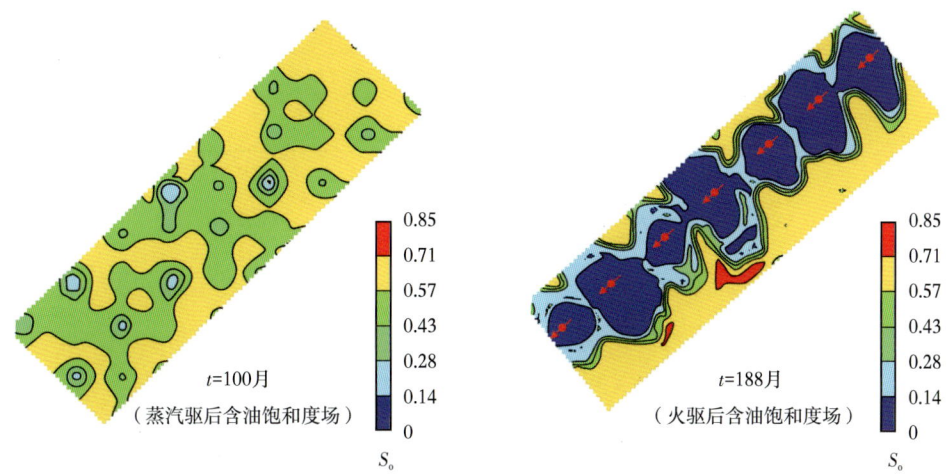

图 8-2　红浅 1 井区火驱前后的含油饱和度场

全区按燃料消耗与残余含油饱和度共为 0.17，则产油量为：地质储量×（1-0.17）= 66886×0.83＝55515m³，全区等效燃烧半径 71.3m，火驱 2098 天，燃烧前缘单侧平均推进速度为 3.4cm/d。

二、火驱特征曲线法

数值模拟是火驱项目跟踪与预测的主要手段，但有时由于现场数据的采集与质量不能较好地支持数值模拟的开展，因此需要建立一种实用的火驱工程计算方法，与数模方法相结合，计算火驱的已燃区域与动用范围、判定火线的推进速度与燃烧半径、预测产量与采出程度等生产指标。

火驱实施后一个最为重要的指标就是增产效果。火驱先导性试验区内的 7 个气驱井组，由于受油藏物性、实际井况、注采操作等多方面因素的综合影响，逐一观察单井组的生产动态（图 8-3），表现为产量波动较大，没有明显规律。

图 8-3　火驱典型井组产量情况

为了定量描述火驱油藏的动态特征，在童氏甲型水驱特征曲线理论推导的基础上，引入了气驱特征曲线对油藏动态数据进行处理。通过对七个火驱井组的数据回归（图8-4），总结出火驱开发的驱替特征，即累计产油量（N_p）与累计注气量（N_g）成良好的半对数直线关系：

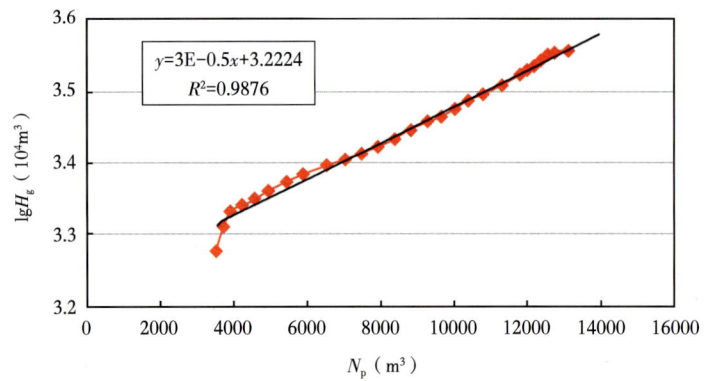

图8-4　火驱典型井组累计产油量与累计注气量关系

$$\lg N_g = A + BN_p \tag{8-1}$$

式中　N_p——累计产油量，m^3；

　　　N_g——累计注气量，$10^4 m^3$。

应用火驱驱替特征曲线，可以判断生产动态的异常，指导现场生产，例如hH010井组空气腔不封闭（2011年4月h2054井地表漏气），回归直线，斜率出现了变化；还可以预测火驱累计产量与技术可采储量，预测火驱的经济可采储量和采收率：

$$N_p = \frac{\lg GOR - (A + \lg 2.303B)}{B} \tag{8-2}$$

$$N_R = \frac{\lg(GOR)_{EL} - (A + \lg 2.303B)}{B} \tag{8-3}$$

式中　N_p——技术可采储量，m^3；

　　　N_R——经济可采储量，m^3；

　　　GOR——空气油比，m^3/m^3；

　　　GOR_{EL}——经济极限空气油比，m^3/m^3；

　　　A、B——分别为累计产油量和累计注气量曲线的截距和斜率。

三、火驱燃烧体积法

计算火驱开发参数的最简单方法为前缘驱替法，该方法认为被驱替的原油量等于已燃烧区域内初始含油量减去作为燃料消耗的原油。由于油层中初始含油量和燃料消耗量可以被视为常量，因而被驱替原油与已燃体积之间的关系将成一条直线。但是室内实验与国外大量的现场试验数据，包括红浅火驱试验区的实际生产及取心资料均表明，火驱实际产油量远大于被前缘驱替的已燃烧体积中驱出的油量（图8-5），对产量—燃烧体积关系的分析表明，火驱并不完全是一种前缘驱替过程。

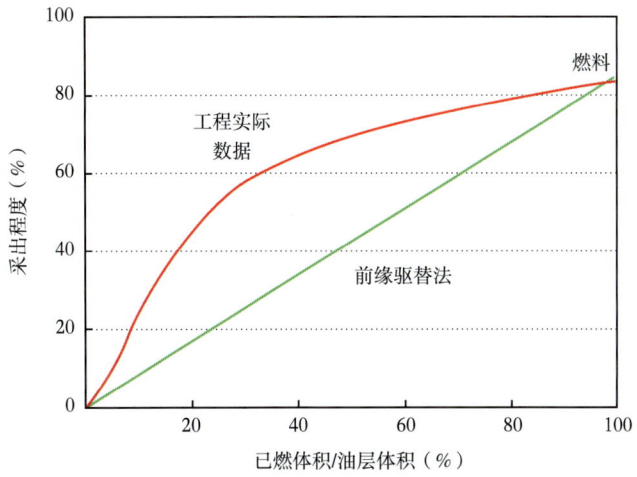

图8-5　被驱替原油与已燃体积关系曲线示意图

那么，如何得到真实的火驱产量呢？其中最重要的两种经验方法是 Nelson 和 Burger 的两种理论（图8-6）。

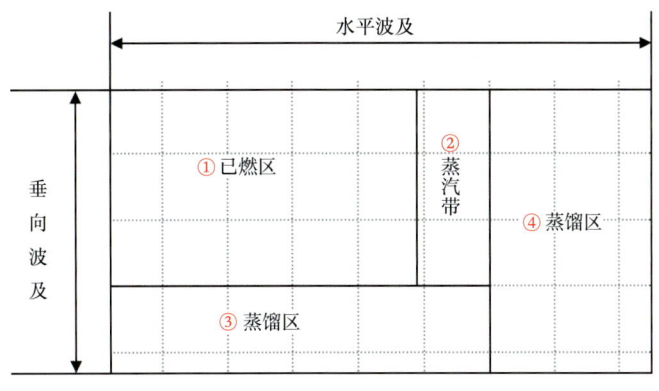

图8-6　火驱产油机理及不同产油区带

（1）Nelson 理论：产油量=已燃区产量+蒸汽带产量。

该理论认为火驱产油主要来自两个部分，一部分是燃烧前缘所驱替的油量，另一部分是已燃区以外的那部分井网对产油量所做的贡献。

（2）Burger 理论：产油量=已燃区产量+蒸汽带产量+蒸馏区产量。

该理论认为注入的空气并不完全占据生产井所限定的全部油层体积，而且所产的油并不只来自燃烧区，因为未被燃烧前缘驱扫过的体积处于气体、冷水、热水或水蒸气流动下，致使原油热膨胀。图8-6为火驱燃烧过程中不同区带中原油驱动情况。

根据国内外开展的矿场试验，提出在不同初始含气饱和度下估算的原油采收率与燃烧体积的关系（图 8-7）。理论上，可根据该图中的一组曲线求得不同已燃体积时的采收率或开发参数，但实际上仅依靠曲线无法得到准确的数值，必须有适用于工程计算的一整套算法。

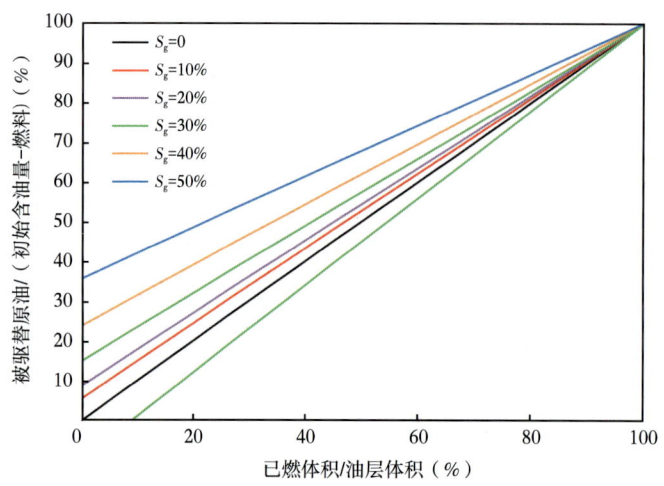

图 8-7　不同初始含气饱和度下估算的原油采收率与燃烧体积的关系

首先，对图 8-7 中不同初始含气饱和度下曲线进行直线近似处理，得到如图 8-8 所示的直线组关系曲线。

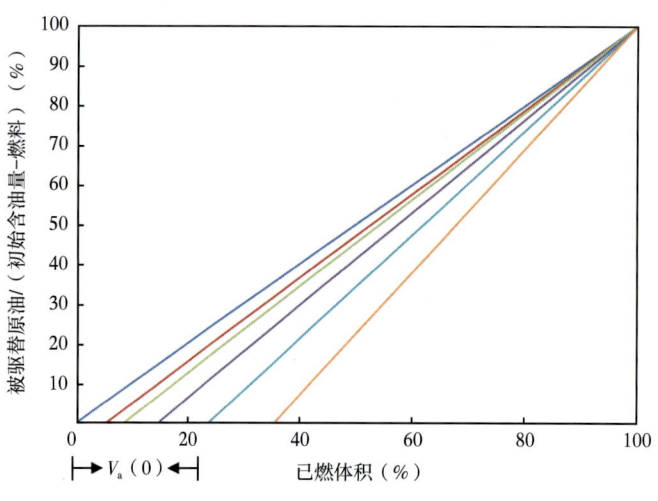

图 8-8　原油采收率与燃烧体积的关系的直线组

显然，纵坐标为零时的 V_B 值与初始含气饱和度 S_g 的大小有关，它们之间的关系可用二次曲线表示（图 8-9）：

$$V_B(0) = 0.147143 S_g + 0.010714 S_g^2 \tag{8-4}$$

然后对直线组与曲线组之间的偏差进行归一化（图 8-10），最大偏差系数为

$$D_{max} = 26.82295 - 0.46787 S_g \tag{8-5}$$

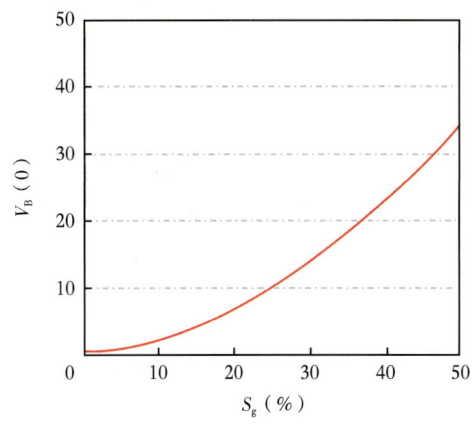
图 8-9 V_B 值与初始含气饱和度关系

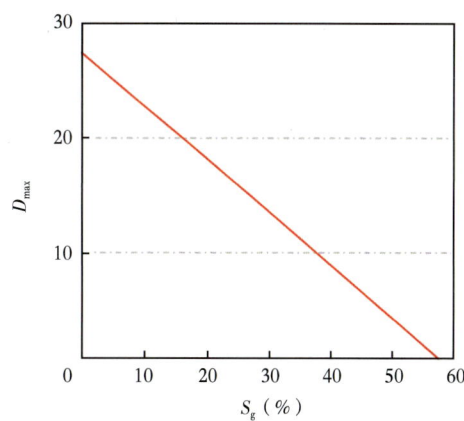
图 8-10 最大偏差与含气饱和度关系曲线

对 hH008 井组指标，分别通过以上三种方法进行预测，对比结果（表 8-2）表明：数值模拟法与实用工程计算方法，两种方法与实际生产数据接近，而实用工程方法比数值模拟法更简便易用。

表 8-2　不同计算方法下 hH008 井组指标预测结果

计算方法	采油量（m³）	阶段采出程度（%）
数值模拟法	14323	22.0
前缘驱替法	10221	15.7
工程计算法	15626	23.9
实际值	14832	22.8

第三节　火驱效果的综合评价方法

火驱生产效果评价是涉及燃烧指标和空气油比、原油黏度下降、含水率下降幅度等多指标综合评价体系，需要选取代表性指标确定其权重，建立适合火驱特点的分阶段分区域综合评价系统。

一、火驱效果评价方法分类

目前国内外使用的评价方法很多，但大体可分成专家评价法、经济分析法、运筹学和其他数学方法混合方法等类型。每一类方法里又可分成很多种方法。

1. 专家评价法

该方法以专家的主观判断为基础。通常以"分数""指数""序数""评语"等作为评价的标值。然后再做出总的评价。

1）评分法

假设有 m 个不同对象要评价，而评价的属性有 n 个，首先对每一个属性规定评价的标值，然后对每一个对象在不同属性下确定其具体分数（即标值），在此基础上可用不同形式来表示多方案的得分情况，而形成不同方法如列表法、轮廓图形法等，还有 RAND 公司使用的彩色记分法等。

2）综合评分法

当所有对象希望在所有属性的总和起来得到一个综合分数时，就使用综合评分法。常用的综合评分法有加法评分法、加权加法评分法、修正加权加法评分法和乘积评分法等。其中修正加权加法评分法，主要用于适应当被评价对象之间不是相互独立而是互相有影响的情况。

3）优序法

该方法根据序数来评价不同对象，可以处理多人、多目标的情况。

2. 经济分析法

该方法以事先议定好的某个综合经济指标来评价不同对象，常用的有两大类方法，一类是用于一些特定情况有特定形式的综合指标，例如用于评价新产品开发的奥尔森公式、伯西非柯公式、蒂尔公式等；还有用于评价新产品开发、新产品生命周期的索别尔曼投资价俏模型、安索夫模型和潘德模型等。

3. 运筹学和其他数学方法

这类方法用到数学方法更多一些。

1）多目标决策方法

这类方法本身有上百种方法，但大体有以下几种：（1）化多为少法，即通过多种汇总的方法将多目标化成一个综合目标来评价；最常用的有加权和方法、加权平方和方法、乘除法和目标规划法等；（2）分层序列法，即将所有目标按重要性次序排列，重要的先考虑；（3）直接求所有非劣解的方法；（4）重排次序法，如 ELECTRE 法；（5）对话方法等。

2）DEA 方法

根据被评价对象的"输入"数据（一般指投入的资金、劳力等）和"输出"数据（一般指产出的产品数量、质量、经济效益等）利用数据包络分析（DEA）求得有效生产前沿面，根据被评对象是否在前沿面以决定其规模有效和技术有效等。

3）AHP 方法

根据具有层次网络结构的目标、子目标、约束条件、部门等来评价方案，采用的两两比较的方法，然后采用判断矩阵的最大特征根相应的特征向量的分量作为相应系数的办法，最后综合出各方案的各自权重（优先程度）。

4）模糊综合评价

有些评价对象难以给出确切的表达，而只是模糊的概念，这时可以用模糊评判的方法，先要求模糊评判矩阵 $\boldsymbol{R}=(r_{lj})$，其中 $r_{lj}=\mu_{lj}(x)$ 表示方案 x 在第 j 个目标，处于第 j 级评语的隶属度。当要对多个（m 个）目标进行综合模糊评价时，先要给出各目标自己的权 w_l；$l=1, 2, \cdots, m$。然后组成权系数向量 $A=(w_1, w_2, \cdots, w_m)$。最后利用矩阵的模糊乘法得到综合模糊评判矩阵。

5) 可能满意度方法

评价一个方案从它实施可行性（度）及多方面对它的满意性（度）同时考虑，并将它综合成一个可能满意度，可能满意度越大，对该方案评价也越好。

6) 数理统计方法

例如用主成分分析和聚类分析的方法对一些对象进行分类评价等。

混合方法是前几类方法混合应用的方法，例如国内一些单位应用的 FHW 决策系统，它融合了模糊、灰色、物元空间等思想，可以用于预测、决策与评价。

由于模糊综合方法简单，评价结果真实可靠，故选用模糊综合评价方法作为火驱效果综合评价的建模方法。

二、效果评价体系的建立

如果对措施效果进行评价，首先需要对火驱见效模式进行认识，并在其基础上总结火驱见效特征，依据该特征参数进行效果的综合评价。

1. 多级模糊综合评价过程

设 U 为评价因素集，其因素就是研究对象的各种属性或数量。设 V 为评语集合，表示研究对象的评价结果。当考虑的因素很多及各因素之间又有层次之分时，可把因素集 U 按某种性质分成几个子集。先对每个子集进行模糊评价，然后在此基础上进行高一级的综合模糊评价。

为了使各项因素都参与评价，必须建立一个从 U 到 $F(V)$ 的模糊映射，即：

$$\boldsymbol{R} = (r_{ij})_{n \times m} = \begin{bmatrix} r_{11} & r_{12} & \cdots & r_{1m} \\ r_{21} & r_{22} & \cdots & r_{2m} \\ \cdots & \cdots & \cdots & \cdots \\ r_{n1} & r_{n2} & \cdots & r_{nm} \end{bmatrix} \quad (8-6)$$

其中，r_{ij} 为评价对象各因素的隶属度，一般由建立的隶属函数求得，表示研究对象各单因素评价的结果。

设 W 为 U 上的模糊子集，表示各因素在研究评价中的重要程度，即权重向量，其表达式为：

$$W = (a_1, a_2, \cdots, a_k) \quad (8-7)$$

所有的权重向量之和应为 1。由权向量 W 和模糊变换矩阵 R，经过模糊运算得到火驱效果的综合评价指数 B。B 为 V 上的模糊子集，b_i 是第 i 个评价对象的综合评价指数。常用的模糊算法有加权平均型、主因素决定型和主因素突出型 3 种算法。具体运算时，可根据研究对象特点而定。

2. 权重的确定方法

层次分析法（The Analytic Hierarchy Process，简称 AHP）是一种定量与定性相结合，将人的主观判断用数量形式表达和处理的方法。同时引入了 Saaty 提出的 1~9 标度法，构成判断矩阵，其含义见表8-3。

表8-3 层次分析标度表

标度	含 义
1	表示两个因素相比，具有相同重要性
3	表示两个因素相比，一个比另一个稍微重要
5	表示两个因素相比，一个比另一个明显重要
7	表示两个因素相比，一个比另一个强烈重要
9	表示两个因素相比，一个比另一个极其重要
2、4、6、8	上述两相邻判断的中值
倒数	因素i与j比较得到的判断B_{ij}，则因素j与i比较得到的判断$B_{ji}=1/B_{ij}$

通过计算判断矩阵的最大特征根及对应的特征向量，即某一层因素相对上一层某一个因素的权重系数。这种方法不仅简化了系统分析和计算，还有助于保持判断的一致性。为此，引入判断矩阵最大特征根以外的其余特征根的负平均值 CI 作为一致性的指标。

$$CI = \frac{\lambda_{max} - n}{n - 1} \qquad (8-8)$$

式中　CI——特征根的负平均值；

　　　λ_{max}——最大特征向量；

　　　n——阶数。

为了度量不同阶段矩阵是否具有满意的一致性，又引入了平均随机一致性指标 RI，对于 1~9 阶判断矩阵的 RI 的值见表8-4。

表8-4 一致性检验评价标准

阶数	1	2	3	4	5	6	7	8	9
RI	0	0	0.58	0.9	1.12	1.24	1.32	1.41	1.45

CI 和 RI 的比值称为随机一致性比率 CR，当 $CR=CI/RI<0.1$ 时，即认为矩阵具有满意的一致性，否则就要调整判断矩阵。

通过计算判断矩阵的最大特征根及对应的特征向量，即某一层因素相对上一层某一个因素的权重系数。由于层次分析法对各指标之间相对重要程度的分析更具逻辑性，其可信度高于其他方法，这也是采取层次分析法来计算权重的原因。

火驱技术效果评价模型的建立步骤如下：

（1）收集火驱井组的动态数据，包括产液量、含水率、注入空气量、生产井底的温度、液面高度变化和采出气体的含量等基础数据；

（2）把收集来的基础数据分为动态开发指标和动态监测指标两类，并把数据按照评价参数的定义进行处理；

（3）应用层次分析法计算各指标的权重指数；

（4）利用模糊综合评价方法对火驱井组的效果进行综合评价，得出评价结论。

3. 建立指标系统

从火驱的驱油机制而言，火驱是一个多因素共同作用下的复杂系统，其效果也在增产、升温和产气等多方面得以体现，需要多因素综合评价才能准确、客观地体现出火驱效果。

对火驱后的效果进行科学的评价十分必要，单因素评价的结果往往是片面的，用不同的单因素评价方法评价有时会出现相反的结论。这样就有必要建立一套考虑各因素的火驱效果综合评价模型。火驱是由燃烧产生如热裂解、相变、热对流、热扩散等复杂的多因素耦合过程，其效果应该包括原油的氧化反应（燃烧）效果和增油效果两个方面，如果想充分发挥出火驱增产的潜力，应该使这两方面效果都得以充分发挥出来，而火驱效果评价也要从这两个方面考虑。

国内外评价火驱的指标主要有以下三类：

(1) 指示燃烧类指标：视 H/C 原子比、GI 指数、氧气利用率、燃料耗量、空气燃料比、火线推进速度。

(2) 监测类指标：原油改质、原油黏度、温度监测值。

(3) 生产动态类指标：阶段采出程度、采油速度、含水率、气体采注比、空气油比（AOR）、燃烧体积。

红浅火驱试验区的地质情况差异大，影响了火线推进，所以在引入燃烧和驱油效果评价指标时，还需要考虑对地质差异性敏感的影响，这里将火线推进速度作为评价火驱均衡推进和地质差异性影响的指标列入评价体系中。

提高采收率是火驱的目的，燃烧为驱油提供能量，所以将以上指标合并为燃烧动态和生产动态两大类。根据燃烧指标含义以及指标间关系对比，选用氧气利用率、空气燃料比、火线推进速度和 GI 指数评价燃烧状态（表 8-5）。

表 8-5 火驱燃烧动态指标评价及选择

指标	解释	指标类型	备注
氧气利用率	最大值为 1，燃烧状态好时，Y 应该大于 0.85	极大型	采用
燃料总耗量	10%~15%之间，越低越好	极小型	计算误差大，不采用
空气燃料比	15~25m³/kg 之间，油层燃烧不好时，这个值变大	极小型	反映地质差异，采用
火线推进速度	体现火线推进是否均衡	区间型	采用
GI 指数	大于 0.6 指示燃烧状态好	极大型	机理相同，界限不同，采用一个
视 H/C 原子比	X 在 1~3 之间指示燃烧状态好	极小型	

根据生产动态指标含义以及指标间关系，选用阶段采出程度、含水率、气体采注比和空气油比（GOR）评价生产状态（表 8-6）。可以将指标分为以下四类：

(1) 极大型指标（又称为效益型指标）是指标值越大越好的指标；

(2) 极小型指标（又称为成本型指标）是指标值越小越好的指标；

(3) 居中型指标是指标值既不是越大越好，又不是越小越好，而是适中为最好的指标；

(4) 区间型指标是指标值取在某个区间内为最好的指标。

表 8-6 火驱生产动态指标评价及选择

指标	解释	指标类型	备注
原油改质	反映火驱改质作用，但矿场变化规律不明显	—	不推荐
原油黏度	反映火驱改质作用，但矿场变化规律不明显	—	不推荐
温度监测	测温井数据直观，数量少	—	不推荐
阶段采出程度	反映火驱技术效果	—	累计效果
采油速度	反映火驱技术效果	极大型	年度效果
燃烧体积	体现火驱波及，与采出程度有关联	极大型	不采用
含水率	受开发历史影响，反映流体运动状态	极小型	采用，小权重
气体采注比	气体利用效率指标	区间型	采用
空气油比 GOR	技术和经济评价综合指标	极小型	采用

建立的二级评价体系（图 8-11），涉及燃烧动态和生产动态两大类八个指标，火驱不同阶段解决的问题不同，所以不同阶段指标权重有所变化。

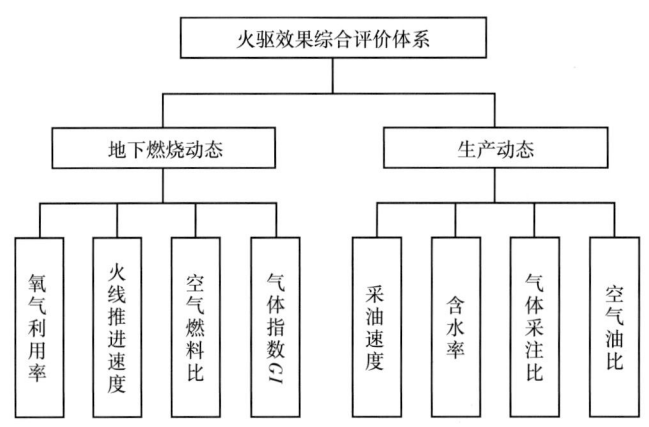

图 8-11 火驱采油效果技术综合评价模型层次结构

火驱效果结论不应该片面地界定为好与差，整个火驱效果认识过程具有模糊的特征，应用模糊数学的综合评价方法，以红浅火驱井组为研究对象，考虑了各方面因素火驱前后的变化，用层次分析法确定各个指标权重，在模糊运算基础上得出措施效果的综合评价指数。

1）GI 指数

GI 指数火驱系统内参与断键反应的氧气比例，使用火驱产出尾气组分分析数据，根据 GI 指数的数值范围可以诊断地下燃烧状态，该指标与视 H/C 原子比指标同样采用产出尾气资料，因为 GI 指数在物理意义和形式上更加规整，所以二者只取 GI 指数一个指标。

室内实验（图 8-12）和火驱现场（图 8-13）都表现出明显的三段式曲线，驱至 0.2 倍井距后产量上升，高温稳产段维持 0.6~0.8 水平。

根据室内实验和现场数据，制订各火驱阶段 GI 指数评价区间（表 8-7）。

【第八章】 火驱效果分析及综合评价方法

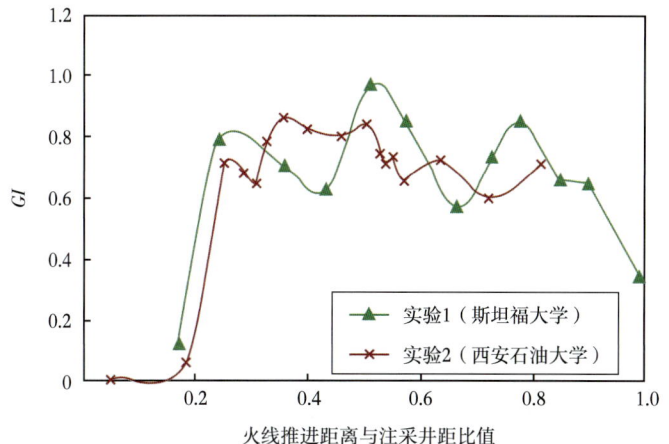

图 8-12　实验室 GI 指数变化

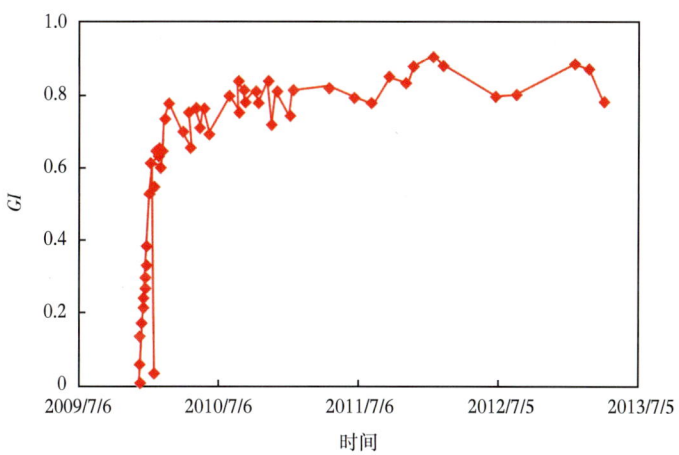

图 8-13　试验区 GI 指数变化（h2107A）

表 8-7　各火驱阶段 GI 指数评价区间

生产阶段	GI
烟道气驱	不要求
产量上升	0~0.6
高温稳产	0.6~0.8

2）氧气利用率

氧气利用率是反映火驱系统中氧气被消耗的指标。因为选用数据和计算原理不同，氧气利用率与 GI 指数不重复。氧气利用率理论最大值为 1，燃烧状态好时，其值应该大于 0.85。

实验室内可以观察到氧气利用率由低到高的趋势（图 8-14），说明火驱初期氧气利用率较低，考虑到安全因素，生产井尾气含氧量应该在 5% 以下，折合氧气利用率为 0.75。

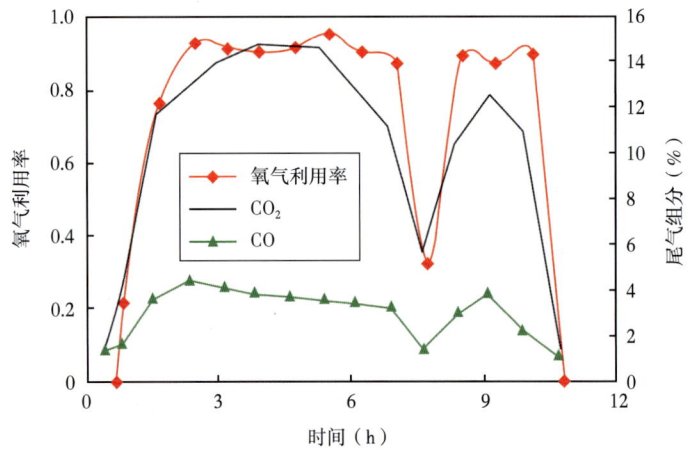

图 8-14 实验室内氧气利用率

试验区 h1345 井长期监测产出气数据,计算氧气利用率(图 8-15)后发现改质长期处于较高水平(氧气利用率为 1),主要是因为产出气含氧量几乎为零。基于实验室结论和安全性分析结论,制定各阶段氧气利用率界限(表 8-8)。

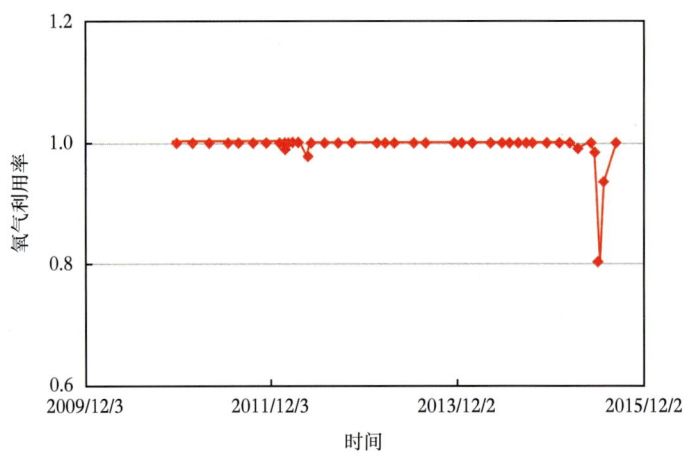

图 8-15 试验区氧气利用率变化(h1345 井)

表 8-8 各火驱阶段氧气利用率评价区间

生产阶段	氧气利用率
烟道气驱	>0.75
产量上升	0.85~1
高温稳产	0.85~1

3)火线推进速度

火线推进速度受注气速度、渗透率级差、原油黏度等地质因素影响,这一指标反映了地质和工程综合作用的结果。火线推进速度一般应该控制在4~16cm/d，低于4cm/d时，燃烧有可能难以维持；高于16cm/d时，易发生火线不均匀突进现象。

实际火线推进速度利用观察井和生产动态特征及井间距离进行计算。理论火线推进速度由注气强度、燃烧率和油层厚度等进行计算。

按照红浅注气强度800m^3/d，燃烧率230m^3/m^3，厚度8m为参数，计算不同推进距离下的火线理论推进速度（表8-9、图8-16）。

表8-9 不同阶段内火线推进速度测算

火线推进程度（%）	生产阶段	火线推进速度（cm/d）	
		平均	最低
0~20	烟道气驱	10.3	3.1
20~40	产量上升	7.8	5.5
40~80	高温稳产	5.8	4.4
80~100	高含水	3.9	3.0

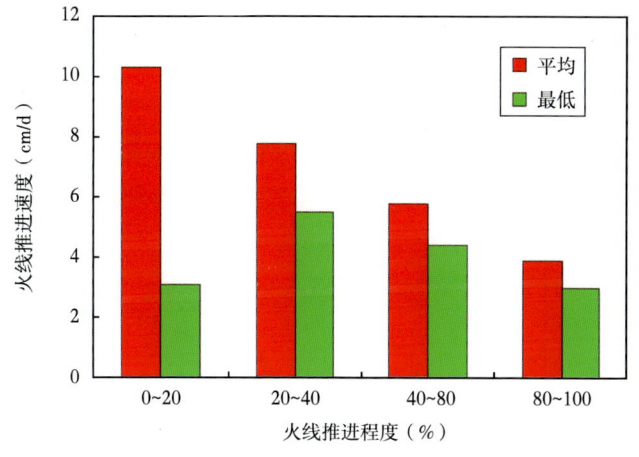

图8-16 不同阶段内火线推进速度测算

4）空气燃料比（AFR）

在正常燃烧时，AFR值在15~25m^3/kg之间，油层燃烧不好时，AFR值变大。空气燃料比在反映了燃烧是否正常，根据Calgary大学2014年的实验测算，在初始阶段该值会大于25m^3/kg，随着燃烧进行，数值会趋于平稳（图8-17）。

据此划分空气燃料比在各火驱阶段的界限（表8-10）。

表8-10 火驱生产阶段的空气燃料比界限

生产阶段	空气燃料比（m^3/kg）
烟道气驱	>25
产量上升	15~25
高温稳产	15左右

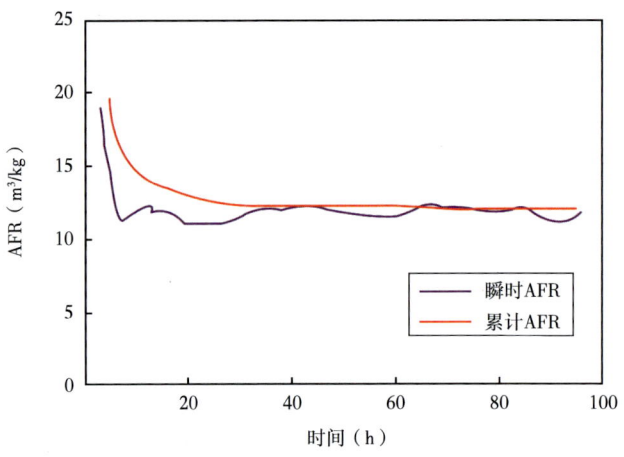

图 8-17 实验室空气燃料比动态

5) 空气油比（AOR）

空气油比是技术和经济评价综合指标，单位是 m^3/t，是评价火驱是否成功的主要参数。实验室内测算该指标呈现两端高、中间低的特征（图 8-18）。

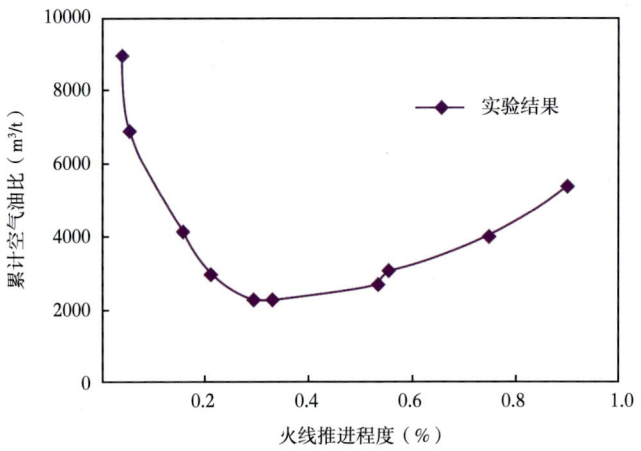

图 8-18 实验室空气油比动态

火驱试验区的空气油比测算也呈现先高后低的特征（图 8-19）。空气油比界限借鉴开发方案（$1142m^3/m^3$）、统计回归（$1118m^3/m^3$）、统计学习（$1972m^3/m^3$），取三者平均值 $1420m^3/m^3$ 划定为理想最低空气油比，划分火驱各阶段界限（表 8-11）。

表 8-11 火驱生产阶段的空气油比界限

生产阶段	空气油比
烟道气驱	高至 $7000m^3/m^3$
产量上升	陡降
高温稳产	$1420m^3/m^3$ 或以下

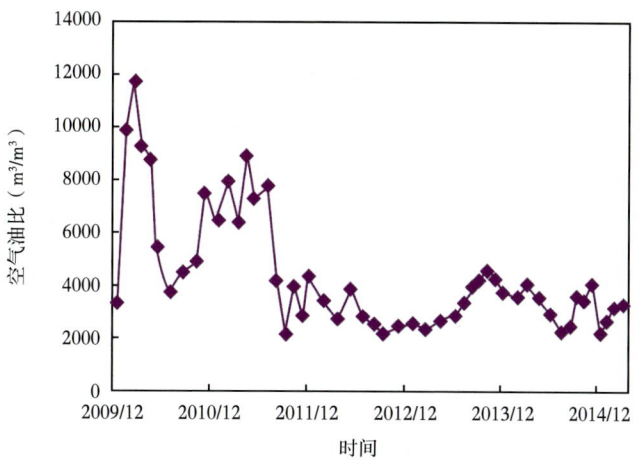

图 8-19　试验区空气油比动态

6) 气体采注比

采注比体现了注入气的利用效率,采注比低表明注采不连通,气体未参与反应。正常采注比在 0.8~1 之间,瞬时采注比可以大于 1。通过 Miga 油田火驱气体采注比数据（图 8-20）可以发现,初始阶段采注比很低,到后大规模见效期,该值基本在 0.8 以上。试验区气体采注比受到气体泄漏等影响部分段出现异常,但是整体趋势是呈现前低后高的特征（图 8-21）。

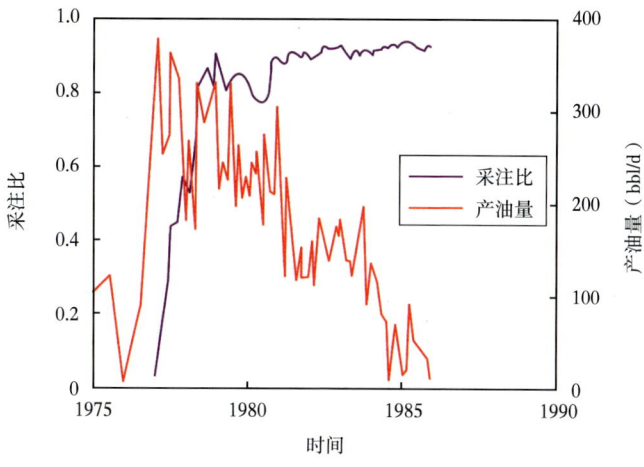

图 8-20　Miga 油田火驱气体采注比动态

根据各火驱阶段采注比特征,划分采注比界限（表 8-12）。借鉴烟道气驱阶段产出气较少这一特点,划定 0~0.1 为界限,越大越好;进入产量上升阶段,该值从 0.1 上升到 0.8 左右;进入高温稳产阶段,该值应该位于 0.8~1.0 之间。

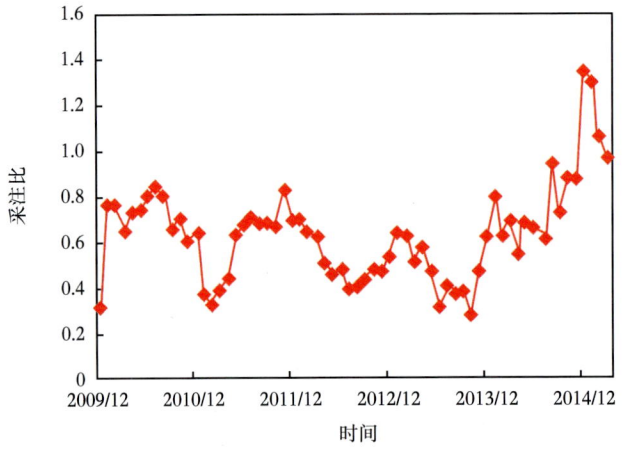

图 8-21 试验区火驱气体采注比动态

表 8-12 火驱生产阶段的采注比界限

生产阶段	采注比
烟道气驱	0~0.1
产量上升	0.1~0.8
高温稳产	0.8~1

7) 含水率

含水受到油田开发历史影响,该指标需根据数模进行测算。取试验区 hH008 井组进行含水率、产油量测算。

矿场实例中开发历史较为复杂,Balol 油田火驱后含水率几乎为零,所以借鉴意义不大,取试验区较为均质的 hH008 井组进行模拟(图 8-22),测算各阶段含水率应该达到的水平,划分阶段界限(表 8-13)。

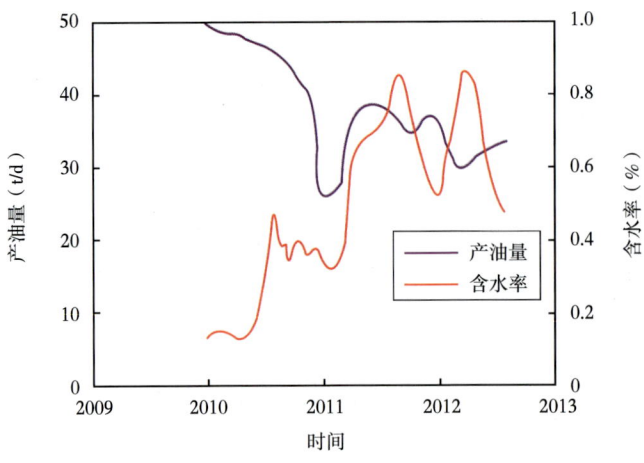

图 8-22 试验区 hH008 井组火驱含水率及生产动态模拟结果

表 8-13　火驱生产阶段的含水率界限

生产阶段	含水率（%）
烟道气驱	90~99
产量上升	90 降至 65
高温稳产	65 左右

8）采出程度

采出程度是国内外评价火驱的主要技术参数。室内实验显示火驱采出程度和燃烧推进距离有很大关系（图8-23）。

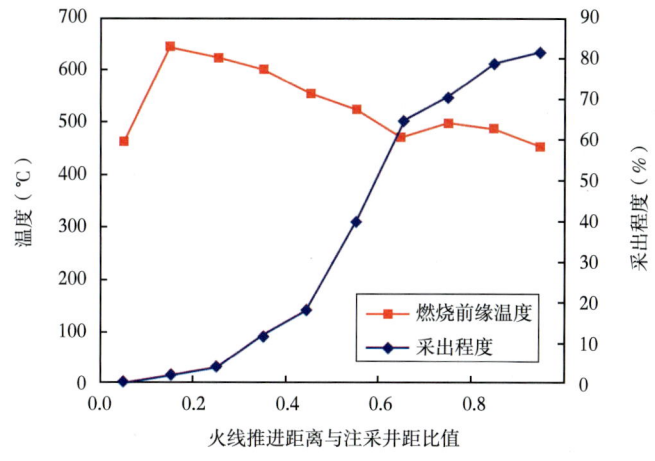

图 8-23　火线推进距离和采出程度关系

当火线推进距离在20%以内时（烟道气驱阶段），生产端响应很弱。主要的产出阶段在40%~80%之间（高温稳产阶段）。

为了使体现评价的实时特征，以实验结论划分界限（图8-24），将采出程度转化为采油速度（Er/n），火驱阶段采收率按照开发方案标定值计算（表8-14）。

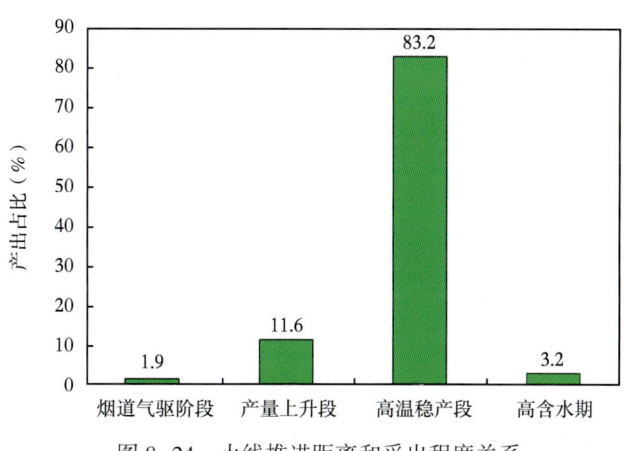

图 8-24　火线推进距离和采出程度关系

表 8-14　火驱生产阶段的采油速度界限

生产阶段	含水率（%）
烟道气驱	（$Er×1.9\%$）/n
产量上升	（$Er×11.6\%$）/n
高温稳产	（$Er×83.2\%$）/n

实验室为理想状态，作为评语"好"的下限；如果实验室失败，矿场几乎也不能成功，该状态作为评语"差"的底界（表 8-15）。

表 8-15　评语集界定依据

评语	分级依据	赋分
好	实验室状态	90~100
较好	成功矿场、数模状态	80~89
中等	二者之间	70~79
较差	经济不成功状态	60~69
差	矿场、实验室失败状态	0~60

火驱过程中氧气利用率一般应保持在 90% 以上，这样才能保证生产井的安全，所以氧气利用率指标评价在"好"这一层次时，应该在 90% 以上。

气体指数 GI 的理论和实验室结果都显示 GI 值在 0.8 左右为高温燃烧，GI 值大于 0.6 则显示其燃烧状态良好，所以定义气体指数 GI 指标评价在"好"这一层次时，应该在 0.6 以上。

三、评价的流程

1. 确定权重

火驱效果的二级模糊评价是在对生产动态、燃烧动态评价的基础上进行的。把以上两个方面看作两个因素，并根据层次分析原理确定各自得权重系数，采用加权平均算法得出措施效果的综合评价指数 b_j。用层次分析法确定生产动态评价、燃烧动态评价两个因素的权重，得出烟道气驱阶段各自权重为：$W=(0.83, 0.17)$，不同阶段权重需要调整（表 8-16）。

表 8-16　火驱效果评价分阶段权重结构

主因素	子因素	烟道气驱	产量上升	高温稳产
生产动态指标	氧气利用率（小数）	0.14	0.09	0.09
	空气燃料比（m^3/kg）	0.24	0.19	0.19
	火线推进速度（cm/d）	0.28	0.21	0.21
	气体指数 GI	0.34	0.50	0.50
燃烧动态指标	含水率（%）	0.14	0.10	0.10
	气体采注比	0.20	0.16	0.16
	采油速度（%）	0.33	0.26	0.26
	空气油比（m^3/t）	0.33	0.48	0.48

对于火驱效果的评价可以根据模糊集合 $\underline{V}$ 来描述：

$$\underline{V} = \{好，较好，中等，较差，差\}$$

某一评价指标 x 对评价结果的影响可以用隶属于模糊集合中各元素的强度来描述，即评价指标 x 对评价结果的影响可以用单指标评价向量来表示，

$$R_i(x) = \{r_1(x), r_2(x), r_3(x), r_4(x), r_5(x)\} \qquad (8-9)$$

设评价指标 x 对应的单指标评价结果的评价标准见表 8-17，基于以上原理及各种火驱效果评价指标的特点所确定的各种评价指标的评价标准。

表 8-17 评价指标 x 的评价标准表

评语	好	较好	中等	较差	差
x	$a_0 - a_1$	$a_1 - a_2$	$a_2 - a_3$	$a_3 - a_4$	$a_4 - a_5$

2. 计算隶属度

用区间内的平均分布密度表示该区间的隶属度：

$$r_i^*(x) = \frac{1}{a_i^* - a_{i-1}^*} \int_{a_{i-1}^*}^{a_i^*} f(y)\,dy \qquad (i = 1, 2, 3\cdots) \qquad (8-10)$$

归一化后，得到该评价指标 x 在模糊集合 A 各区间的隶属程度：

$$r_i = \frac{r_i^*}{\sum_{i=1}^{3} r_i^*} \qquad (i = 1, 2, 3\cdots) \qquad (8-11)$$

例如，火线推进速度为 4.8cm/d，该指标的评价结果为：

$$\{0.1835494, 0.2017655, 0.4146851, 0.096328725, 0.103677577\}$$

3. 综合评分

应用模糊综合评价方法对指标进行综合评价，得出综合评语集。然后对不同评语进行打分，给出打分集为 $\{95, 85, 75, 65, 50\}$，打分集和指标评价隶属度集合相应变量乘积之和即为这一指标的最终得分。如含水率 80% 的最终得分为 17.1+17+30.1+5.8+5=75 分。

除了通过隶属度综合评分外，也可以根据指标数值和指标区间范围进行插值计算。如火线推进速度为 4.8cm/d，在高温稳产阶段该指标位于中等范围，根据指标范围 [4~5]，还有该区间的赋分范围 [70~79]，通过插值计算该指标得分。计算方法为：

$$\frac{4.8-4}{5-4} = \frac{x-70}{79-70}$$

进而求出得分 $x=77.2$ 分。计算具体得分可以使评价结果更加细化。

计算二级指标得分后与该指标权重相乘得到一级指标得分，一级指标得分和该阶段一级指标权重相乘得到整体评分。整体得分最终评语按照百分制划分五级，分别为好 [90~

100］、较好［80~89］、中等［70~79］、较差［60~69］、差［0~60］。

四、分区分阶段的火驱效果评价

火驱生产井主要经历烟道气驱阶段、产量上升阶段和高温稳产阶段，后续出现的高气液比和突破阶段在经过生产调控后基本不会出现，所以只对前三个阶段进行指标评价。

1. 烟道气驱阶段

烟道气驱阶段主要的燃烧面建立在近井附近，生产指标都应处于较低阶段，认为此阶段主要是建立燃烧。所以建立评价矩阵时，燃烧指标占比大于生产指标，赋予其明显重要比较数值5，计算得出两指标权重分别为｛0.83，0.17｝。

试验区烟道气驱阶段主要的燃烧面建立在近井附近，生产井排水（含水率>80%）现象明显（图8-25）、尾气 GI 值在0.6以下，空气油比6000m³/t以上，据此建立火驱效果评价指标界限（表8-18）。

图8-25 hH002井火驱烟道气驱阶段井口取样效果

表8-18 火驱效果评价指标评价标准表（烟道气驱阶段）

主因素	子因素	好	较好	中等	较差	差
燃烧动态指标（0.83）	氧气利用率（小数）	>0.90	0.80~0.90	0.75~0.80	0.70~0.75	<0.7
	火线推进速度（m/a）	>10	7~10	5~7	3~5	<3
	空气燃料比（m³/kg）	<15	15~20	20~25	25~30	>30
	气体指数 GI	≥0.6	0.5~0.6	0.4~0.5	0.3~0.4	≤0.3
生产动态指标（0.17）	含水率（%）	<65	65~80	80~90	90~98	>98
	空气油比（m³/t）	<4000	4000~5000	5000~6000	6000~7000	>7000
	采油速度（%）	>1.0	0.8~1.0	0.6~0.8	0.5~0.6	<0.5
	气体采注比	>0.8	0.6~0.8	0.4~0.6	0.2~0.4	<0.2

烟道气驱阶段主要问题是保证点火在工程上的成功率，稳定均匀注气。评价结果（表8-19）显示各区域状态较好，说明点火技术是成熟过关的。

表 8-19 井区效果统计表（烟道气驱阶段）

主因素	子因素	红浅西部	红浅中部	红浅东部
燃烧动态指标 （0.83）	氧气利用率（小数）	0.95	0.911	0.91
	火线推进速度（m/a）	8.7	8.4	8.1
	空气燃料比（m^3/kg）	11	17	18
	气体指数 GI	0.74	0.73	0.56
生产动态指标 （0.17）	含水率（%）	83	89	92
	空气油比（m^3/t）	3620	3533	3976
	采油速度（%）	0.8	0.6	0.5
	气体采注比	0.76	0.69	0.73
结论分数/评语		87/较好	86/较好	84/较好

2. 产量上升阶段

产量上升阶段主要表现应为燃烧指标和生产指标由较低状态逐渐趋好。产量上升、含水率下降10%左右，井口产出物见中高含水泡沫油（图8-26）、部分井井口温度上升至60℃、GI 指数在 0.6 以上，据此建立火驱效果评价指标界限（表8-20）。

图 8-26　J596 井火驱产量上升阶段井口取样效果

表 8-20　火驱效果评价指标评价标准表（产量上升阶段）

主因素	子因素	好	较好	中等	较差	差
燃烧动态指标 （0.5）	氧气利用率（小数）	>0.90	0.80~0.90	0.75~0.80	0.70~0.75	<0.7
	火线推进速度（m/a）	6~8	8~10	4~6	2~4 /＞10	<2
	空气燃料比（m^3/kg）	<20	20~25	25~28	28~30	>30
	气体指数 GI	≥0.8	0.7~0.8	0.6~0.7	0.5~0.6	≤0.5
生产动态指标 （0.5）	含水率（%）	<65	65~70	70~80	80~90	>90
	空气油比（m^3/t）	<2000	2000~3000	3000~4000	4000~5000	>5000
	采油速度（%）	>2.0	1.5~2.0	1.0~1.5	0.7~1.0	<0.7
	气体采注比	>0.8	0.6~0.8	0.4~0.6	0.1~0.4	<0.1

产量上升阶段需要保证燃烧稳定扩展，评价结果显示红浅东部火驱效果中等，原油黏度对火驱的影响开始显现（表8-21）。

表8-21 井区效果统计表（产量上升阶段）

主因素	子因素	红浅西部	红浅中部	红浅东部
燃烧动态指标 （0.5）	氧气利用率（小数）	0.97	0.97	0.97
	火线推进速度（m/a）	7	11	6.4
	空气燃料比（m^3/kg）	11	18	18
	气体指数 GI	0.8	0.78	0.59
生产动态指标 （0.5）	含水率（%）	75	78	82
	空气油比（m^3/t）	3620	3533	3976
	采油速度（%）	1.9	1.5	1.2
	气体采注比	0.71	0.62	0.76
结论分数/评语		83/较好	82/较好	76/中等

在产量上升阶段，试验区暴露出一些地质和工程上的矛盾，针对这些矛盾需要开展行之有效的措施加以克服（表8-22）。

表8-22 产量上升阶段试验区问题及对策

暴露问题	现象	基本对策
无产气资料	不掌握油气关系	记录
东部 GI 值普遍低	火线发展慢	注采联动引效
hH010井组生产井井口温度跳跃	地质差异导致气窜	控关
中部注气压力变化快	地质差异导致气窜	地质预判

3. 高温稳产阶段

高温稳产阶段主要表现应为燃烧指标和生产指标保持较好状态，不出现波动，井口产出物为中高含水泡沫乳化油（图8-27）。产量维持在1t以上，含水率持续维持低位（70%左

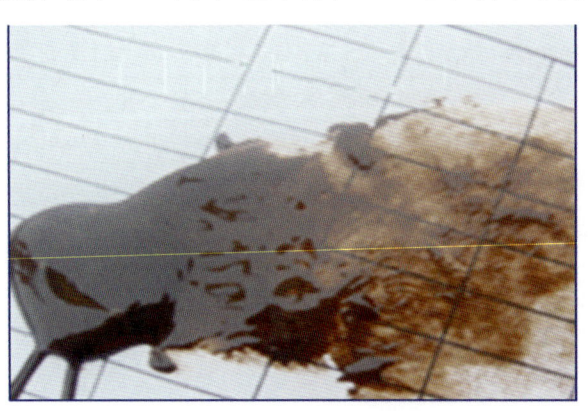

图8-27 h2107A井火驱高温稳产阶段井口取样效果

右),GI 指数维持在 0.8 左右,空气油比稳定在 3000 以下,据此建立火驱效果评价指标界限(表 8-23)。

表 8-23 火驱效果评价指标评价标准表(高温稳产阶段)

主因素	子因素	好	较好	中等	较差	差
燃烧动态指标(0.5)	氧气利用率(小数)	>0.90	0.80~0.90	0.75~0.80	0.70~0.75	<0.7
	火线推进速度(m/a)	5~7	7~9	4~5	1~4/>10	<1
	空气燃料比(m^3/kg)	<20	20~25	25~28	28~30	>30
	气体指数 GI	≥0.8	0.7~0.8	0.6~0.7	0.5~0.6	≤0.5
生产动态指标(0.5)	含水率(%)	<65	65~75	75~85	85~90	>90
	空气油比(m^3/t)	<1500	1500~3000	3000~4000	4000~5000	>5000
	采油速度(%)	>3.5	2.5~3.5	1.5~2.5	1.0~1.5	<1.0
	气体采注比	>0.8	0.6~0.8	0.4~0.6	0.1~0.4	<0.1

高温稳产阶段需要保证油墙稳定持续推进,评价结果显示红浅试验区东部效果中等,原油黏度和渗透率高级差的危害表现突出(表 8-24)。

表 8-24 井区效果统计表(产量上升阶段)

主因素	子因素	红浅西部	红浅中部	红浅东部
燃烧动态指标(0.5)	氧气利用率(小数)	0.99	0.99	0.99
	火线推进速度(m/a)	6	14	4.4
	空气燃料比(m^3/kg)	11	18	18
	气体指数 GI	0.8	0.78	0.69
生产动态指标(0.5)	含水率(%)	73	79	82
	空气油比(m^3/t)	2520	2733	3076
	采油速度(%)	3.4	2.8	2.1
	气体采注比	0.86	0.71	0.81
结论分数/评语		88/较好	83/较好	79/中等

在高温稳产阶段,试验区暴露出一些地质和工程上的矛盾是不利于"油墙"稳定推进的,针对这些矛盾需要开展行之有效的措施加以克服(表 8-25)。

表 8-25 产量上升阶段试验区问题及对策

暴露问题	现象	基本对策
中部存气率下降	h2071 井方向气体泄漏	有注有采 封堵窜漏
中部和东部空气油比高	中部气窜严重	控关
	东部黏度高火线拓展慢	引效
中部单井年累计产量差异大	地质差异	引效/控气
错过高产期	控关	井筒降温

分区分阶段评价结果认为，在烟道气驱阶段各区总体状态都是较好状态；进入产量上升阶段后发现，红浅试验区东部这一区域由于原油黏度下降和单井年累计产量指标水平较低，使得整体评价趋向中等；进入到高温稳产阶段后，由于红浅试验区中部含水率下降和年累计产量指标趋于平稳，使得整体评价趋向较好，而红浅试验区东部处于高温稳产阶段井较少，使得该区进一步落后，最后评价结论为中等。

针对各阶段的主要任务和暴露出的问题，需要在火驱前做好地质预判，火驱过程中抓住区域主要矛盾，进行有针对性的预防和改善措施。

第九章 火驱开发面临的挑战与攻关方向

新疆浅层稠油油藏注蒸汽开发后期直井火驱先导性试验按计划完成了建设任务，实现了建设目标，初步形成了火驱开发配套技术，证实了在先导性试验区所处油藏条件下实施直井火驱开发的经济、技术可行性，起到了先导性试验的引领示范作用，为直井火驱开发技术的推广和规模应用奠定了基础。

第一节 浅层稠油火驱面临的挑战

红浅火驱先导性试验基本形成了浅层稠油油藏注蒸汽开发后期转火驱的开发配套技术，起到了先导性试验的引领示范作用，取得了较好效果，达到了预期目的。但在先导性试验中也暴露出一些比较突出的问题，如压缩机运营成本高、点火器不能重复使用、气窜后无法有效封堵、调控手段单一、尾气未实现重复利用等，在一定程度上影响了先导性试验的开发效果和经济效益，建议在后续的规模化开发中加强优化和攻关研究，降低开发成本、提高油藏动用程度，最大幅度地提高油藏采收率。此外，红浅1井区八道湾组油藏为砂砾岩普通稠油油藏、特稠油油藏，部署的直井井网处于注蒸汽开发末期，在此条件下，验证了火驱开发的技术可行性和经济可行性。但新疆浅层稠油油藏类型、井型、开发方式较为多样，占有较大比例的砂岩稠油油藏蒸汽开发后期及水平井开发方式下的不同类型（普通稠油、特稠油、超稠油）稠油油藏采用火驱开发能否实现经济、有效开发，有待进一步攻关研究。因此，建议加强不同类型油藏和不同井型开发方式下的火驱室内机理研究，并开展一定规模的先导性试验。

目前火烧油层技术都只在那些注蒸汽不可能取得成功的差油藏上进行试验和应用，尽管火烧油层技术的适用性较广，在这种油藏上也可能不会取得好效果。对火烧油层驱油机理认识不够，是导致火驱试验失败的重要原因。对于一个具体油藏，火烧时可以采用不同的燃烧模式和燃烧方式，如低温干烧、低温湿烧、高温干烧和高温湿烧等。不同火烧方式的驱油效果会有很大的不同。

不合理的设计和操作条件是造成火烧失败的另一重要原因。所设计的井组面积与压缩机的处理能力或注入井的注入能力极不匹配，如井组面积大、注入能力小；由于空气注入速度必须随燃烧半径的扩大而增加，而实际的注气量不能满足燃烧整个井组的所需空气量，难以维持前缘稳定燃烧，导致失败。

由于对火驱机理及原油燃烧特性的研究认识不够，设计和操作中很难把燃烧控制在最佳燃烧模式上。对于轻质油来说，它的最佳氧化反应温度在低温区，而对于稠油来说，它的最佳氧化反应温度在高温区。

第二节　未来需要攻关的方向

一、深入探究火驱前缘的非均衡推进现象

在火烧油层技术中，最主要的问题是燃烧前缘无法控制。以前进行的火烧油层是在直井之间的火驱，最理想的状态是燃烧前缘呈垂直状态、呈圆环形状时把原油从注气井推向采油井。但由于气体和液体具有不同的密度和流度比，以及油层岩石在渗透性和导热性等方面的非均质性，燃烧前缘总是沿着油层顶部，在渗透性和导热性最大的方向上发展，超覆现象和指进现象同时存在。燃烧前缘的指进与蒸汽凝结前缘的指进是有差异的。水蒸气具有放热后凝结成液态水这一特性，在蒸汽指进通道内蒸汽凝结成液态水之后就把蒸汽指进通道堵住了，缓解了蒸汽指进的进一步扩展。原油燃烧后的气体难于凝结为液态，一旦出现燃烧指进现象，在燃烧和传热传质过程的共同作用下，指进通道越来越大，指进现象越来越严重。由于气体的易流动特性，以及燃烧后高温气体的密度比地层液体低得多，造成燃烧超覆现象，燃烧前缘指进现象不可避免和无法控制，使火烧油层的采收率低、气油比高，这是造成火烧油层技术失败的主要原因。

除了地层非均质性外，注气参数和一线井、二线井的采油参数可以在很大程度上控制火驱前缘的平面展布。火驱在纵向上是如何发育的？通过什么办法可以克服和遏制火驱超覆现象、提高火驱油层纵向上的动用程度？这需要进一步进行针对性的探索。

二、加强对地下燃烧过程的深入研究

燃烧学是一门综合性的边缘学科，就目前的燃烧理论发展水平而言，描述任何一种物质的燃烧速率都不是一件容易的事情。原油的地下燃烧是发生在非均相体系多孔介质中的化学反应，涉及原油、空气和岩石三个方面。原油地下燃烧过程能否发生和发展主要取决于原油的性质、空气在岩石中的输运特征和岩石的热容、导热系数及含油饱和度等性质。借用描述发生在均相体系非多孔介质内的化学反应速率理论来描述原油在地层中的燃烧速率是不严格和不准确的。均相体系不必考虑传质传热过程对反应速率的影响，非多孔介质则不存在多孔介质对传质过程和传热过程的制约，因此，描述发生在非均相体系多孔介质中的化学反应速率比均相体系非多孔介质复杂得多。更为复杂的是原油是一种混合物，其化学反应的过程和方向不确定。由于还没有找到准确的方法描述原油在多孔介质中的燃烧速率，使设计火烧油层时对注采控制参数的选择缺乏依据。

在火烧油层的机理问题方面，除了燃烧速率问题之外，还有许多其他方面的问题。例如，火烧油层过程中的燃料问题。目前普遍接受的观点是，火烧油层过程中烧掉的只是原油中的焦炭和沥青质，这种论点在实际生产中极可能是片面的。还有如何把火烧油层过程中涉及的现象和机理的共同作用综合起来，对火烧油层动态做出准确预测的问题。在火烧油层中，涉及多组分原油的燃烧、汽化冷凝、高温降黏、裂解改质、焦炭吸附和二氧化碳溶入原油等现象，还涉及气驱过程、蒸汽驱过程、重力作用等，这些现象和机理是相互作用的，目前还没有有效的方法把这些现象和机理的最终作用效果描述出来。

新疆浅层稠油注蒸汽后火驱继续提高采收率的潜力巨大。新疆油田浅层稠油注蒸汽后火

驱开发的做法和经验，为新时期中国石油工业注入了新的元素，为保证克拉玛依油田的可持续发展储存了强大动能，这对于中国石油旗下各企业都具有很好的借鉴意义。今日的新疆油田光彩夺目，在祖国西北部的高原大漠，一个技术领先、管理现代、绿色和谐和持续发展的现代化大油田熠熠生辉。

参 考 文 献

布尔热 J, 苏赫尤 P, 贡巴努尔 M. 1991. 热力法提高石油采收率 [M]. 北京: 石油工业出版社.
程宏杰, 顾鸿君, 刁长军, 等. 2012. 注蒸汽开发后期稠油藏火驱高温燃烧特征 [J]. 成都理工大学学报 (自然科学版), 39 (4): 426-429.
龚姚进. 2012. 厚层块状稠油油藏平面火驱技术研究与实践 [J]. 特种油气藏, 19 (3): 58-62.
关文龙, 梁金中, 吴淑红, 等. 2012. 矿场火驱过程中火线预测与调整方法 [J] 西南石油大学学报, 33 (5): 157-161.
黄继红, 关文龙, 席长丰, 等. 2010. 注蒸汽后油藏火驱见效初期生产特征 [J]. 新疆石油地质, 31 (5): 517-520.
蒋海岩, 袁士宝, 宁奎, 等. 2009. 火烧油层燃烧前缘传播特性的摄动分析 [J] 系统仿真学报, (22): 22-24, 28.
蒋海岩, 张琪, 袁士宝, 等. 2005. 火烧油层干式燃烧数值模拟及参数敏感性分析 [J]. 中国石油大学学报: 自然科学版, 29 (5): 67-70.
蒋海岩, 赵东伟, 张琪, 等. 2005. 辽河油田欢 127 块火驱可行性研究 [C]. 中国力学学会学术大会论文摘要集 (下).
蒋海岩. 2006. 火烧油层燃烧特性及动态预测方法研究 [D]. 东营: 中国石油大学 (华东).
金兆勋, 江琴, 张宏梅. 2013. 高升油田厚层稠油油藏吞吐后期火驱开发存在问题探讨 [J]. 石油地质与工程, 27 (6): 100-102.
黎庆元. 2014. 红浅一井区稠油油藏火驱开采适应性分析 [J]. 新疆石油地质, 35 (3): 333-336.
李少池, 沈燮泉. 1997. 火烧油层物理模拟的研究 [J]. 石油勘探与开发, (2): 73-79.
刘其成. 2011. 火烧油层室内实验及驱油机理研究 [D]. 大庆: 东北石油大学.
宁奎, 袁士宝, 蒋海岩. 2010. 火驱理论与实践 [M]. 东营: 中国石油大学出版社.
钱真, 焦保雷, 阳磊, 等. 2013. 稠油火驱开发敏感性参数优化研究 [J]. 长江大学学报 (自然科学版): 石油/农学旬刊, 10 (7): 112-114.
曲占庆, 林珊珊, 蒋海岩, 等. 2012. 厚层稠油油藏火烧油层方式开采的布井优化分析 [J]. 石油天然气学报, 34 (11): 126-130.
曲占庆, 吴婷, 王丽, 等. 2011. 稠油火驱调剖暂堵机理实验研究 [J]. 内蒙古石油化工, (22): 160-162.
舒华文, 田相雷, 蒋海岩, 等. 2010. 火烧油层点火方式研究 [J]. 内蒙古石油化工, 36 (21): 5-8.
孙川生, 张为民. 1991. 稠油蒸汽吞吐转汽驱的条件时机及影响因素 [J]. 新疆石油地质, (3): 217-223.
谈继强, 赵洪岩, 关泉生, 等. 2008. 红浅 1 井区八道湾组油藏水平井开发优化研究 [J]. 新疆石油地质, 29 (5): 610-612.
王威. 2014. 红浅 1 井区火驱开发效果分析与评价 [D]. 武汉: 长江大学.
席长丰, 关文龙, 蒋有伟, 等. 2013. 注蒸汽后稠油油藏火驱跟踪数值模拟技术——以新疆 H1 块火驱试验区为例 [J]. 石油勘探与开发, 40 (6): 715-721.
于雪峰, 户昶昊. 2015. 稠油油藏蒸汽吞吐转火驱开发储层变化特征研究 [J]. 当代化工, (10): 2454-2456.
袁士宝, 蒋海岩, 宁奎, 等. 2009. 火烧油层试验的压力时频分析 [J]. 中国石油大学学报 (自然科学版), (2): 86-90.
袁士宝, 蒋海岩, 王丽, 等. 2013. 稠油油藏蒸汽吞吐后转火烧油层适应性研究 [J]. 新疆石油地质, 34 (3): 303-306.

袁士宝, 金兆勋, 王丽, 等. 2013. 火驱效果分析与综合评价 [J]. 数学的实践与认识, 43 (11): 146-151.

袁士宝, 宁奎, 蒋海岩, 等. 2012. 火驱燃烧状态判定试验 [J]. 中国石油大学学报 (自然科学版), 36 (5): 114-118.

张方礼. 2013. 厚层稠油油藏火驱射孔层段优化探讨 [J]. 特种油气藏, 20 (2): 96-101.

张霞林, 关文龙, 刁长军, 等. 2015. 新疆油田红浅1井区火驱开采效果评价 [J]. 新疆石油地质, 36 (4): 465-469.

张义堂. 2006. 热力采油提高采收率技术 [M]. 北京: 石油工业出版社.

Alireza Alamatsaz. 2014. Experimental Investigation of In Situ Combustion for Heavy Oils at Low Air Flux [D]. University of Calgary.

Freitag N P, D R Exelby. 2006. A SARA-based model for simulating the pyrolysis reactions that occurin high-temperature EOR processes [J]. Journal of Canadian Petroleum Technology, 45 (3): 38-44.

Geffen T M. Improved oil recovery expectations when applying available technology [R]. Amoco Production Co, 1973.

Miller R J. 1995. Kochs experience with deep in situ combustion in Williston basin [R]. BDM Oklahoma, Inc., Bartlesville, OK (United States); National Inst. for Petroleum and Energy Research, Bartlesville, OK (United States).